백점 과학과 내 교과서 비교하기

단원		1. 전기의 이용	2. 계절의 변화
주제명		❶ 전구에 불이 켜지는 조건 ❷ 전지의 수와 전구의 연결 방법에 따른 전구의 밝기 ❸ 전기의 절약과 안전 ❹ 전자석의 성질과 이용	❶ 하루 동안 태양 고도, 그림자 길이, 기온의 관계 ❷ 계절별 태양의 남중 고도, 낮과 밤의 길이, 기온의 변화 ❸ 계절의 변화가 생기는 까닭
백점 쪽수	개념북	5 ~ 32	33 ~ 56
	평가북	2 ~ 13	14 ~ 25
교과서별 쪽수	동아출판	8 ~ 29	30 ~ 49
	금성출판사	8 ~ 29	30 ~ 49
	김영사	8 ~ 29	30 ~ 51
	미래엔	8 ~ 29	30 ~ 51
	비상교과서	10 ~ 31	32 ~ 53
	아이스크림미디어	8 ~ 31	32 ~ 55
	지학사	8 ~ 27	28 ~ 47
	천재교과서	10 ~ 31	32 ~ 51
	천재교육	12 ~ 33	34 ~ 55

백점 과학
초등과학 6학년
학습 계획표

학습 계획표를 따라 차근차근 과학 공부를 시작해 보세요.
백점 과학과 함께라면 과학 공부, 어렵지 않습니다.

단원	교재 쪽수	학습한 날		
1. 전기의 이용	5~9쪽	1일차	월	일
	10~13쪽	2일차	월	일
	14~17쪽	3일차	월	일
	18~21쪽	4일차	월	일
	22~26쪽	5일차	월	일
	27~32쪽	6일차	월	일
2. 계절의 변화	33~37쪽	7일차	월	일
	38~41쪽	8일차	월	일
	42~45쪽	9일차	월	일
	46~50쪽	10일차	월	일
	51~56쪽	11일차	월	일
3. 연소와 소화	57~61쪽	12일차	월	일
	62~65쪽	13일차	월	일
	66~69쪽	14일차	월	일
	70~74쪽	15일차	월	일
	75~80쪽	16일차	월	일
4. 우리 몸의 구조와 기능	81~85쪽	17일차	월	일
	86~89쪽	18일차	월	일
	90~93쪽	19일차	월	일
	94~97쪽	20일차	월	일
	98~102쪽	21일차	월	일
	103~108쪽	22일차	월	일
5. 에너지와 생활	109~113쪽	23일차	월	일
	114~117쪽	24일차	월	일
	118~122쪽	25일차	월	일
	123~128쪽	26일차	월	일

활용 방법

① 오늘 공부할 단원과 내용을 찾습니다.
② 내가 배우는 교과서의 출판사명에서 공부할 내용에 해당하는 쪽수를 찾습니다.
③ 찾은 쪽수와 해당하는 백점 과학은 몇 쪽인지 확인합니다.

백점 과학 무료 스마트러닝

첫째 QR코드 스캔하여 1초 만에 바로 강의 시청

둘째 최적화된 강의 커리큘럼으로 학습 효과 UP!

❶ 교과서 핵심 개념을 짚어 주는 개념 강의
❷ 검정 교과서별 대표 실험을 직접 해보듯이 생생한 **실험 동영상**
❸ 다양한 수행 평가에 대비할 수 있는 **수행 평가 문제 풀이 강의**

#백점 #초등과학 #무료

백점 초등과학 6학년 강의 목록

단원	강의명	개념 강의	실험 동영상	수행 평가 문제 풀이 강의
1. **전기의 이용**	❶ 전구에 불이 켜지는 조건	6쪽	–	30, 31쪽
	❷ 전지의 수와 전구의 연결 방법에 따른 전구의 밝기	10쪽	–	
	❸ 전기의 절약과 안전	14쪽	–	
	❹ 전자석의 성질과 이용	18쪽	19쪽	
2. **계절의 변화**	❶ 하루 동안 태양 고도, 그림자 길이, 기온의 관계	34쪽	35쪽	54, 55쪽
	❷ 계절별 태양의 남중 고도, 낮과 밤의 길이, 기온의 변화	38쪽	–	
	❸ 계절의 변화가 생기는 까닭	42쪽	43쪽	
3. **연소와 소화**	❶ 물질이 탈 때 나타나는 현상, 연소의 조건 (1)	58쪽	59쪽	78, 79쪽
	❷ 연소의 조건 (2), 연소 후 생성되는 물질	62쪽	63쪽	
	❸ 불을 끄는 방법, 화재 안전 대책	66쪽	–	
4. **우리 몸의 구조와 기능**	❶ 우리 몸의 뼈와 근육	82쪽	83쪽	106, 107쪽
	❷ 우리 몸의 소화 기관, 호흡 기관	86쪽	–	
	❸ 우리 몸의 순환 기관, 배설 기관	90쪽	–	
	❹ 감각 기관과 자극의 전달, 운동할 때 몸에 나타나는 변화	94쪽	–	
5. **에너지와 생활**	❶ 에너지의 필요성, 여러 가지 에너지의 형태	110쪽	–	126, 127쪽
	❷ 다른 형태로 바뀌는 에너지, 효율적인 에너지 활용 방법	114쪽	–	

백점

BOOK 1 개념북

과학 **6·2**

구성과 특징

BOOK ❶ 개념북

검정 교과서를 통합한 개념 학습

2023년부터 초등 5~6학년 과학 교과서가 국정 교과서에서 **9종 검정 교과서**로 바뀌었습니다.

'백점 과학'은 **검정 교과서의 개념과 탐구를 통합적으로 학습**할 수 있도록 구성하였습니다. 단원별 검정 교과서 학습 내용을 확인하고 **개념 학습, 문제 학습, 마무리 학습**으로 이어지는 3단계 학습을 통해 검정 교과서의 통합 개념을 익혀 보세요.

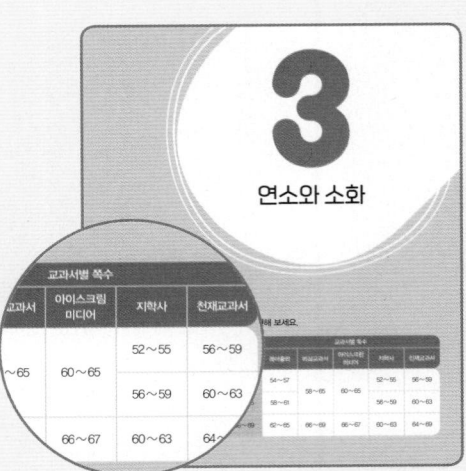

3
연소와 소화

---

1 개념 학습 ➡ **2** 문제 학습 ➡

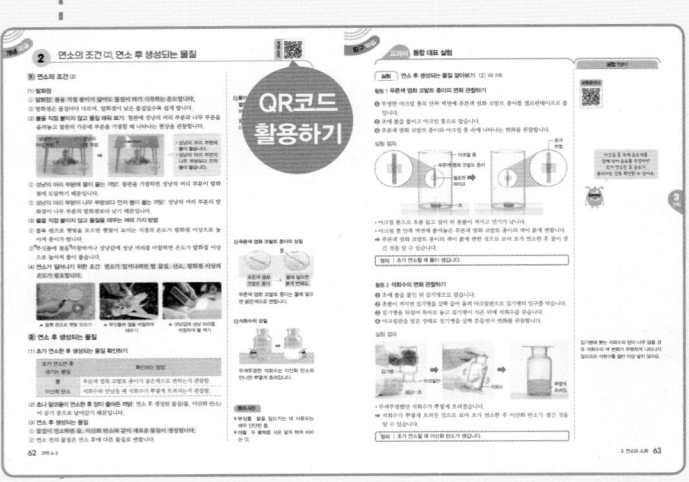

○ 검정 교과서의 내용을 통합한 **핵심 개념**을 익힐 수 있습니다.

○ **교과서 통합 대표 실험**을 통해 검정 교과서별 중요 실험을 확인할 수 있습니다.

○ QR을 통해 개념 이해를 돕는 **개념 강의**, 한눈에 보는 **실험 동영상**이 제공됩니다.

○ **기본 개념 문제**로 개념을 파악합니다.

○ **교과서 공통 핵심 문제**로 여러 출판사의 공통 개념을 익힐 수 있습니다.

○ **교과서별** 문제를 풀면서 다양한 교과서의 개념을 학습할 수 있습니다.

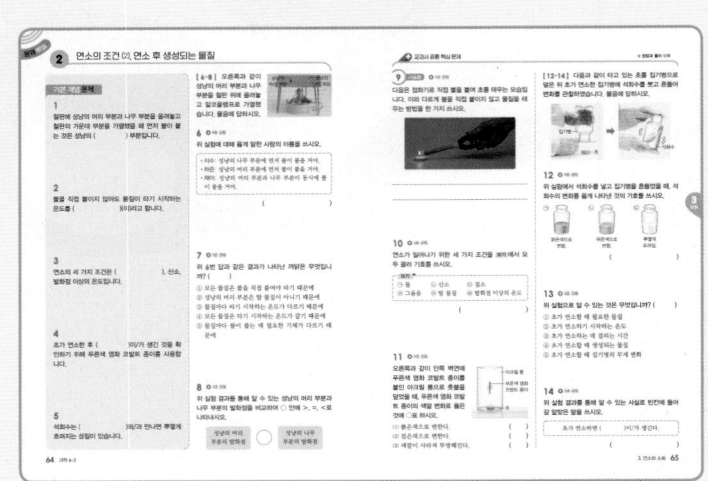

BOOK ② 평가북

학교 시험에 딱 맞춘 평가 대비

묻고 답하기

묻고 답하기를 통해 핵심 개념을 다시 익힐 수 있습니다.

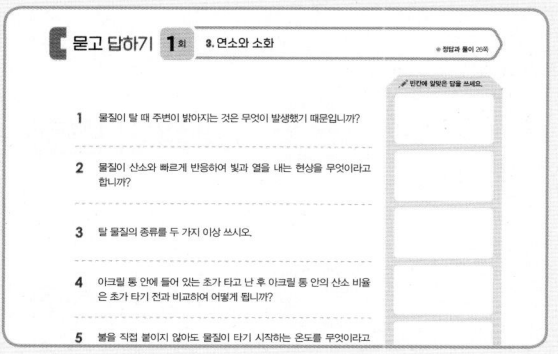

단원 평가 기출/실전 / 수행 평가

단원 평가와 수행 평가를 통해 학교 시험에 대비할 수 있습니다.

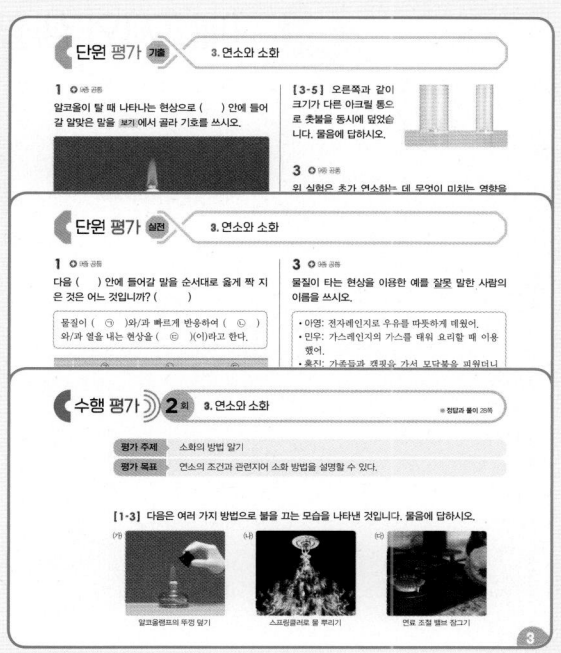

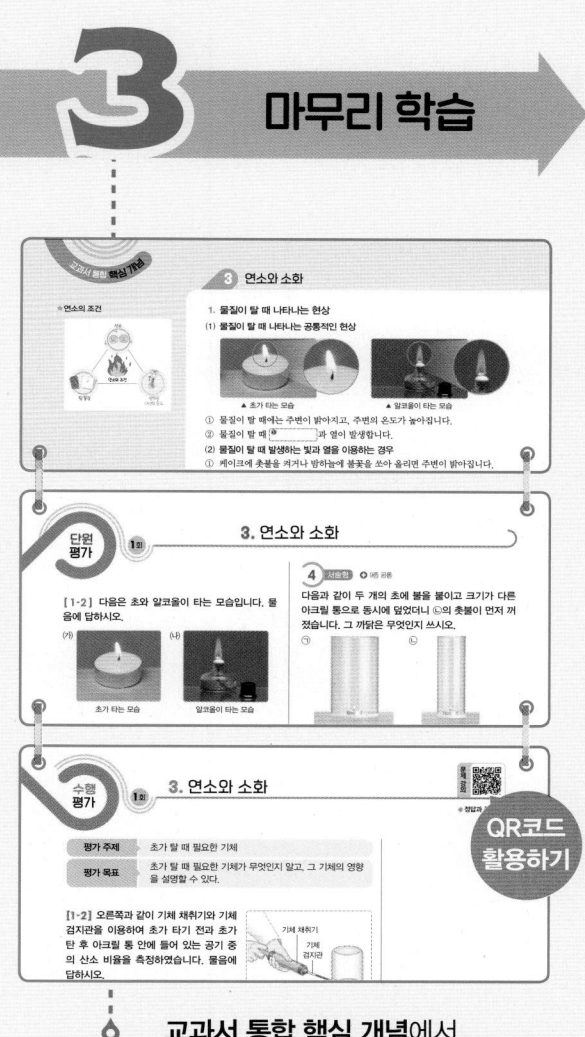

◇ **교과서 통합 핵심 개념**에서
  단원의 개념을 한눈에 정리할 수 있습니다.

◇ **단원 평가**와 **수행 평가**를 통해
  단원을 최종 마무리할 수 있습니다.

좌측 상단 화살표: **3** 마무리 학습

차례

1

전기의 이용

▶ 학습 내용과 교과서별 해당 쪽수를 확인해 보세요.

학습 내용	백점 쪽수	교과서별 쪽수				
		동아출판	비상교과서	아이스크림 미디어	지학사	천재교과서
1 전구에 불이 켜지는 조건	6~9	12~13	14~15	12~13	12~13	14~15
2 전지의 수와 전구의 연결 방법에 따른 전구의 밝기	10~13	14~15	16~17	14~15	14~15	16~19
3 전기의 절약과 안전	14~17	16~19	18~19	16~17	16~19	24~25
4 전자석의 성질과 이용	18~21	20~23	20~23	18~23	20~21	20~23

1 전구에 불이 켜지는 조건

개념 강의

1 전기 부품과 전기 회로

(1) 전기 부품

① 전기 부품은 전기가 잘 흐르는 물질과 전기가 잘 흐르지 않는 물질로 이루어져 있습니다.

전기가 잘 흐르는 물질	철, 구리, 알루미늄, 흑연 등
전기가 잘 흐르지 않는 물질	고무, 종이, 유리, 비닐, 나무 등

② 여러 가지 전기 부품(전기가 잘 흐르는 부분: ○, 전기가 잘 흐르지 않는 부분: ×)

종류		특징과 쓰임새
전구		• 빛을 내는 전기 부품임. • 전구에는 꼭지와 꼭지쇠, 필라멘트가 있으며, 전구에 전기를 공급하면 필라멘트 부분에서 빛이 남.
전지		• 전기 회로에 전기 에너지를 공급함. • 볼록 튀어나온 부분이 (+)극이고, 반대쪽이 (−)극임.
집게 달린 전선		• 전기 부품을 서로 연결하여 전기가 흐르는 통로 역할을 함. • 전선 내부는 전기가 통하는 구리선으로 되어 있고, 외부는 전기가 통하지 않는 고무로 덮여 있음.
전구 끼우개		• 전구를 전선에 쉽게 연결할 수 있도록 전구를 끼워서 사용하는 전기 부품임. • 전구 끼우개의 양쪽 팔에 전선을 연결하면 전선이 각각 꼭지와 꼭지쇠에 연결됨.
전지 끼우개		• 전지를 전선에 쉽게 연결할 수 있도록 전지를 넣어 사용하는 전기 부품임. • 전지 끼우개의 (+)극과 (−)극 표시에 맞게 전지를 끼워야 함.
스위치		• 전기가 흐르는 길을 끊거나 연결하는 전기 부품임. • 스위치를 열어 놓으면 전기 회로에 전기가 흐르지 않고, 스위치를 닫아 놓으면 전기가 흐름.
발광 다이오드		• 전구처럼 빛을 낼 수 있음. • 발광 다이오드의 긴 다리는 전지의 (+)극에 연결하고, 짧은 다리는 전지의 (−)극에 연결해야 불이 켜짐.

⊕ 전기 부품이 전기가 잘 흐르는 물질과 전기가 잘 흐르지 않는 물질로 이루어진 까닭

전기 부품의 모든 부분에 전기가 흐르면 감전 위험이 있고 제대로 작동하지 않을 가능성이 있기 때문입니다.

⊕ 전구의 구조

유리구 안의 필라멘트에 전기가 흐르면 열이 발생하고 온도가 높아지면서 빛을 내게 됩니다.

⊕ 전구 끼우개와 전지 끼우개의 사용법

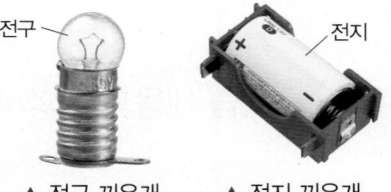

▲ 전구 끼우개　　▲ 전지 끼우개

용어 사전

● **부품** 기계 따위의 어느 부분에 쓰는 물품.
● **흑연** 탄소로 이루어진 광물로, 연필심을 만들 때 사용함.

(2) 전기 회로

① 여러 가지 전기 부품을 연결하여 전기가 흐르도록 한 것을 전기 회로라고 합니다.

② 전기 회로에서 전구에 불이 켜질 때 전기 회로에는 전기가 흐릅니다.

스위치를 열었을 때	스위치를 닫았을 때
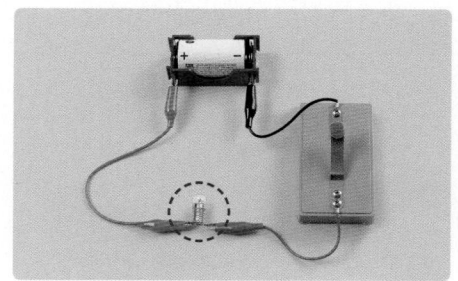	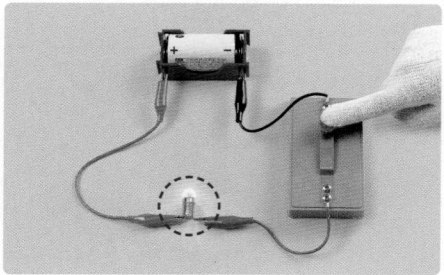

▲ 전기 회로

스위치를 열었을 때는
전구에 불이 켜지지 않아요.

스위치를 닫았을 때는
전구에 불이 켜져요.

1
단원

➕ 스위치

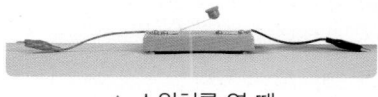

▲ 스위치를 열 때

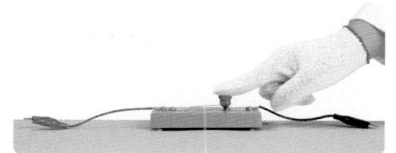

▲ 스위치를 닫을 때

스위치에서 손을 뗄 때는 스위치를 열 때, 스위치를 누를 때는 스위치를 닫을 때라고 표현합니다.

2 전구에 불이 켜지는 조건

(1) 전지, 전선, 전구를 연결해 전구에 불 켜기

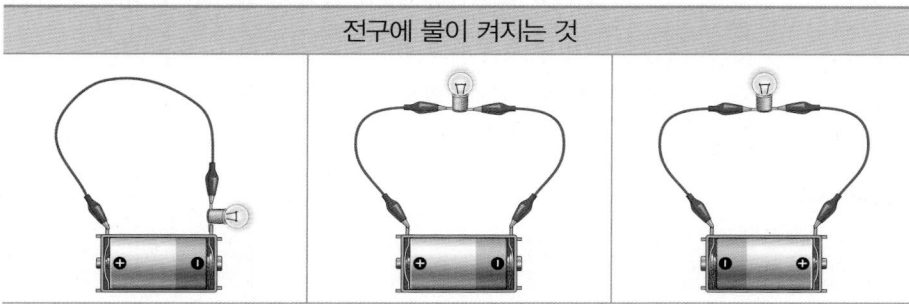

전구에 불이 켜지는 것

- 전지, 전선, 전구가 끊어지지 않게 연결되어 있음.
- 전구는 전지의 (+)극과 전지의 (−)극에 각각 연결되어 있음.

전구에 불이 켜지지 않는 것

전구가 전지의 (+)극에 만 연결되어 있음.	전구가 전지의 (−)극에 만 연결되어 있음.	전구에 연결된 전선이 모두 전지의 (−)극에만 연결되어 있음.

(2) 전구에 불이 켜지는 조건

① 전지, 전선, 전구가 끊긴 곳이 없게 연결해야 합니다.

② 전기 부품에서 전기가 잘 통하는 부분끼리 연결해야 합니다.

③ 전구를 전지의 (+)극과 전지의 (−)극에 각각 연결해야 합니다.

➕ 전기의 흐름

- 전기의 흐름은 전지의 한쪽 극에서 시작하여 전구의 필라멘트를 지나 다른 쪽 극으로 이어진 선으로 표시합니다.
- 전기 부품의 금속 부분을 따라 전기가 흐릅니다.

용어 사전

● 조건 어떤 일을 이루게 하거나 이루지 못하게 하기 위하여 갖추어야 할 상태 나 요소.

1 전구에 불이 켜지는 조건

기본 개념 문제

1

고무, 구리, 유리, 종이 중 전기가 잘 흐르는 물질은 (   )입니다.

2

전구에 전기를 공급하면 (   ) 부분에서 빛이 납니다.

3

전구, 전지, 전선 중 전기 회로에 전기 에너지를 공급하는 전기 부품은 (   )입니다.

4

여러 가지 전기 부품을 연결하여 전기가 흐르도록 한 것을 (   )(이)라고 합니다.

5

(   ), 전선, 전구를 끊어지지 않게 연결해야 전구에 불을 켤 수 있습니다.

6 금성, 미래엔, 아이스크림, 지학사, 천재교육

다음 보기 에서 전기가 잘 흐르는 물질을 모두 골라 ○표 하시오.

┌─ 보기 ●─────────────────────┐
│   철, 고무, 흑연, 나무, 비닐, 알루미늄   │
└──────────────────────────┘

7 동아, 금성, 비상, 아이스크림, 지학사, 천재교과서, 천재교육

전지에 대해 옳게 설명한 사람의 이름을 쓰시오.

┌──────────────────────────┐
│ • 신비: 전기가 흐르면 빛을 내는 전기 부품이야.   │
│ • 아정: 볼록 튀어나온 부분이 N극이고, 반대쪽이 S극 │
│   이야.   │
│ • 서율: 전기 회로에 전기 에너지를 공급하는 전기 │
│   부품이야.   │
└──────────────────────────┘

(   )

8 동아, 금성, 비상, 아이스크림, 지학사, 천재교과서, 천재교육

전기 부품의 이름을 찾아 바르게 선으로 이으시오.

(1)    •   • ㉠ 전지 끼우개

(2) 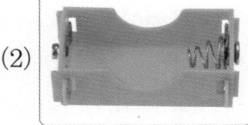   •   • ㉡ 전구 끼우개

[9-10] 다음 전기 부품의 모습을 보고, 물음에 답하시오.

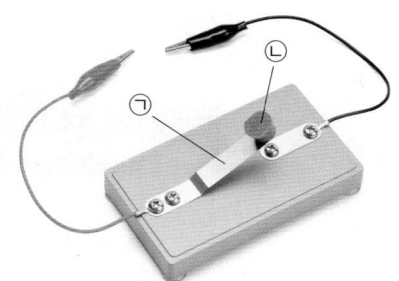

9 서술형 동아, 금성, 비상, 아이스크림, 지학사, 천재교과서, 천재교육

위 전기 부품의 이름과 쓰임새를 쓰시오.

(1) 이름: (   )

(2) 쓰임새

_____

_____

_____

10 동아, 금성, 비상, 아이스크림, 지학사, 천재교과서, 천재교육

위 전기 부품의 ㉠과 ㉡ 중 전기가 잘 흐르는 부분은 어디인지 골라 기호를 쓰시오.

(   )

11 동아, 금성, 비상, 아이스크림, 지학사, 천재교과서, 천재교육

오른쪽 전구의 구조를 보고, 각 부분에 알맞은 이름을 쓰시오.

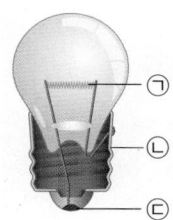

㉠ (   ), ㉡ (   ), ㉢ (   )

[12-13] 다음은 전지, 전선, 전구를 연결한 것입니다. 물음에 답하시오.

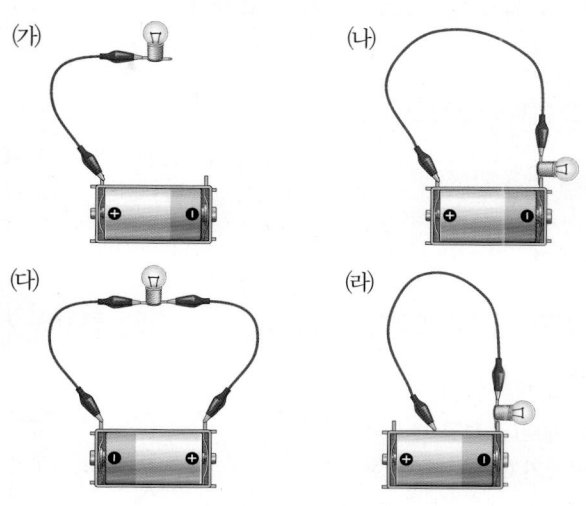

12 ➕ 9종 공통

위 (개)~(래) 중 전구에 불이 켜지는 경우를 두 가지 골라 기호를 쓰시오.

(   )

13 ➕ 9종 공통

위 (개)~(래) 중 전구가 전지의 (−)극에만 연결되어 있어 불이 켜지지 않는 것을 골라 기호를 쓰시오.

(   )

14 ➕ 9종 공통

다음은 전구에 불이 켜지는 조건을 설명한 것입니다. (   ) 안에 알맞은 말을 쓰시오.

> 전구를 전지의 (   )와/과 (   )에 각각 연결해야 한다.

2 전지의 수와 전구의 연결 방법에 따른 전구의 밝기

1 전지의 수에 따른 전구의 밝기

(1) 전지의 수에 따른 전구의 밝기 비교하기
① 실험 조건

다르게 해야 할 조건	전기 회로에 연결하는 전지의 수
같게 해야 할 조건	전기 회로에 연결하는 전구의 종류, 전지의 종류, 집게 달린 전선의 길이와 종류, 전구의 수 등

② 실험 결과

전지 한 개를 연결한 전기 회로	전지 두 개를 연결한 전기 회로

전지 두 개를 연결했을 때보다 전구의 밝기가 어두움.

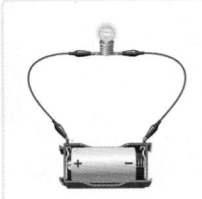

전지의 다른 극끼리 연결하면 전지 한 개를 연결했을 때보다 전구의 밝기가 더 밝음.

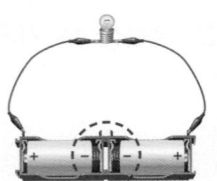
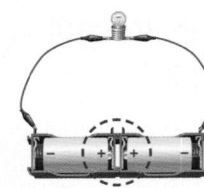

전지 두 개를 연결할 때 전지의 같은 극끼리 연결하면 전구에 불이 켜지지 않아요.

(2) 전지의 수에 따른 전구의 밝기
① 전기 회로에서 전지 두 개를 연결하면 전지 한 개를 연결할 때보다 전구의 밝기가 더 밝습니다.
② 전지 두 개를 연결할 때 전구의 밝기를 밝게 하기 위해서는 한 전지의 (+)극을 다른 전지의 (−)극에 연결해야 합니다.

2 전구의 연결 방법에 따른 전구의 밝기

(1) 전구의 연결 방법에 따른 전구의 밝기 비교하기

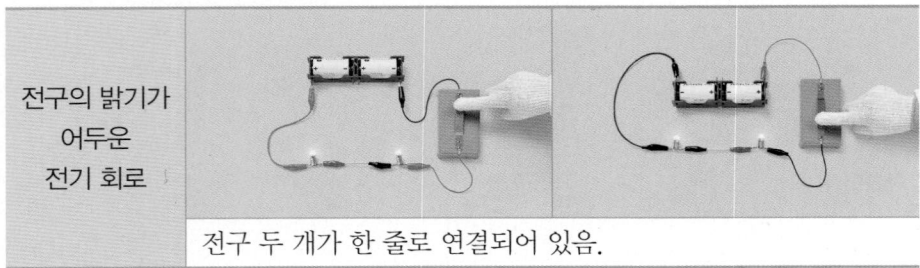

전구의 밝기가 어두운 전기 회로

전구 두 개가 한 줄로 연결되어 있음.

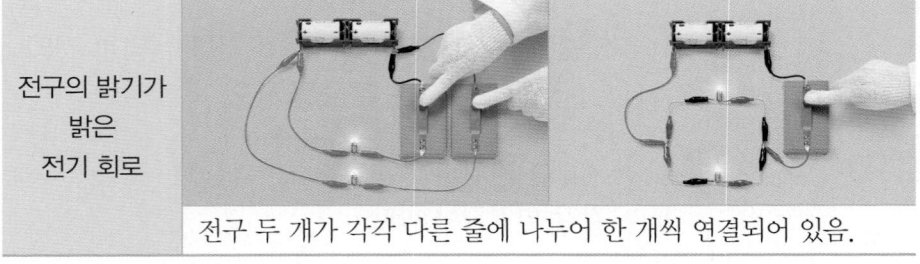

전구의 밝기가 밝은 전기 회로

전구 두 개가 각각 다른 줄에 나누어 한 개씩 연결되어 있음.

⊕ 전지 여러 개를 연결하여 사용하는 손전등

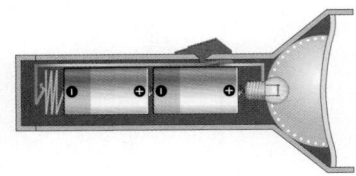

▲ 손전등 속 전지

손전등 안에 전지 두 개를 사용하면 한 개를 사용할 때보다 전구의 밝기가 밝아집니다.

⊕ 일상생활에서 전지 여러 개를 사용하는 전기 기구

손전등, 텔레비전 리모컨, 장난감, 디지털 도어 록 등이 있습니다.

▲ 텔레비전 리모컨

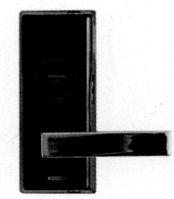

▲ 디지털 도어 록

용어 사전

● 디지털 도어 록 열쇠 대신 번호, 지문, 카드 등을 활용하는 잠금장치.

(2) 전구의 직렬연결과 병렬연결

전구의 직렬연결		전구의 병렬연결
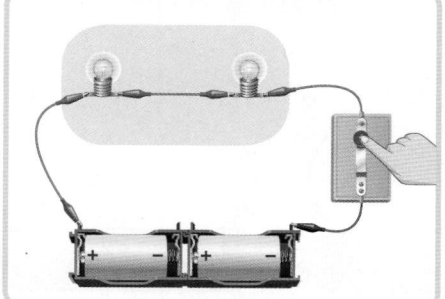		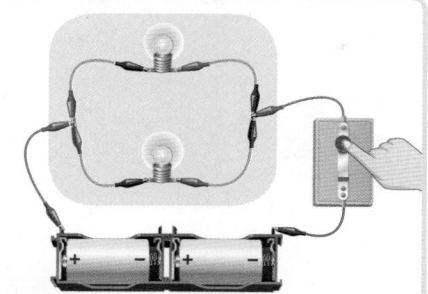
전기 회로에서 전구 두 개 이상을 한 줄로 연결하는 방법	연결 방법	전기 회로에서 전구 두 개 이상을 여러 개의 줄에 나누어 한 개씩 연결하는 방법
전구의 밝기가 전구를 병렬로 연결했을 때보다 어두움.	전구의 밝기	전구의 밝기가 전구를 직렬로 연결했을 때보다 밝음.
전구를 병렬로 연결했을 때보다 전기 에너지를 적게 사용하므로 전지를 오래 사용할 수 있음.	에너지 소비	전구를 직렬로 연결했을 때보다 전기 에너지를 많이 사용하므로 전지가 빨리 소모됨.
전구 한 개의 불이 꺼지면 나머지 전구의 불도 꺼짐.	전구 하나가 꺼지면?	전구 한 개의 불이 꺼지더라도 나머지 전구의 불은 꺼지지 않음.
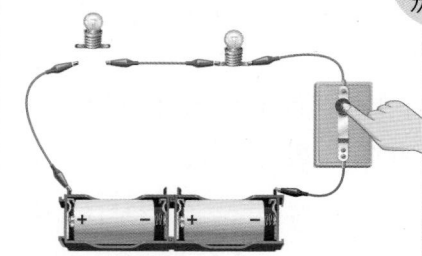		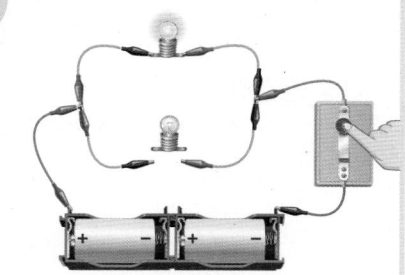

⊞ 전구 2개를 연결한 전기 회로에서 전기가 흐르는 길

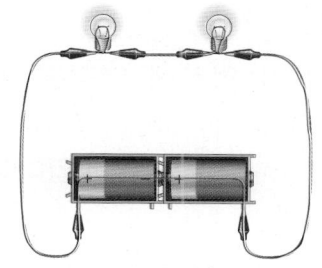

▲ 전구의 직렬연결

전구가 직렬로 연결된 전기 회로에서 모든 전구의 불을 켜기 위해 전기가 흐르는 길이 1개입니다. ➡ 그래서 전구 하나가 꺼지면 전기 회로가 끊겨 전기가 흐르지 않아 나머지 전구도 꺼집니다.

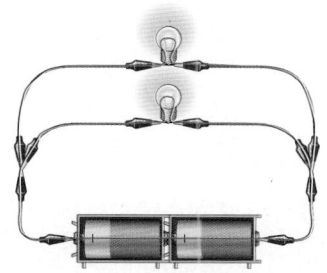

▲ 전구의 병렬연결

전구가 병렬로 연결된 전기 회로에서 모든 전구의 불을 켜기 위해 전기가 흐르는 길이 2개입니다. ➡ 그래서 전구 하나가 꺼져도 끊어지지 않은 한 길로 전기가 흘러 나머지 전구의 불은 꺼지지 않습니다.

(3) 장식용으로 사용하는 전구의 연결 방법

① 장식용 나무의 전구는 직렬연결과 병렬연결을 혼합하여 사용합니다.

② 전구를 직렬로만 연결하여 나무를 장식하면 전구 하나가 고장이 났을 때 전체 전구가 모두 꺼지고, 전구를 병렬로만 연결하면 전기와 전선이 많이 소비되기 때문입니다.

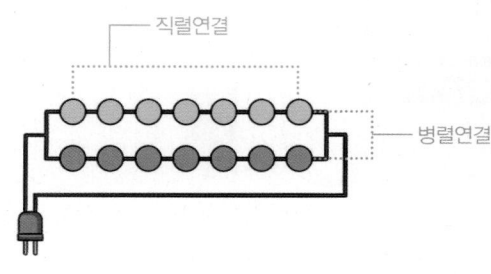

▲ 전구 여러 개를 연결한 장식용 나무

용어 사전

● **소모** 써서 없앰.
● **혼합** 뒤섞어서 한데 합함.

2 전지의 수와 전구의 연결 방법에 따른 전구의 밝기

기본 개념 문제

1

전기 회로에 연결된 전지의 수에 따른 전구의 밝기를 비교할 때 다르게 해야 할 조건은 (   )입니다.

2

전구, 전선, 전지를 이용한 전기 회로에서 전지 두 개를 한 줄로 연결하면 전지 한 개를 연결할 때보다 전구의 밝기가 더 (   ).

3

전기 회로에서 전지 두 개를 연결할 때 한 전지의 (+)극을 다른 전지의 (   )극에 연결해야 합니다.

4

전기 회로에서 전구 두 개 이상을 한 줄로 연결하는 방법을 전구의 (   )(이)라고 합니다.

5

전구의 직렬연결과 병렬연결 중 전기 에너지를 많이 사용하여 전지가 빨리 소모되는 연결 방법은 전구의 (   )입니다.

6 금성, 천재교과서

다음과 같이 전기 회로를 연결했을 때 전구에 불이 켜지는 것은 어느 것인지 기호를 쓰시오.

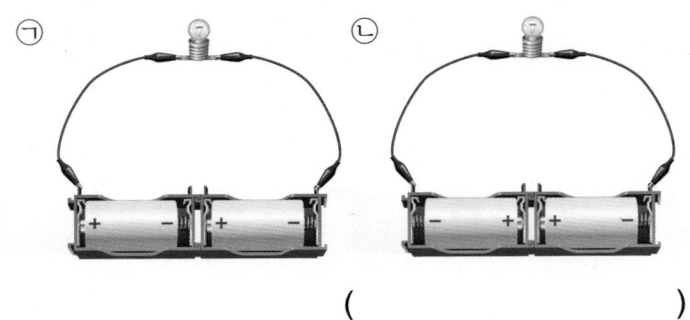

(㉠   ㉡)

(   )

7 금성, 천재교과서

전구의 밝기에 대한 설명으로 옳은 것에 ○표 하시오.

(1) 전구의 밝기는 바꿀 수 없다.   (   )
(2) 전지 두 개를 같은 극끼리 연결하면 전구의 밝기가 더 밝아진다.   (   )
(3) 전지 한 개를 연결할 때보다 전지 두 개를 연결할 때 전구의 밝기가 더 밝아진다.   (   )

8 금성, 천재교과서

스위치를 닫고 전구의 밝기를 비교했을 때 상대적으로 어두운 전기 회로를 골라 기호를 쓰시오.

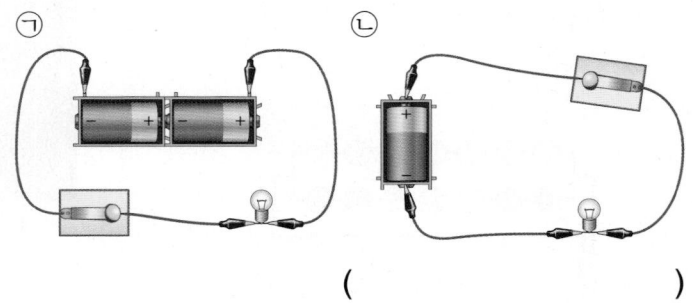

(   )

9 ➕ 9종 공통

다음은 전구의 연결 방법 중 어느 것에 대한 설명인지 쓰시오.

> 전기 회로에서 전구 두 개 이상을 여러 개의 줄에 나누어 한 개씩 연결하는 방법이다.

( )

10 동아, 금성, 미래엔, 비상, 지학사, 천재교과서

다음 전기 회로 중 전구 한 개의 불이 꺼지더라도 나머지 전구의 불은 꺼지지 않는 것을 모두 고르시오.

( )

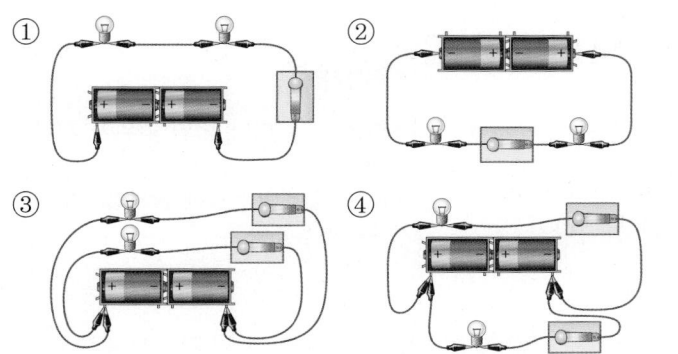

11 ➕ 9종 공통

다음 그림에 전선을 그려 넣어 전구가 병렬로 연결된 전기 회로를 완성하시오.

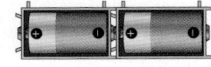

[12-13] 다음 전기 회로를 보고, 물음에 답하시오.

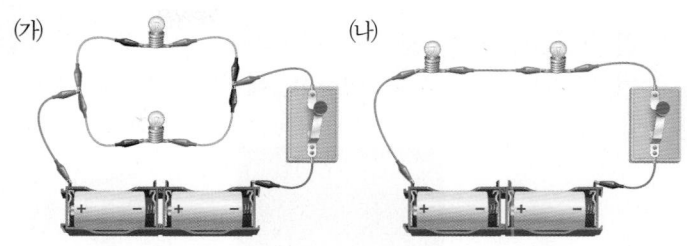

12 ➕ 9종 공통

위 (가)와 (나) 중 스위치를 닫았을 때 전구의 밝기가 더 밝은 것의 기호를 쓰시오.

( )

13 ➕ 9종 공통

위 (가)와 (나) 중 스위치를 닫았을 때 전지의 전기 에너지를 더 많이 사용하는 것의 기호를 쓰시오.

( )

14 서술형 ➕ 9종 공통

오른쪽과 같은 장식용 나무의 전구를 직렬로만 연결하면 어떠한 문제점이 발생하는지 한 가지 쓰시오.

_____

_____

3 전기의 절약과 안전

 개념 강의

1 전기를 절약하는 방법

(1) **일상생활에서 전기를 사용하는 기구**: 머리 말리개, 텔레비전, 전기밥솥, 선풍기, 스마트 기기, 전등, 냉장고, 에어컨, 전자레인지 등

▲ 머리 말리개   ▲ 텔레비전   ▲ 선풍기   ▲ 에어컨

(2) **전기의 필요성**: 우리 주변에서 전기를 사용하지 않는 물건을 찾기 어려울 정도로 전기는 우리 생활과 깊은 관련이 있습니다.

(3) **전기를 절약해야 하는 까닭**
① 전기를 만드는 데 비용이 많이 들고, 석탄, 석유, 천연가스와 같은 자원이 필요한데 이러한 자원은 한정되어 있기 때문입니다.
② 전기를 만들 때 환경을 오염시키는 물질이 나오기 때문입니다.

(4) **전기를 절약하는 방법**
① 전기 기구의 사용 방법을 정확하게 알고 전기를 적게 사용하는 제품을 이용해야 합니다.　　　　 효율이 높은 전기 제품
② 컴퓨터나 텔레비전을 사용하는 시간을 줄입니다.
③ 전기 기구의 전원을 계속 켜 놓거나 플러그를 꽂아 두면 전기 회로에 전기가 계속 공급되므로 사용하지 않을 때에는 전원을 끄고 플러그를 뽑아 둡니다.

➕ 전기 절약 장치
· 전기 요금 측정기는 전기 사용량을 지속적으로 확인할 수 있습니다.
· 타이머 콘센트는 사용 시간을 설정하면 해당 시간 동안만 전기를 공급합니다.
· 개별 스위치가 있는 멀티탭은 플러그를 뽑지 않고 사용하지 않는 전기 제품의 스위치만 끌 수 있습니다.
· 스마트폰 애플리케이션을 사용해 무선으로 전기를 켜고 끌 수 있는 스마트 플러그가 있습니다.

용어 사전
● **한정** 수량이나 범위 따위가 제한된 한도.
● **보온** 주위의 온도에 관계없이 일정한 온도를 유지함.

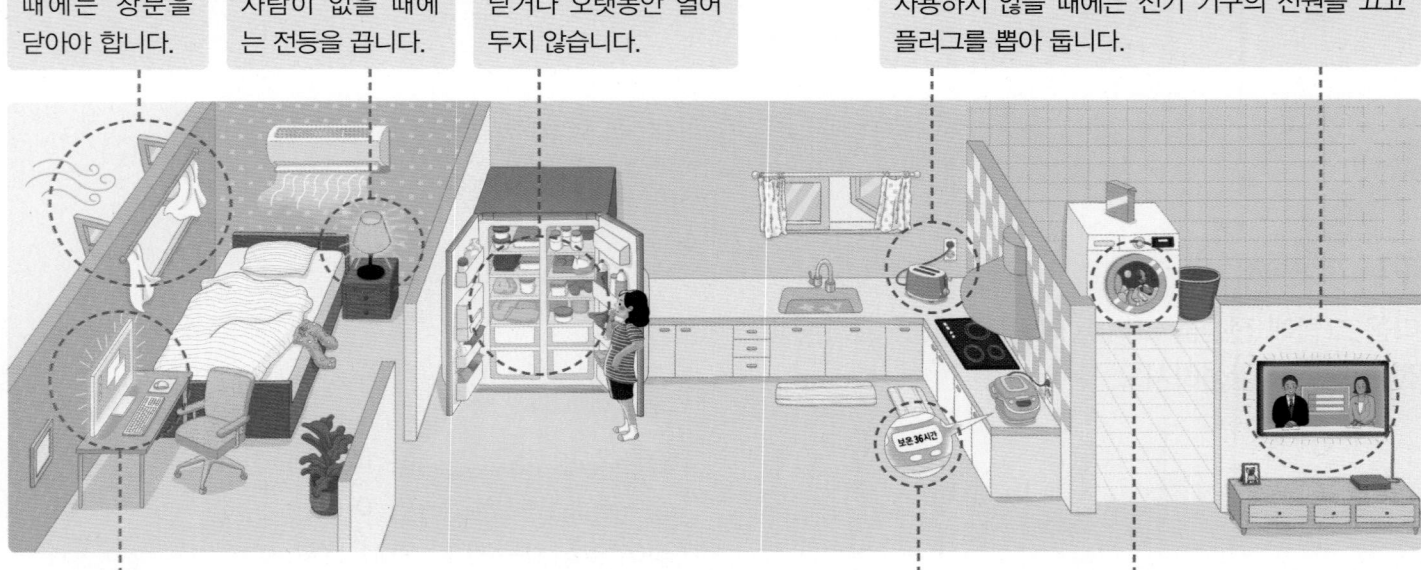

냉방기를 작동할 때에는 창문을 닫아야 합니다.

외출할 때와 같이 사람이 없을 때에는 전등을 끕니다.

냉장고의 문을 자주 여닫거나 오랫동안 열어 두지 않습니다.

사용하지 않을 때에는 전기 기구의 전원을 끄고 플러그를 뽑아 둡니다.

사용하지 않을 때에는 전기 기구의 전원을 끄고 플러그를 뽑아 둡니다.

· 밥을 먹을 만큼만 합니다.
· 전기밥솥을 보온 상태로 오랫동안 켜 두지 않고, 남은 밥은 냉동실에 얼립니다.

세탁물을 적당한 양만큼 모아서 한꺼번에 세탁합니다.

2 전기를 안전하게 사용하는 방법

(1) **전기를 안전하게 사용해야 하는 까닭:** 전기를 잘못 사용하면 화재나 감전과 같은 안전사고가 발생할 위험이 있기 때문입니다.

(2) **전기를 안전하게 사용하는 방법:** 전기 기구의 사용 방법을 알고 전기 안전 수칙을 지켜야 합니다.

(3) **전기 안전 수칙**

- 플러그를 뽑을 때에는 전선을 잡아당기지 않고, 플러그의 머리 부분을 잡고 뽑습니다.
- 전선을 바닥에 길게 늘어뜨리면 걸려 넘어질 수 있으므로 사람이 지나다니는 곳에 전선을 두지 않습니다.
- 습기가 많은 곳에는 전기 기구를 두지 않고, 콘센트에 물이 들어가지 않도록 덮개를 씌워 사용합니다.
- 전선이 문틈에 끼이거나 꺾이지 않도록 합니다.

- 한 개의 콘센트에 여러 전기 제품의 플러그를 꽂아 사용하면 화재가 발생할 수 있으므로 한 개의 콘센트에 여러 개의 플러그를 꽂지 않습니다.
- 전선이 무거운 물체 아래에 깔리지 않도록 정리합니다.
- 물 묻은 손으로 전기 제품을 만지면 감전 사고가 발생할 수 있으니 손에 물기가 없도록 수건으로 닦은 뒤 플러그를 꽂습니다.
- 물기 있는 곳에는 전기 기구나 콘센트를 가까이 두지 않습니다.

(4) **전기 안전을 위한 장치**

퓨즈	콘센트 안전 덮개	과전류 차단 장치
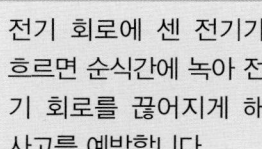		
전기 회로에 센 전기가 흐르면 순식간에 녹아 전기 회로를 끊어지게 해 사고를 예방합니다.	전기 제품을 사용하지 않을 때 콘센트를 덮어 물이 들어가거나 먼지가 쌓이지 않도록 합니다.	센 전기가 흐르면 자동으로 스위치를 열어 전기가 흐르는 것을 막아 누전 사고를 예방합니다.

➕ **플러그를 안전하게 뽑는 방법**

플러그를 뽑을 때에는 플러그의 머리 부분을 잡고 뽑습니다.

용어 사전

- **감전** 신체의 일부에 전기가 통해 순간적으로 충격을 받는 것.
- **누전** 전선이나 전기 기구 등이 손상되어 전기가 밖으로 새어 흐르는 것.

3 전기의 절약과 안전

기본 개념 문제

1

텔레비전, 냉장고, 망치, 에어컨 중 전기를 사용하지 않는 기구는 (　　　　　)입니다.

2

전기를 만들 때 비용이 많이 들고, 환경을 오염시키는 물질이 나오기 때문에 전기를 (　　　　　) 해야 합니다.

3

(　　　　　)은/는 신체의 일부에 전기가 통해 순간적으로 충격을 받는 것을 말합니다.

4

플러그를 뽑을 때에는 플러그의 (　　　　　) 부분을 잡고 뽑습니다.

5

(　　　　　)은/는 전기 회로에 센 전기가 흐르면 순식간에 녹아 전기 회로를 끊어지게 해 사고를 예방하는 장치입니다.

6 ⊕ 9종 공통

전기를 절약해야 하는 까닭을 옳게 말한 사람의 이름을 쓰시오.

> • 나희: 전기를 만드는 데 큰 비용이 들지 않기 때문이야.
> • 인수: 전기를 만들 때 필요한 자원은 무한하기 때문이야.
> • 다정: 전기를 만들 때 환경을 오염시키는 물질이 나오기 때문이야.

(　　　　　　　　　　　)

7 ⊕ 9종 공통

전기를 절약하는 방법으로 옳은 것을 골라 기호를 쓰시오.

ⓐ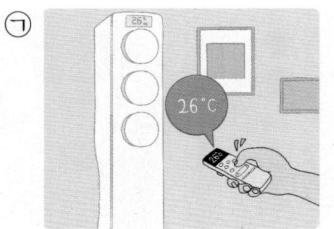

▲ 냉방기와 난방기는 적정 온도를 유지합니다.

ⓑ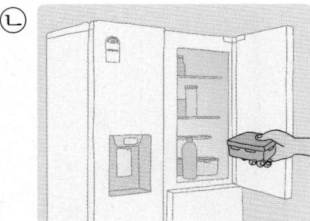

▲ 냉장고의 문을 오랫동안 열어 둡니다.

(　　　　　　　　　　　)

8 동아, 금성, 비상

다음에서 설명하는 전기 절약 장치는 무엇인지 보기에서 찾아 이름을 쓰시오.

> 사용 시간을 설정하면 해당 시간 동안만 전기를 공급한다.

보기

전기 요금 측정기, 타이머 콘센트, 멀티탭

(　　　　　　　　　　　)

9 ➕ 9종 공통

전선이나 전기 기구 등이 손상되어 전기가 밖으로 새어 흐르는 현상을 무엇이라고 합니까? (　　　)

① 감전
② 누전
③ 안전
④ 정전
⑤ 화재

10 ➕ 9종 공통

전기를 안전하게 사용하는 방법으로 옳지 <u>않은</u> 것을 모두 고르시오. (　　　)

① 전기 기구는 습기가 많은 곳에 보관한다.
② 전선이 문틈에 끼이거나 꺾이지 않도록 한다.
③ 물이 묻은 손으로 전기 기구를 만지지 않는다.
④ 전선이 무거운 물건 아래에 깔리지 않도록 정리한다.
⑤ 한 개의 콘센트에 한꺼번에 여러 전기 제품의 플러그를 꽂아 사용한다.

11 ➕ 9종 공통

전기를 안전하게 사용해야 하는 까닭으로 옳은 것에 ○표 하시오.

(1) 전기를 안전하게 사용하면 낭비해도 되기 때문이다.
(　　　)

(2) 전기는 우리 생활에서 꼭 필요한 것은 아니기 때문이다.
(　　　)

(3) 전기를 안전하게 사용하지 않으면 감전 사고나 화재가 발생할 위험이 있기 때문이다.
(　　　)

12 서술형 ➕ 9종 공통

오른쪽 모습을 보고, 민석이의 잘못된 행동을 바르게 고쳐 쓰시오.

_____

_____

_____

13 동아, 금성, 미래엔, 비상, 아이스크림, 지학사, 천재교육

전기 회로에 센 전기가 흐르면 자동으로 스위치를 열어 전기가 흐르는 것을 막는 전기 안전 장치는 어느 것입니까? (　　　)

①
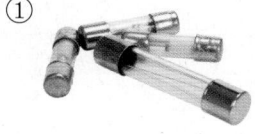
▲ 퓨즈

②
▲ 발광 다이오드

③
▲ 과전류 차단 장치

④
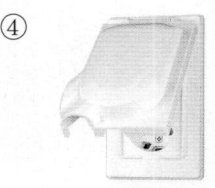
▲ 콘센트 안전 덮개

4 전자석의 성질과 이용

1 전자석의 성질

(1) 전자석
① 전자석: 전기가 흐르는 전선 주위에 자석의 성질이 나타나는 것을 이용해 만든 자석을 말합니다.
② 전자석은 일렬로 연결한 전지의 개수가 많을수록 전자석의 세기가 커집니다.

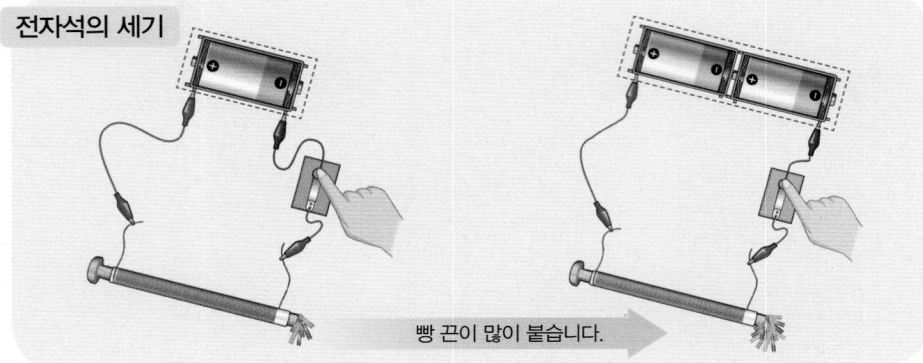

전자석의 세기

빵 끈이 많이 붙습니다.

③ 전자석은 전지를 반대로 연결하면 전자석의 양쪽 극이 반대로 바뀝니다.

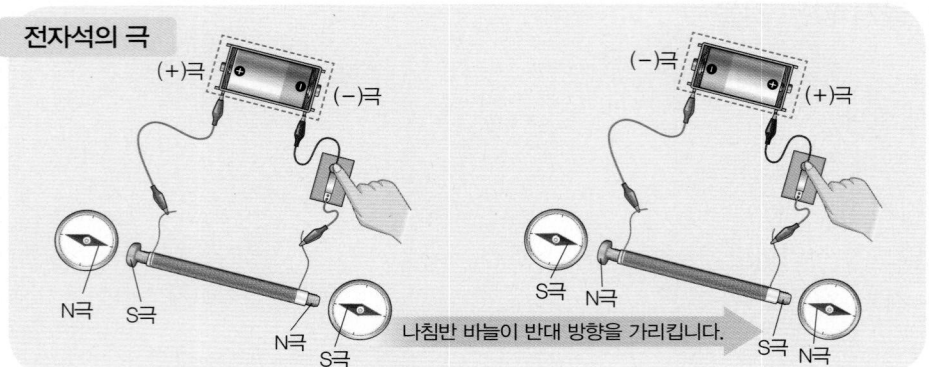

전자석의 극

(+)극 · · (−)극   (−)극 · · (+)극

N극 S극   S극 N극

N극 S극   나침반 바늘이 반대 방향을 가리킵니다.   S극 N극

(2) 영구 자석과 전자석 비교하기

구분	영구 자석(막대자석)	전자석
자석의 성질	항상 자석의 성질을 가짐.	전기가 흐를 때만 자석의 성질이 나타남.
자석의 세기	자석의 세기가 일정함.	전지의 개수를 다르게 하여 전자석의 세기를 조절할 수 있음.
자석의 극	자석의 극이 정해져 있음.	전지의 극을 바꾸어 연결하면 전자석의 극을 바꿀 수 있음.

2 전자석의 이용

▲ 전자석 기중기

▲ 스피커

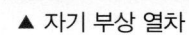
▲ 자기 부상 열차

▲ 선풍기

에나멜선을 감은 수에 따른 전자석의 세기

에나멜선을 더 많이 감은 전자석의 세기가 더 큽니다.

영구 자석과 전자석의 공통점

• 철로 된 물체를 끌어당기고, 양쪽 극 부분이 자석의 세기가 큽니다.
• N극과 S극이 있습니다.

우리 생활에서 전자석을 이용한 예

• 전자석 기중기: 철로 된 무거운 물체를 전자석에 붙여 다른 장소로 쉽게 옮길 수 있습니다.
• 스피커: 전자석과 영구 자석이 밀고 당기면서 얇은 판을 진동시켜 소리를 발생시킵니다.
• 자기 부상 열차: 전자석의 같은 극끼리 밀어 내거나 끌어당기는 성질을 이용하여 열차를 공중에 띄울 수 있습니다.
• 선풍기: 선풍기의 전동기를 회전시켜 시원한 바람을 일으킵니다.
• 이 외에도 세탁기, 냉장고, 컴퓨터 등 다양하게 있습니다.

용어 사전

● **영구 자석** 자석의 성질이 계속 유지되는 자석.

교과서 **통합 대표 실험**

실험 **전자석 만들기** 📖 9종 공통

활동 1 **전자석 만들기**

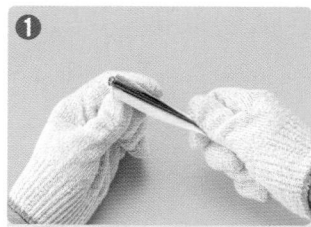

❶ 둥근 머리 볼트에 종이테이프를 붙이고 나사선을 따라 에나멜선을 약 100번 정도 감습니다. •─ 에나멜선 대신 전선으로 감을 경우 종이테이프를 감지 않아도 돼요.

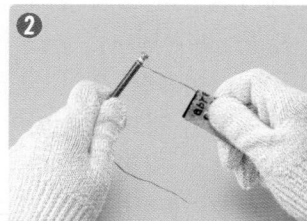

❷ 에나멜선 양 끝을 사포로 벗겨 냅니다.

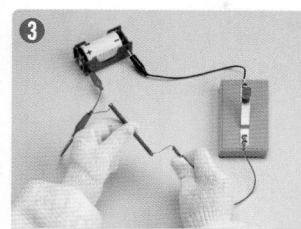

❸ 에나멜선의 끝부분에 전지와 스위치를 연결하여 전기 회로를 만듭니다.

❹ 스위치를 닫고 전자석의 한쪽 끝부분을 철이 든 빵 끈에 가까이 가져가 봅니다.

실험 결과

→ 스위치를 닫지 않았을 때는 빵 끈이 달라붙지 않아요.

→ 스위치를 닫으면 빵 끈이 달라붙어요.

스위치를 닫았던 손을 떼면 빵 끈이 떨어져요.

정리 │ 전기가 흐르는 에나멜선이 감긴 둥근 머리 볼트는 철로 된 물체를 끌어당깁니다.

활동 2 **전자석의 성질 알아보기**

❶ 전자석에 전지 한 개를 연결할 때와 전지 두 개를 연결할 때, 전자석에 붙는 빵 끈의 개수를 비교합니다.

❷ 전자석의 한쪽 끝에 나침반을 가까이 놓고 스위치를 닫았을 때, 나침반 바늘이 가리키는 방향을 관찰하여 전자석의 극을 알아보고, 전지의 극만 바꾸어 연결하고 스위치를 닫으면 전자석의 극이 어떻게 변하는지 관찰합니다.

실험 결과

전지의 개수를 늘렸을 때		전지가 한 개일 때는 빵 끈 12개가 붙고, 전지가 두 개일 때는 빵 끈 20개가 붙음.
전지의 극을 바꾸었을 때	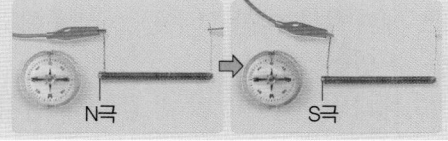 N극 → S극	전지의 극을 바꾸어 연결하면 나침반 바늘이 가리키는 방향이 반대가 됨.

• 나침반 바늘이 자석이기 때문에 같은 극끼리는 서로 밀어 내고, 다른 극끼리는 끌어당겨요.
• 에나멜선을 감은 방향에 따라 나침반 바늘이 가리키는 방향이 바뀌므로 제시된 결과와 다를 수 있어요.

정리 │ • 전자석에 연결한 전지의 개수가 늘어나면 전자석의 세기가 커집니다.
• 전지의 극을 바꾸어 연결하면 전자석의 극이 바뀝니다.

4 전자석의 성질과 이용

기본 개념 문제

1

전기가 흐르는 전선 주위에 자석의 성질이 나타나는 것을 이용해 만든 자석을 (　　　　　　)(이)라고 합니다.

2

전자석은 (　　　　　)을/를 반대로 연결하면 전자석의 극이 반대로 바뀝니다.

3

막대자석과 전자석 중 자석의 세기를 조절할 수 있는 것은 (　　　　　　)입니다.

4

영구 자석과 전자석에는 모두 (　　　　)극과 (　　　　)극이 있습니다.

5

(　　　　　　　)은/는 전자석의 성질을 이용해 철로 위에 떠서 빠르게 이동하는 열차입니다.

[6-8] 다음은 전자석을 만드는 과정을 순서에 관계없이 나타낸 것입니다. 물음에 답하시오.

> ㉠ 에나멜선의 양쪽 끝부분을 사포로 문질러서 코팅을 벗겨 낸다.
> ㉡ 종이테이프를 붙인 둥근 머리 볼트에 에나멜선을 100번 정도 감는다.
> ㉢ 에나멜선 양쪽 끝부분에 전지와 스위치를 연결하여 전기 회로를 만든다.

6 ➕ 9종 공통

위 과정에서 전자석을 만드는 순서에 맞게 기호를 쓰시오.

(　　　　　) → (　　　　　) → (　　　　　)

7 ➕ 9종 공통

다음은 위 실험을 통해 만든 전자석을 철이 든 빵 끈에 가까이 가져갔을 때의 모습입니다. 전기가 흐르고 있는 경우에 ◯표 하시오.

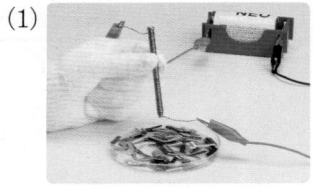

(1) ▲ 빵 끈이 전자석에 붙지 않음.
(　　　　　)

(2) ▲ 빵 끈이 전자석에 붙음.
(　　　　　)

8 ➕ 9종 공통

위 실험에 대해 옳게 말한 사람의 이름을 쓰시오.

> • 나은: 전자석을 만들 때 전지가 반드시 필요한 것은 아니야.
> • 우재: 에나멜선 대신 고무줄을 사용해도 전자석을 만들 수 있어.
> • 서빈: 에나멜선을 더 많이 감아서 전자석을 만들면 빵 끈이 더 많이 붙어.

(　　　　　　　)

9 ➕ 9종 공통

전자석에 대한 설명으로 옳지 <u>않은</u> 것은 어느 것입니까? (   )

① 막대자석과 같이 두 개의 극이 있다.
② 전기가 흐를 때만 철로 된 물체를 끌어당긴다.
③ 전기가 흐르지 않을 때만 자석의 성질이 나타난다.
④ 스위치를 닫으면 전자석에 빵 끈이 붙고, 스위치를 열면 빵 끈이 떨어진다.
⑤ 볼트와 같은 철심에 감은 전선에 전기가 흐르면 전선 주위에 자석의 성질이 나타나는 것을 이용해 만든다.

10 ➕ 9종 공통

다음은 전지의 개수를 다르게 하여 만든 전자석입니다. 전자석의 한쪽 끝을 각각 클립에 가까이 가져갔을 때 클립이 더 많이 달라붙는 것의 기호를 쓰시오.

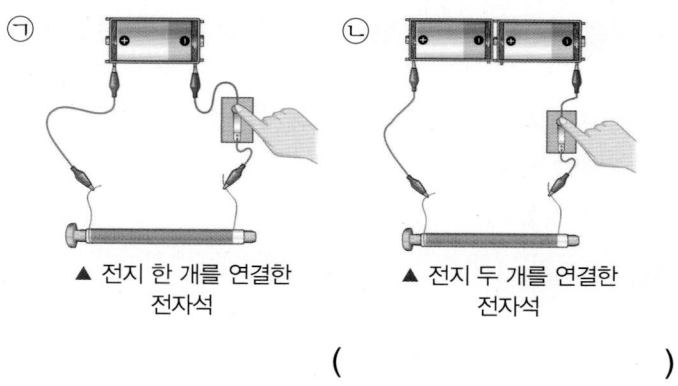

ⓒ ▲ 전지 한 개를 연결한 전자석

ⓒ ▲ 전지 두 개를 연결한 전자석

(   )

11 서술형 ➕ 9종 공통

위 **10**번 답과 같이 생각한 까닭을 전자석의 세기와 관련지어 쓰시오.

_____

_____

12 ➕ 9종 공통

다음과 같이 전자석에 연결된 전기 회로에서 전지의 방향을 바꿀 때 나타나는 변화로 옳은 것은 어느 것입니까? (   )

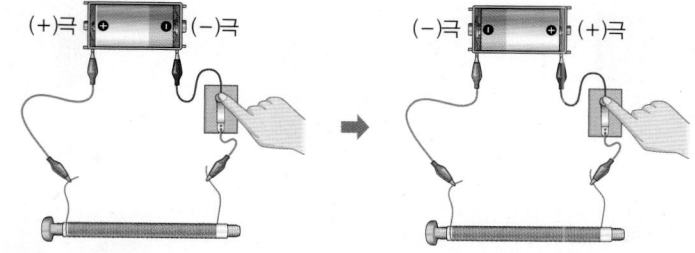

① 전자석의 세기가 커진다.
② 전자석에 빵 끈이 붙지 않는다.
③ 전자석의 양쪽 극이 반대로 바뀐다.
④ 전자석이 철로 된 물체를 끌어당기는 힘이 약해진다.
⑤ 스위치를 닫아도 전기가 흐르지 않아 자석의 성질이 나타나지 않는다.

13 ➕ 9종 공통

다음은 영구 자석과 전자석 중 어느 것에 대한 설명인지 쓰시오.

• 극의 방향을 바꿀 수 없다.
• 자석의 세기를 조절할 수 없다.
• 항상 자석의 성질을 가지고 있다.

(   )

14 ➕ 9종 공통

다음과 같이 우리 생활에서 전자석을 이용한 예를 보기 에서 골라 기호를 쓰시오.

철로 된 무거운 물체를 전자석에 붙여 다른 장소로 쉽게 옮길 수 있다.

┌─ 보기 ●
│ ㉠ 스피커   ㉡ 세탁기   ㉢ 전자석 기중기

(   )

1 전기의 이용

1. 전기 회로

(1) 【❶ ⬚ 】 : 여러 가지 전기 부품을 연결하여 전기가 흐르도록 한 것입니다.

(2) 여러 가지 전기 부품

▲ 전구　　　▲ 전지　　　▲ 집게 달린 전선　　　▲ 전구 끼우개

▲ 전지 끼우개　　　▲ 【❷ ⬚ 】　　　▲ 발광 다이오드

> 전기 부품은 전기가 잘 흐르는 물질과 전기가 잘 흐르지 않는 물질로 이루어져 있어요.

(3) **전구에 불이 켜지는 조건**

① 전지, 전선, 전구가 끊긴 곳이 없게 연결해야 합니다.

② 전기 부품에서 전기가 잘 통하는 부분끼리 연결해야 합니다.

③ 전구를 전지의 (+)극과 전지의 (−)극에 각각 연결해야 합니다.

2. 전지의 수와 전구의 연결 방법에 따른 전구의 밝기

(1) **전지의 수에 따른 전구의 밝기**

① 전기 회로에서 전지 두 개를 연결하면 전지 한 개를 연결할 때보다 전구의 밝기가 더 【❸ ⬚ 】.

② 전지 두 개를 연결할 때 전구의 밝기를 밝게 하기 위해서는 한 전지의 (+)극을 다른 전지의 (−)극에 연결해야 합니다.

(2) **전구의 연결 방법에 따른 전구의 밝기**

구분	전구의 직렬연결	전구의 【❹ ⬚ 】
연결 방법	전기 회로에서 전구 두 개 이상을 한 줄로 연결하는 방법	전기 회로에서 전구 두 개 이상을 여러 개의 줄에 나누어 한 개씩 연결하는 방법
전구의 밝기	전구의 밝기가 전구를 병렬로 연결했을 때보다 어두움.	전구의 밝기가 전구를 직렬로 연결했을 때보다 밝음.
전구 하나가 꺼지면?	전구 한 개의 불이 꺼지면 나머지 전구의 불도 꺼짐.	전구 한 개의 불이 꺼지더라도 나머지 전구의 불은 꺼지지 않음.

★ 전기 회로

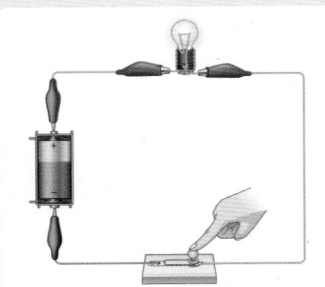

스위치를 닫으면 전기 회로에 전기가 흘러 전구에 불이 켜집니다.

★ 전지의 수에 따른 전구의 밝기

▲ 전지 한 개를 연결한 전기 회로

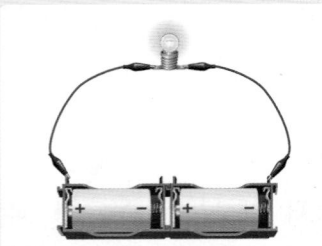

▲ 전지 두 개를 연결한 전기 회로

전지 두 개를 연결하면 전지 한 개를 연결할 때보다 전구의 밝기가 밝습니다.

3. 전기의 절약과 안전

(1) 전기를 절약해야 하는 까닭

① 전기를 만드는 데 비용이 많이 들고, 석탄, 석유, 천연가스와 같은 자원이 필요한데 이러한 자원은 한정되어 있기 때문입니다.

② 전기를 만들 때 환경을 오염시키는 물질이 나오기 때문입니다.

(2) 전기를 절약하는 방법

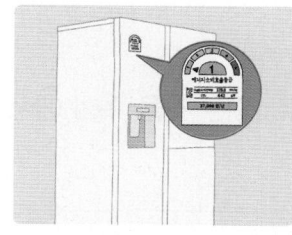
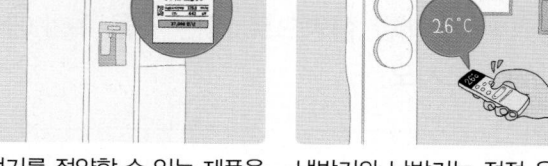
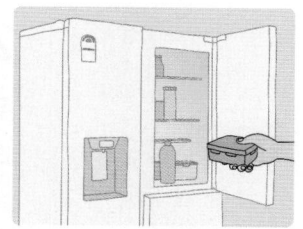

전기를 절약할 수 있는 제품을 사용합니다.

냉방기와 난방기는 적정 온도를 유지합니다.

냉장고의 문을 자주 여닫거나 오랫동안 열어 두지 않습니다.

(3) 전기를 안전하게 사용해야 하는 까닭: 전기를 잘못 사용하면 화재나 감전과 같은 안전사고가 발생할 위험이 있기 때문입니다.

(4) 전기를 안전하게 사용하는 방법

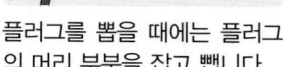
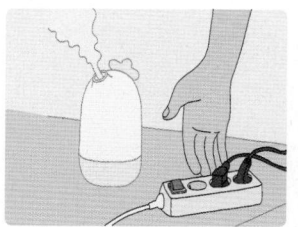
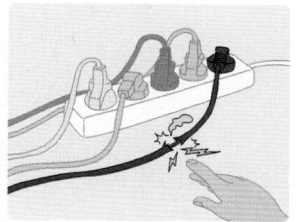

플러그를 뽑을 때에는 플러그의 머리 부분을 잡고 뽑습니다.

습기가 많은 곳에는 전기 콘센트를 가까이 두지 않습니다.

전기 기구의 전선이 벗겨진 부분은 없는지 확인합니다.

4. 전자석

(1) 전자석의 성질

① 전자석: 전기가 흐르는 전선 주위에 자석의 성질이 나타나는 것을 이용해 만든 자석을 말합니다.

② 전자석의 세기: 일렬로 연결한 전지의 개수가 많을수록 전자석의 세기가 커집니다.

③ 전자석의 극: 전지를 반대로 연결하면 전자석의 양쪽 극이 반대로 바뀝니다.

(2) 영구 자석과 전자석 비교하기

구분	❺	❻
자석의 성질	항상 자석의 성질을 가짐.	전기가 흐를 때만 자석의 성질이 나타남.
자석의 세기	자석의 세기가 일정함.	전지의 개수를 다르게 하여 전자석의 세기를 조절할 수 있음.
자석의 극	자석의 극이 정해져 있음.	전지의 극을 바꾸어 연결하면 전자석의 극을 바꿀 수 있음.

★ 전기 안전을 위한 장치

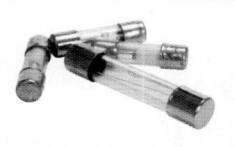

▲ 퓨즈

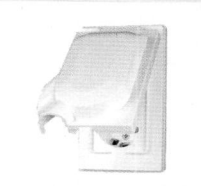

▲ 콘센트 안전 덮개

▲ 과전류 차단 장치

★ 우리 생활에서 전자석을 이용한 예

▲ 전자석 기중기

▲ 스피커

▲ 자기 부상 열차

1 동아, 금성, 비상, 아이스크림, 지학사, 천재교과서, 천재교육

전기 부품과 그 쓰임새를 찾아 선으로 이으시오.

(1) 전지 •

(2) 스위치 •

(3) 집게 달린 전선 •

• ㉠ 전기가 흐르는 길을 끊거나 연결한다.

• ㉡ 전기 부품을 쉽게 연결할 수 있다.

• ㉢ 전기 회로에 전기 에너지를 공급한다.

[2-3] 다음은 전지, 전선, 전구를 연결한 것입니다. 물음에 답하시오.

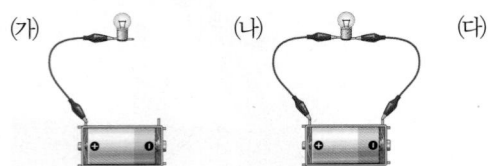

(가)   (나)   (다)

2 ➕ 9종 공통

위 (가)~(다) 중 전구에 불이 켜지지 않는 것을 골라 기호를 쓰시오.

( )

3 서술형 ➕ 9종 공통

위 **2**번 답처럼 생각한 까닭은 무엇인지 쓰시오.

_____

_____

[4-5] 다음 전기 부품의 모습을 보고, 물음에 답하시오.

(가)    (나)

4 ➕ 9종 공통

위 (가)와 (나)에 대한 설명으로 옳은 것을 보기 에서 골라 기호를 쓰시오.

보기

㉠ (가)는 전구 끼우개이고, (나)는 전지 끼우개이다.

㉡ (가)는 전지를 쉽게 연결할 수 있도록 전지를 끼워서 사용하는 전기 부품이다.

㉢ (나)는 발광 다이오드이며, 전구처럼 빛을 낼 수 있다.

( )

5 ➕ 9종 공통

위 (가)에서 전기가 잘 흐르는 부분에는 ○표, 전기가 잘 흐르지 않는 부분에는 ✕표 하시오.

( )

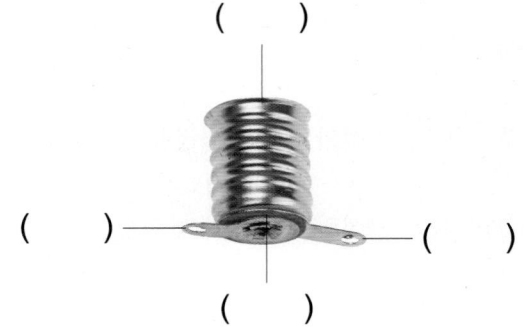

( )   ( )

( )

6 서술형 금성, 천재교과서

다음 손전등 중에서 전구의 밝기가 더 밝은 것을 골라 기호를 쓰고, 그 까닭은 무엇인지 쓰시오.

ㄱ

ㄴ

(1) 전구의 밝기가 더 밝은 손전등: (   )

(2) 까닭: _____

_____

_____

7 ✚ 9종 공통

다음 (   ) 안에 들어갈 알맞은 말을 골라 각각 ○표 하시오.

전기 회로에서 여러 개의 전구를 한 줄로 이어 연결하는 방법을 전구의 (직렬, 병렬)연결이라 하고, 여러 개의 전구를 여러 갈래의 전선에 각각 나누어서 연결하는 방법을 전구의 (직렬, 병렬)연결이라 한다.

[8-10] 다음 여러 가지 전기 회로를 보고, 물음에 답하시오.

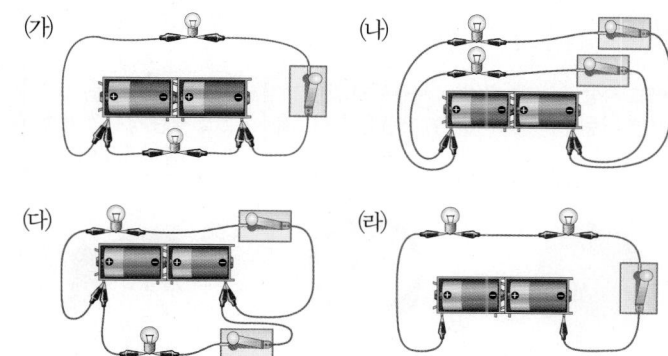

8 ✚ 9종 공통

위 (가)~(라)를 전구의 직렬연결과 병렬연결로 구분하여 각각 기호를 쓰시오.

(1) 전구의 직렬연결: (   )
(2) 전구의 병렬연결: (   )

9 ✚ 9종 공통

위 (가)~(라) 중 스위치를 닫았을 때 전구의 밝기가 가장 어두운 것의 기호를 쓰시오.

(   )

10 ✚ 9종 공통

위 (가)~(라) 중 전구 두 개 중 한 개만 켜거나 끌 수 있는 전기 회로를 모두 찾아 기호를 쓰시오.

(   )

11 ➕ 9종 공통

전기를 절약하는 방법을 옳게 실천한 사람의 이름을 쓰시오.

낮에도 사람이 있으면 전등을 켜 놓았어.
민재

사용하지 않는 전기 제품은 플러그를 뽑았어.
연수

에어컨을 켤 때는 창문을 계속 열어 두었어.
나래

( )

12 ➕ 9종 공통

다음 전기 안전 수칙에서 옳은 것에 ○표, 옳지 <u>않은</u> 것에 ×표 하시오.

(1) 전선을 잡고 플러그를 뽑는다. ( )

(2) 전기 제품 위에 젖은 수건을 올려놓는다. ( )

(3) 전선 주위에서는 뛰거나 장난하지 않는다. ( )

(4) 한 개의 콘센트에 여러 전기 제품의 플러그를 꽂지 않는다. ( )

(5) 전선이 움직이지 않도록 전선 위에 무거운 물체를 올려 고정시킨다. ( )

13 ➕ 9종 공통

전자석의 양 끝에 나침반을 놓고 스위치를 닫았을 때 나침반 바늘이 가리키는 방향이 다음과 같을 때 전자석의 양쪽 극은 무엇인지 쓰시오.

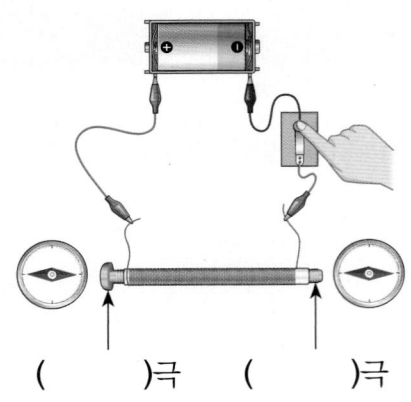

( )극 ( )극

14 서술형 ➕ 9종 공통

위 **13**번 전자석의 극의 방향을 반대로 바꾸는 방법을 한 가지 쓰시오.

_____

_____

15 ➕ 9종 공통

전자석이 연결된 전기 회로에서 일렬로 연결한 전지의 개수를 늘릴 때 나타나는 변화는 어느 것입니까?

( )

① 전자석의 세기가 커진다.

② 전자석이 영구 자석으로 바뀐다.

③ 전자석의 양쪽 극이 반대로 바뀐다.

④ 전자석이 철로 된 물체를 끌어당기는 힘이 사라진다.

⑤ 전자석을 철이 든 빵 끈에 가까이 가져가면 빵 끈이 붙지 않는다.

1 ⊕ 9종 공통

다음 (　) 안에 들어갈 알맞은 말을 쓰시오.

> 전지, 전선, 전구 등 여러 가지 전기 부품을 서로 연결해 전기가 흐르도록 한 것을 (　　　)(이)라 고 한다.

(　　　　　　　)

2 동아, 금성, 비상, 아이스크림, 지학사, 천재교과서, 천재교육

다음 전지의 모습을 보고, 옳게 설명한 사람의 이름 을 쓰시오.

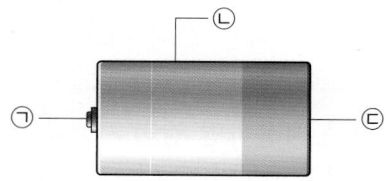

- 준재: 전구처럼 빛을 낼 수 있는 전기 부품이야.
- 연지: 볼록 튀어나온 부분이 (+)극이고, 반대쪽이 (−)극이야.
- 예랑: ㉠과 ㉡은 전기가 잘 흐르는 부분이고, ㉢은 전기가 잘 흐르지 않는 부분이야.

(　　　　　　　)

3 ⊕ 9종 공통

전기에 대한 설명으로 옳은 것을 보기 에서 찾아 기 호를 쓰시오.

> **보기**
> ㉠ 고무는 전기가 잘 흐르는 물질이다.
> ㉡ 전구는 전기가 잘 흐르는 물질로만 되어 있다.
> ㉢ 전기 부품은 전기가 잘 흐르는 물질과 전기가 잘 흐르지 않는 물질로 되어 있다.

(　　　　　　　)

[4-5] 다음은 전지, 전선, 전구를 연결한 것입니다. 물음에 답하시오.

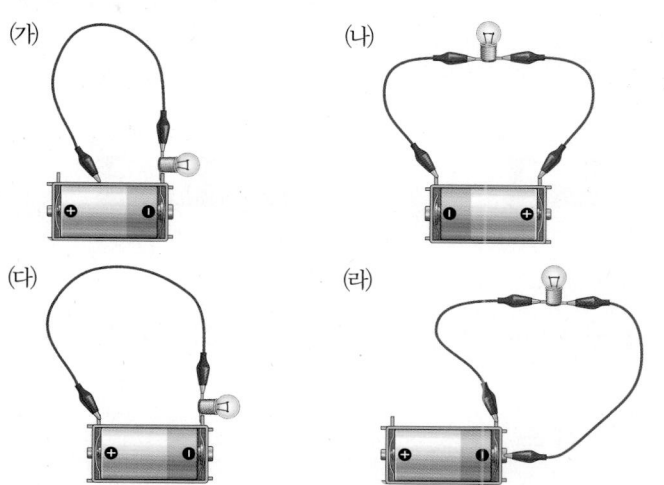

4 ⊕ 9종 공통

위 ⑺~⑼ 중에서 전구에 불이 켜지는 것을 모두 골 라 기호를 쓰시오.

(　　　　　　　)

5 ⊕ 9종 공통

위 **4**번 답과 같이 전구에 불이 켜진 것의 공통점을 두 가지 고르시오. (　　　　　)

① 중간에 끊어진 곳이 있다.
② 전구를 전지의 (−)극에만 연결했다.
③ 전구와 전선을 전지의 (+)극과 (−)극에 연결했다.
④ 전기 부품에서 전기가 잘 통하는 부분끼리 연결했다.
⑤ 전구에 연결된 전선을 모두 전지의 (+)극에만 연 결했다.

[6-7] 전지의 수에 따른 전구의 밝기를 알아보기 위해 다음과 같이 장치하였습니다. 물음에 답하시오.

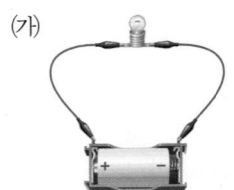 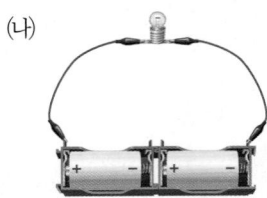

(가)　　　　　(나)

6 금성, 천재교과서

위 실험에서 다르게 해야 할 조건은 어느 것입니까?
(　　)

① 전구의 수
② 전지의 수
③ 전구의 종류
④ 전지의 종류
⑤ 집게 달린 전선의 길이

7 금성, 천재교과서

위 (가)와 (나)의 전구에 불이 켜졌을 때 전구의 밝기가 더 밝은 것의 기호를 쓰시오.
(　　　　)

8 ➕ 9종 공통

전구의 직렬연결을 골라 기호를 쓰시오.

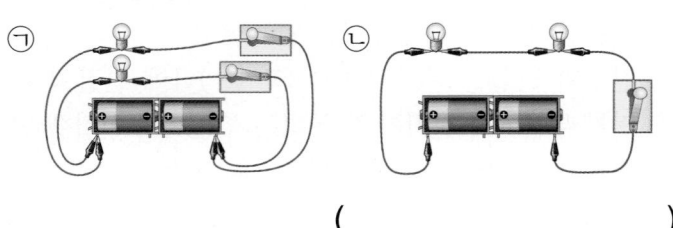

ⓖ　　　　　ⓛ

(　　　　)

9 ➕ 9종 공통

전구의 직렬연결에 해당하는 설명에는 '직렬', 전구의 병렬연결에 해당하는 설명에는 '병렬'이라고 쓰시오.

(1) 전구의 밝기가 상대적으로 밝다. (　　)
(2) 전구의 밝기가 상대적으로 어둡다. (　　)
(3) 한 전구의 불이 꺼지면 나머지 전구의 불도 꺼진다.
(　　)
(4) 한 전구의 불이 꺼져도 나머지 전구의 불이 꺼지지 않는다.
(　　)

10 ➕ 9종 공통

전기를 절약하고, 안전하게 사용해야 하는 까닭으로 옳지 않은 것을 보기 에서 골라 기호를 쓰시오.

보기

㉠ 전기를 잘못 사용하면 감전 사고나 화재가 발생할 위험이 있기 때문이다.
㉡ 전기를 만들 때 많은 비용이 들지 않아 전기 요금이 저렴하기 때문이다.
㉢ 전기를 절약하지 않으면 자원이 낭비되고 환경 문제가 발생할 수 있기 때문이다.

(　　　　)

11 서술형 ➕ 9종 공통

오른쪽 그림에서 전기를 안전하게 사용하기 위해 고쳐야 할 점은 무엇인지 쓰시오.

_____

_____

12 동아, 금성, 미래엔, 비상, 아이스크림, 지학사, 천재교육

다음에서 설명하는 전기 안전 장치는 무엇인지 [보기]에서 찾아 이름을 쓰시오.

전기 회로에 센 전기가 흐르면 순식간에 녹아 전기 회로를 끊어지게 한다.

[보기]
퓨즈, 콘센트 안전 덮개, 과전류 차단 장치

( )

13 [서술형] ➕ 9종 공통

전자석의 스위치를 닫지 않았을 때 철이 든 빵 끈에 가까이 가져가면 빵 끈이 붙지 않고, 스위치를 닫았을 때 가까이 가져가면 전자석에 빵 끈이 붙었습니다. 이 결과를 통해 알 수 있는 전자석의 성질을 영구 자석과 비교하여 쓰시오.

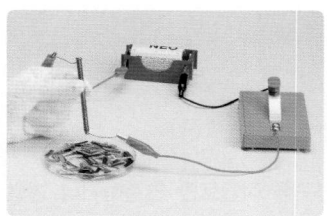
▲ 스위치를 닫지 않았을 때

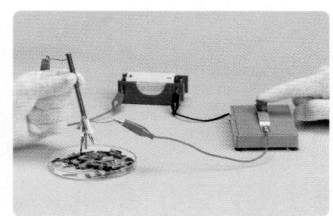
▲ 스위치를 닫았을 때

_____

_____

14 ➕ 9종 공통

오른쪽은 전자석의 양 끝에 나침반을 놓고 스위치를 닫았을 때의 모습입니다. 전지의 극을 반대로 바꾸고 스위치를 닫았을 때 나침반 바늘이 가리키는 모습으로 옳은 것을 골라 ◯표 하시오.

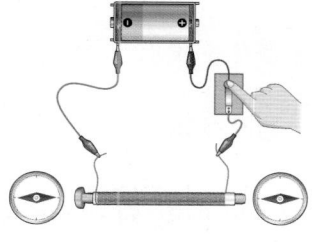

(1) 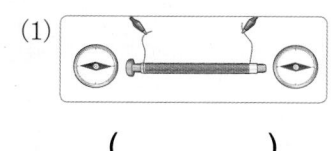 (2)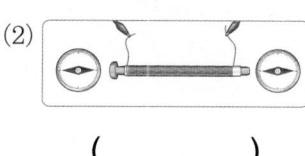

( )   ( )

15 ➕ 9종 공통

우리 생활에서 전자석을 이용한 예가 <u>아닌</u> 것을 골라 기호를 쓰시오.

ㄱ
▲ 자기 부상 열차

ㄴ
▲ 선풍기

ㄷ
▲ 전자석 기중기

ㄹ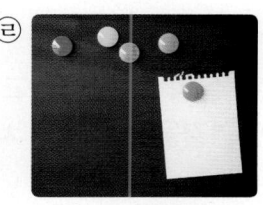
▲ 자석 칠판

( )

1. 전기의 이용

● 정답과 풀이 4쪽

평가 주제	전구의 연결 방법에 따른 전구의 밝기 비교하기
평가 목표	전구를 직렬연결할 때와 병렬연결할 때 전구의 밝기를 비교할 수 있다.

[1-3] 다음 전기 회로를 보고, 물음에 답하시오.

(가) 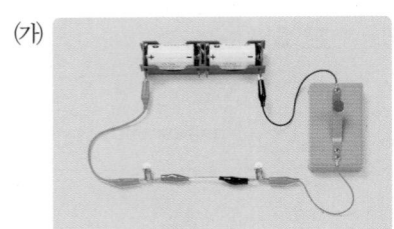   (나)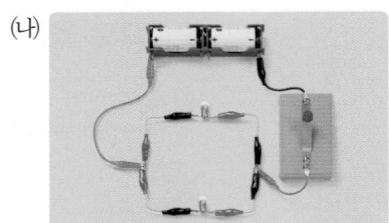

(다) 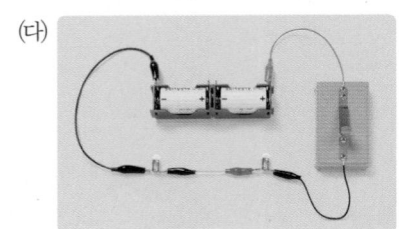   (라)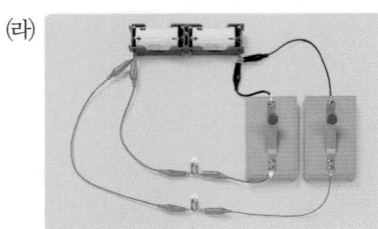

1 위 (가)~(라)에서 전구의 밝기가 비슷한 전기 회로끼리 분류하여 기호를 쓰시오.

전구의 밝기가 어두운 전기 회로	전구의 밝기가 밝은 전기 회로
(1)	(2)

도움 전구가 직렬로 연결되어 있는지, 병렬로 연결되어 있는지 전기 회로를 살펴봅니다.

2 위 (가)~(라)에서 전구를 하나씩 빼고 스위치를 누를 때, 남은 전구에 불이 어떻게 되는지 각각 쓰시오.

(가): _____   (나): _____

(다): _____   (라): _____

도움 전구와 전지가 전선으로 끊어지지 않게 연결되어야 전구에 불이 켜집니다.

3 위 실험 결과를 참고하여 장식용으로 사용하는 전구는 직렬연결과 병렬연결을 혼합하여 사용하는 까닭은 무엇인지 쓰시오.

_____

_____

도움 전구를 직렬로만 연결하거나 병렬로만 연결하면 어떤 현상이 나타나는지 생각해 봅니다.

1. 전기의 이용

● 정답과 풀이 5쪽

1
단원

| 평가 주제 | 전자석의 성질 알아보기 |
| 평가 목표 | 전자석의 성질을 영구 자석과 비교하여 설명할 수 있다. |

[1-3] 다음과 같이 전자석에 전지의 개수를 다르게 연결하고, 철이 든 빵 끈에 가까이 가져가 보았습니다. 물음에 답하시오.

(가)
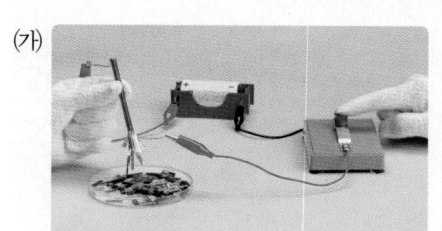
▲ 전지가 한 개일 때

(나)
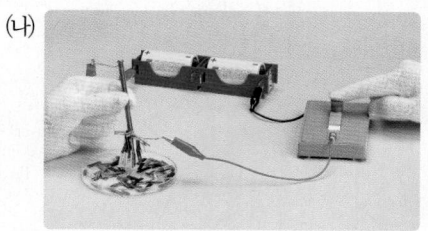
▲ 전지가 두 개일 때

1 위 실험 결과, 전자석에 붙은 빵 끈의 개수가 다음과 같을 때 알 수 있는 전자석의 성질은 무엇인지 쓰시오.

구분	(가)	(나)
전자석에 붙은 빵 끈의 개수	12개	20개

_____

_____

도움 전자석의 세기가 클수록 철이 든 빵 끈이 많이 붙습니다.

2 위 실험 결과를 참고하여 전자석과 영구 자석의 차이점을 한 가지 쓰시오.

_____

_____

도움 막대자석과 같이 자석의 성질이 계속 유지되는 자석을 영구 자석이라고 합니다.

3 일상생활에서 전자석이 사용되는 예를 세 가지 쓰시오.

(   )

도움 집에서 사용하는 다양한 전기 제품 속에 전자석이 사용됩니다.

다른 그림을 찾아보세요.

● 정답 5쪽

다른 곳이 15군데 있어요.

2

계절의 변화

▶ 학습 내용과 교과서별 해당 쪽수를 확인해 보세요.

학습 내용	백점 쪽수	교과서별 쪽수				
		동아출판	비상교과서	아이스크림 미디어	지학사	천재교과서
1 하루 동안 태양 고도, 그림자 길이, 기온의 관계	34~37	34~37	38~39	36~39	32~35	36~39
2 계절별 태양의 남중 고도, 낮과 밤의 길이, 기온의 변화	38~41	38~41	40~43	40~43	36~39	40~43
3 계절의 변화가 생기는 까닭	42~45	42~43	44~45	44~47	40~41	44~45

1 하루 동안 태양 고도, 그림자 길이, 기온의 관계

개념 강의

1 태양 고도

(1) **태양 고도**: 태양의 높이는 태양이 지표면과 이루는 각으로 나타낼 수 있는데, 이것을 태양 고도라고 합니다. ─● 하루 동안 태양의 높이는 계속 달라집니다.

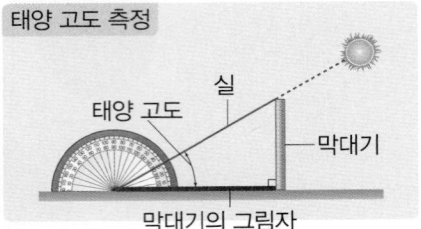

(2) **태양의 남중 고도**

① 하루 중 태양 고도가 가장 높을 때 태양이 남중했다고 하며, 이때의 태양 고도를 태양의 남중 고도라고 합니다.

② 태양이 정남쪽에 위치했을 때의 고도를 말합니다.

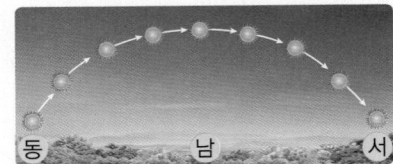
➕ 하루 동안 태양의 움직임

지구의 자전으로 인해 하루 동안 태양은 동쪽 하늘에서 보이기 시작하여 남쪽 하늘을 지나 서쪽 하늘로 위치가 달라집니다. 이때 태양의 높이도 계속 달라집니다.

2 하루 동안 태양 고도, 그림자 길이, 기온의 관계

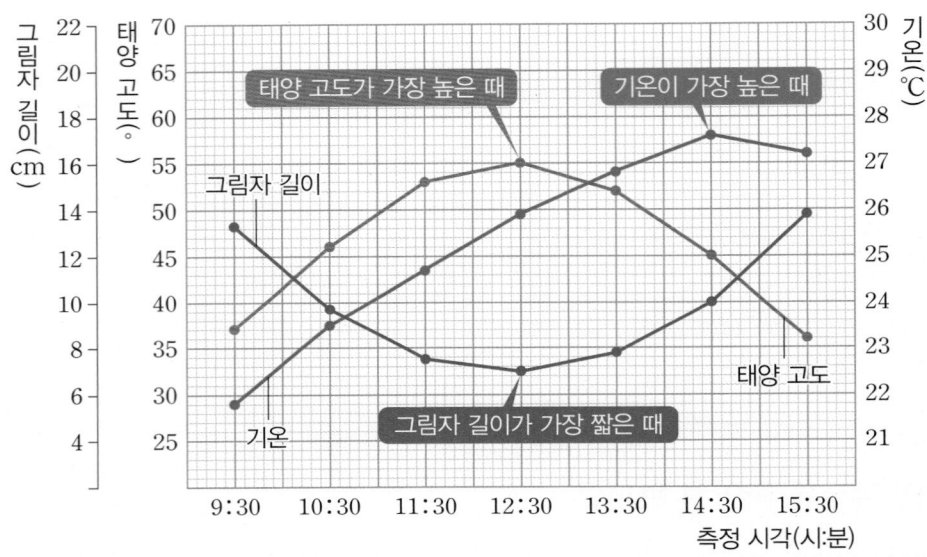

(1) **하루 동안 태양 고도, 그림자 길이, 기온의 변화**

태양 고도	그림자 길이	기온
오전에는 점점 높아지다가 낮 12시 30분경에 가장 높고, 오후에 다시 낮아짐.	태양 고도가 높아질수록 점점 짧아지고, 태양 고도가 낮아질수록 점점 길어짐.	오전에 점점 높아지다가 14시 30분경에 가장 높고, 이후 서서히 낮아짐.

(2) **하루 동안 태양 고도와 그림자 길이의 관계**: 태양 고도가 높아질수록 그림자 길이는 짧아집니다.

(3) **하루 동안 태양 고도와 기온의 관계**

① 태양 고도가 높아질수록 기온은 대체로 높아집니다.

② 지표면이 데워져 공기의 온도가 높아지는 데에는 시간이 걸리므로 기온이 가장 높게 나타나는 시각은 태양이 남중한 시각보다 약 두 시간 뒤입니다.

➕ 하루 동안 태양 고도와 그림자 길이 변화

낮 12시 30분 무렵 태양이 남쪽에 남중했을 때 그림자는 북쪽을 향하고, 그림자의 길이는 하루 중 가장 짧습니다.

용어 사전

● **자전** 지구가 북극과 남극을 이은 가상의 축을 중심으로 하루에 한 바퀴씩 서쪽에서 동쪽으로 회전하는 것.

교과서 **통합 대표 실험**

실험 하루 동안 태양 고도, 그림자 길이, 기온 측정하기 📖 9종 공통

실험동영상

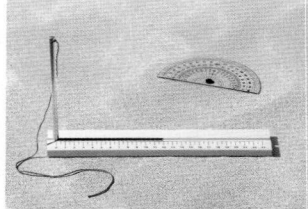

❶ 햇빛이 잘 드는 평평한 곳에 태양 고도 측정기 를 놓습니다.

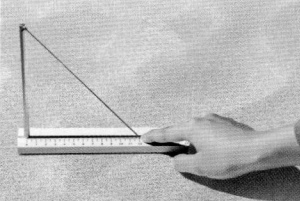

❷ 실을 막대기의 그림자 끝에 맞춥니다.

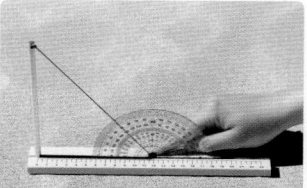

❸ 그림자와 실이 이루는 각을 각도기로 측정합 니다.

태양 고도와 그림자 길이는 태양 고도 측정기를 이용하여 측정하고, 기온은 백엽상의 온도계를 이용하여 측정해.

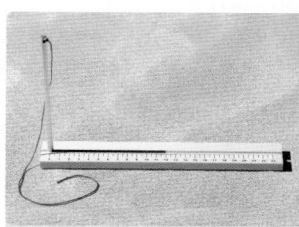

❹ 측정기의 자를 이용하 여 막대기의 그림자 길 이를 측정합니다.

❺ 같은 시각에 백엽상의 온도계로 기온을 측정 합니다.

백엽상이 없다면 그늘진 곳의 높이 1.5 m 정도에서 온도계로 기온을 측정해요.

실험 결과

• 하루 동안 태양 고도, 그림자 길이, 기온을 표로 나타내기

(막대기 길이: 10 cm)

측정 시각(시 : 분)	태양 고도(°)	그림자 길이(cm)	기온(℃)
09 : 30	37	13.3	21.8
10 : 30	46	9.7	23.5
11 : 30	53	7.5	24.7
12 : 30	55	7.0	25.9
13 : 30	52	7.8	26.8
14 : 30	45	10	27.6
15 : 30	36	13.8	27.2

• 하루 중 태양 고도가 가장 높은 때:
  12시 30분
• 하루 중 그림자의 길이가 가장 짧은 때:
  12시 30분
• 하루 중 기온이 가장 높은 때:
  14시 30분

• 하루 동안 태양 고도, 그림자 길이, 기온을 꺾은선그래프로 나타내기

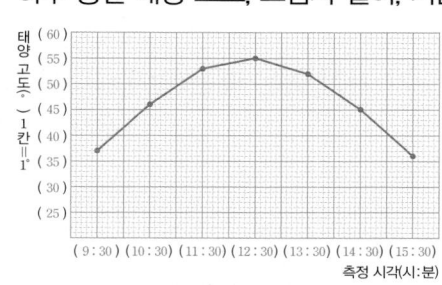

▲ 하루 동안 태양 고도

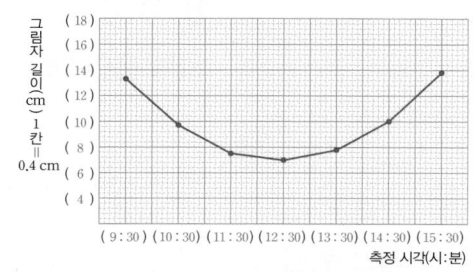

▲ 하루 동안 그림자 길이

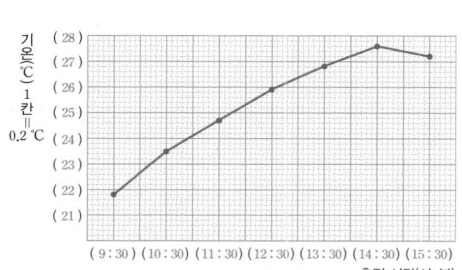

▲ 하루 동안 기온

정리 | 태양 고도가 높아지면 그림자 길이는 짧아지고, 기온은 대체로 높아집니다.

1 하루 동안 태양 고도, 그림자 길이, 기온의 관계

기본 개념 문제

1

태양이 지표면과 이루는 각을 (   )(이)라고 합니다.

2

태양의 (   )은/는 태양이 정남쪽에 위치했을 때의 고도를 말합니다.

3

하루 동안 낮 12시 30분경에 태양 고도가 가장 (   ).

4

하루 동안 태양 고도가 높아지면 그림자 길이는 (   ).

5

하루 동안 기온이 가장 높게 나타나는 시각은 태양이 남중한 시각보다 약 (   ) 시간 뒤입니다.

6 ➕ 9종 공통

다음과 같이 장치하여 태양 고도를 측정하려고 합니다. ㉠~㉣ 중 어느 부분의 각도를 측정해야 하는지 기호를 쓰시오.

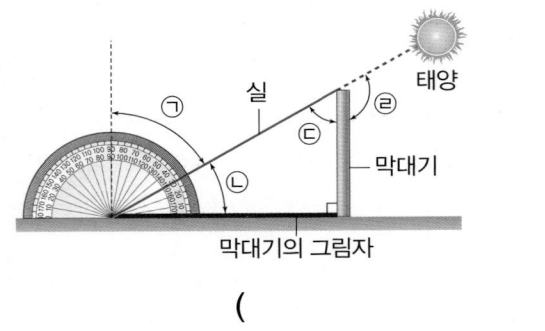

(   )

7 ➕ 9종 공통

태양 고도 측정기를 이용하여 태양 고도를 측정하는 방법에 대한 설명으로 옳은 것에 ○표 하시오.

(1) 그늘진 곳에 놓고 태양 고도를 측정한다. (   )

(2) 평평한 곳에 놓고 태양 고도를 측정한다. (   )

(3) 실을 막대기의 그림자 끝에 맞추고, 그림자와 실이 이루는 각을 자로 측정한다. (   )

8 ➕ 9종 공통

하루 동안 태양 고도가 가장 높은 때는 언제입니까?

(   )

① 9시 30분경

② 10시 30분경

③ 낮 12시 30분경

④ 14시 30분경

⑤ 16시 30분경

9 ➕9종 공통

다음은 하루 동안 태양의 움직임을 나타낸 그림입니다. ㉠~㉤ 중 태양이 남중했을 때의 위치를 골라 기호를 쓰시오.

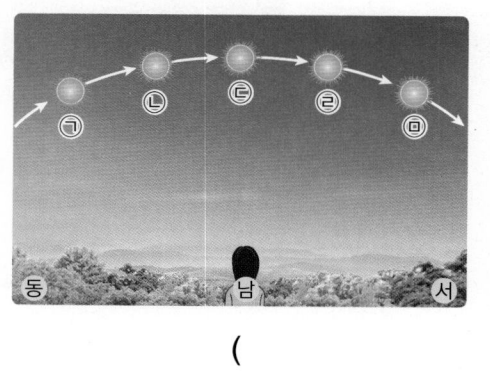

(   )

10 ➕9종 공통

태양 고도와 기온은 서로 어떤 관계가 있는지 선으로 이으시오.

(1) 태양 고도가 낮을수록 •   • ㉠ 기온이 대체로 높아진다.

(2) 태양 고도가 높을수록 •   • ㉡ 기온이 대체로 낮아진다.

11 ➕9종 공통

태양 고도와 관련된 설명으로 (   ) 안에 들어갈 알맞은 말끼리 짝 지은 것은 어느 것입니까? (   )

태양 고도는 태양이 (㉠)에 위치했을 때 가장 높다. 이때를 태양이 (㉡)했다고 한다.

	㉠	㉡
①	정남쪽	남중
②	정남쪽	북중
③	정북쪽	남중
④	정북쪽	북중
⑤	정북쪽	서중

12 서술형 ➕9종 공통

하루 동안 기온은 어떻게 변하는지 쓰시오.

_____

_____

13 ➕9종 공통

하루 동안 태양 고도 변화를 나타낸 그래프로 옳은 것의 기호를 쓰시오.

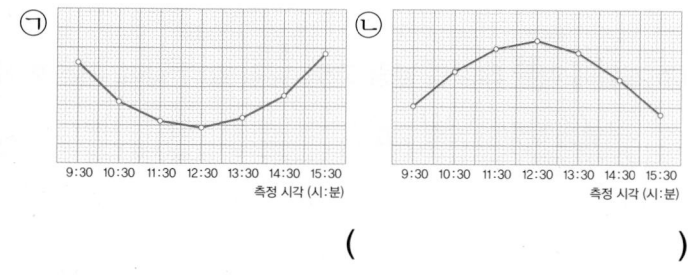

(   )

14 ➕9종 공통

하루 동안 그림자 길이 변화에 대해 옳게 말한 사람의 이름을 쓰시오.

• 유리: 낮 12시 30분경에 가장 짧아.
• 수영: 오전에는 점점 짧아지다가 14시 30분부터 길어져.
• 준재: 오전에는 점점 길어지다가 태양이 질 무렵에 가장 길어.

(   )

2 계절별 태양의 남중 고도, 낮과 밤의 길이, 기온의 변화

개념 강의

1 계절별 태양의 남중 고도, 낮과 밤의 길이, 기온의 변화

(1) 계절에 따른 태양의 위치 변화

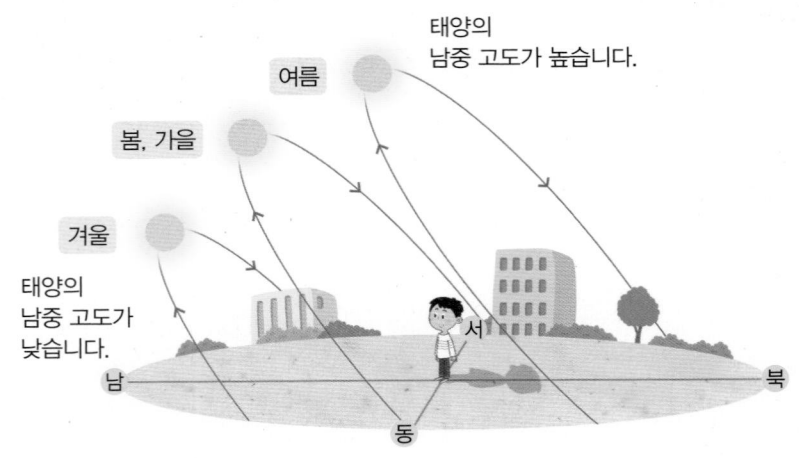

① 계절에 따라 태양의 남중 고도는 달라집니다.
② 태양의 남중 고도는 여름에 가장 높고, 겨울에 가장 낮습니다.
③ 봄, 가을에 태양의 남중 고도는 여름과 겨울의 중간 정도입니다.

(2) 계절에 따른 태양의 남중 고도, 낮과 밤의 길이, 기온 변화

> 가로축을 1월부터 표시하면 꺾은선 그래프의 모양이 달라질 수 있어요.

월별 태양의 남중 고도

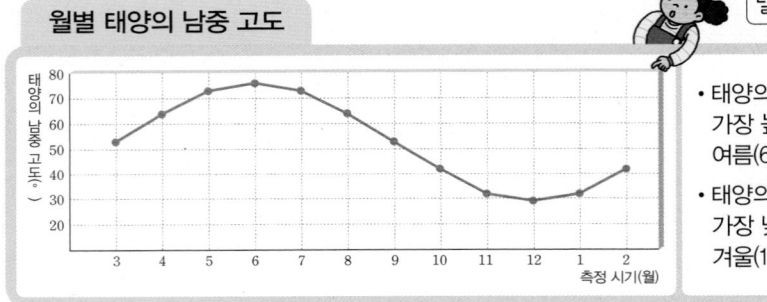

• 태양의 남중 고도가 가장 높은 계절: 여름(6월)
• 태양의 남중 고도가 가장 낮은 계절: 겨울(12월)

월별 낮과 밤의 길이 ←밤의 길이는 24시간에서 낮의 길이를 뺀 시간입니다.

• 낮의 길이가 가장 긴 계절: 여름(6월)
• 낮의 길이가 가장 짧은 계절: 겨울(12월)

월평균 기온

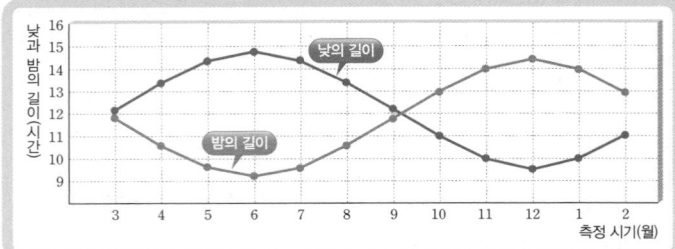

• 월평균 기온이 가장 높은 계절: 여름(8월)
• 월평균 기온이 가장 낮은 계절: 겨울(1월)

계절별 태양의 남중 고도

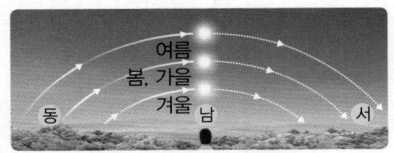

• 여름에서 겨울로 갈수록 태양의 남중 고도는 낮아집니다.
• 겨울에서 여름으로 갈수록 태양의 남중 고도는 높아집니다.

우리나라의 절기

• 춘분, 하지, 추분, 동지는 한 해를 스물넷으로 나눈 절기 중 각각 봄, 여름, 가을, 겨울의 기준이 되는 절기입니다.
• 하지(6월 21일 무렵): 태양의 남중 고도가 가장 높고 낮의 길이가 가장 깁니다.
• 동지(12월 21일 무렵): 태양의 남중 고도가 가장 낮고 낮의 길이가 가장 짧습니다.

태양의 남중 고도는 6월경에 가장 높지만 월평균 기온은 8월경에 가장 높은 까닭

지표면이 데워져 공기의 온도가 높아지는 데 시간이 걸리기 때문입니다.

용어 사전

● **절기** 태양의 위치 변화에 따라 계절을 구분한 것으로, 1년은 24절기로 나눌 수 있음.

(3) 계절에 따른 태양의 남중 고도, 낮과 밤의 길이, 기온의 관계

여름
- 태양의 남중 고도가 높습니다.
- 낮의 길이가 길고, 밤의 길이는 짧습니다.
- 기온이 높습니다.

겨울
- 태양의 남중 고도가 낮습니다.
- 낮의 길이가 짧고, 밤의 길이는 깁니다.
- 기온이 낮습니다.

2 태양의 남중 고도에 따른 기온 변화

(1) 태양 고도에 따른 태양 에너지의 양 비교하기
① 태양 전지판 두 개에 각각 소리 발생기를 연결합니다.
② 전등과 태양 전지판이 이루는 각을 하나는 크게 하고, 다른 하나는 작게 합니다.
③ 전등을 동시에 켜고 소리 발생기에서 나는 소리 크기를 비교합니다.

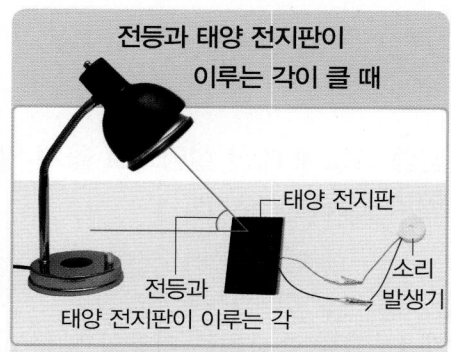

전등과 태양 전지판이 이루는 각이 클 때
- 소리 발생기에서 크고 분명한 소리가 남.
- 전등으로부터 태양 전지판에 도달하는 에너지의 양이 많기 때문임.

전등과 태양 전지판이 이루는 각이 작을 때
- 소리 발생기에서 작고 희미한 소리가 남.
- 전등으로부터 태양 전지판에 도달하는 에너지의 양이 적기 때문임.

(2) 여름철과 겨울철 태양의 남중 고도와 태양 에너지의 양

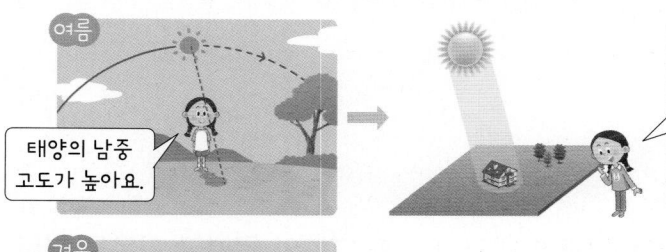

여름 — 태양의 남중 고도가 높아요.
태양의 남중 고도가 높으면 일정한 면적의 지표면에 도달하는 태양 에너지의 양이 많아져서 지표면을 더 많이 데워 기온이 높아져요.

겨울 — 태양의 남중 고도가 낮아요.
태양의 남중 고도가 낮으면 일정한 면적의 지표면에 도달하는 태양 에너지의 양이 적어져서 지표면을 적게 데워 기온이 낮아져요.

(3) 태양의 남중 고도에 따라 기온이 달라지는 까닭
① 태양의 남중 고도가 달라지면 일정한 면적의 지표면에 도달하는 태양 에너지의 양이 달라져 기온이 달라집니다.
② 태양의 남중 고도가 높을수록 일정한 면적의 지표면에 도달하는 태양 에너지의 양이 많아져 기온이 높아집니다.

---

2 단원

➕ **태양 고도에 따른 태양 에너지의 양 비교하기 실험 조건**
- 같게 해야 할 조건: 전등의 종류, 전등을 비춘 시간, 태양 전지판의 크기, 전등과 태양 전지판 사이의 거리 등
- 다르게 해야 할 조건: 전등과 태양 전지판이 이루는 각

➕ **모형실험과 실제 자연 비교**
- 실험에서 사용한 전등은 태양을 나타냅니다.
- 전등과 태양 전지판이 이루는 각은 태양의 남중 고도를 나타냅니다.
- 전등과 태양 전지판이 이루는 각이 큰 것은 여름에 태양의 남중 고도가 높은 것을 의미합니다.
- 전등과 태양 전지판이 이루는 각이 작은 것은 겨울에 태양의 남중 고도가 낮은 것을 의미합니다.

용어 사전
- ● **태양 전지판** 태양 에너지를 받아서 전기 에너지로 바꾸는 장치.
- ● **면적** 공간을 차지하는 넓이의 크기.

2 계절별 태양의 남중 고도, 낮과 밤의 길이, 기온의 변화

기본 개념 문제

1

봄, 여름, 가을, 겨울 중 태양의 남중 고도가 가장 높은 계절은 (   )입니다.

2

낮의 길이가 가장 긴 계절은 (   )이고, 낮의 길이가 가장 짧은 계절은 (   )입니다.

3

태양의 남중 고도는 6월경에 가장 높지만 월평균 기온은 8월경에 가장 높은 까닭은 지표면이 데워져 (   )의 온도가 높아지는 데 시간이 걸리기 때문입니다.

4

태양 에너지의 양이 많으면 지표면을 더 많이 데워 기온이 (   ).

5

태양의 남중 고도가 높을수록 일정한 면적의 지표면에 도달하는 태양 에너지의 양이 (   ).

6 ➕ 9종 공통

다음은 월별 태양의 남중 고도를 나타낸 그래프입니다. ㉠과 ㉡에 해당하는 계절은 언제인지 쓰시오.

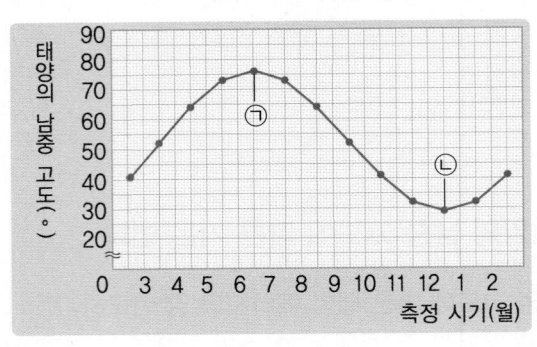

㉠ (   ), ㉡ (   )

7 ➕ 9종 공통

계절별 태양의 남중 고도에 대한 설명으로 옳지 <u>않은</u> 것을 보기 에서 골라 기호를 쓰시오.

> **보기**
> ㉠ 태양의 남중 고도는 계절에 따라 달라진다.
> ㉡ 봄, 여름, 가을, 겨울 순서대로 태양의 남중 고도가 점점 높아진다.
> ㉢ 봄과 가을에 태양의 남중 고도는 여름과 겨울의 중간 정도이다.

(   )

8 ➕ 9종 공통

다음은 월별 태양의 남중 고도와 월평균 기온을 나타낸 그래프입니다. ㉠과 ㉡은 각각 무엇에 해당하는지 쓰시오.

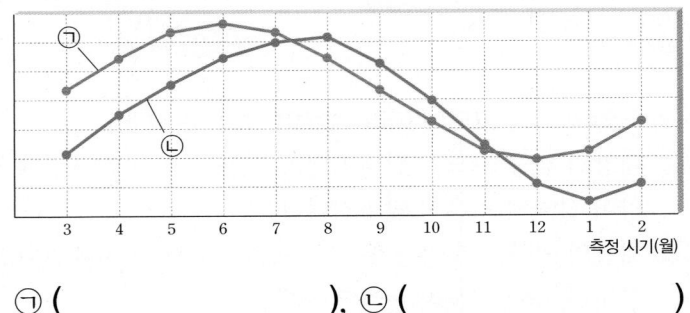

㉠ (   ), ㉡ (   )

[9-10] 다음은 월별 낮과 밤의 길이를 나타낸 그래프입니다. 물음에 답하시오.

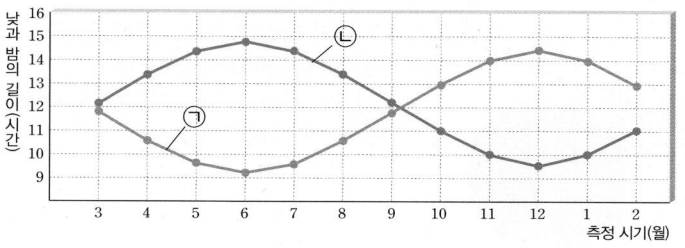

9 ⊕ 9종 공통

위 ㉠과 ㉡ 중 낮의 길이를 나타낸 그래프는 어느 것인지 기호를 쓰시오.

(　　　　　)

10 ⊕ 9종 공통

위 그래프에 대한 설명으로 옳은 것을 두 가지 고르시오. (　　　)

① 6월에 낮의 길이가 가장 길다.
② 12월에 밤의 길이가 가장 짧다.
③ 12월보다 6월에 낮의 길이가 더 짧다.
④ 밤의 길이가 가장 짧은 계절은 여름이고, 가장 긴 계절은 겨울이다.
⑤ 9월에 낮의 길이가 가장 짧고, 그 이후부터는 낮의 길이가 점점 길어진다.

11 ⊕ 9종 공통

다음은 계절별 태양의 위치 변화를 나타낸 것입니다. ㉠~㉢ 중 기온이 가장 높은 계절에 해당하는 태양의 기호를 쓰시오.

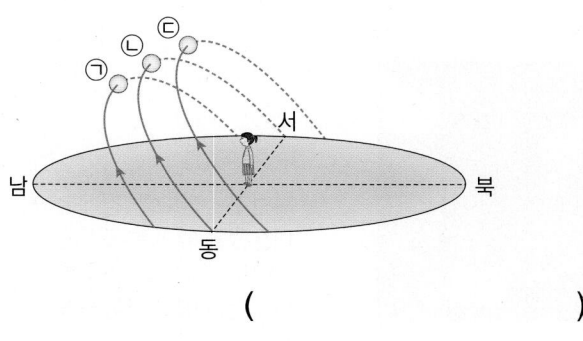

(　　　　　)

[12-14] 다음은 태양의 남중 고도에 따른 기온 변화를 알아보기 위한 실험 장치입니다. 물음에 답하시오.

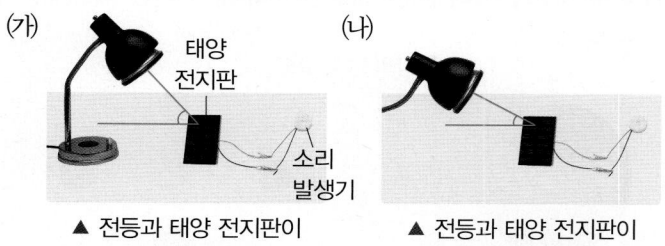

▲ 전등과 태양 전지판이 이루는 각이 클 때　　▲ 전등과 태양 전지판이 이루는 각이 작을 때

12 ⊕ 9종 공통

위 실험은 실제 자연에서 각각 무엇을 의미하는지 알맞은 것끼리 선으로 이으시오.

(1) 전등 　　　　　•　　　　• ㉠ 지표면

(2) 태양 전지판 　•　　　　• ㉡ 태양

(3) 전등과 태양 전지판이 이루는 각 　•　　　• ㉢ 태양의 남중 고도

13 ⊕ 9종 공통

위 ⑺와 ⑻ 중 전등을 동시에 켜고 관찰했을 때 소리 발생기의 소리가 더 큰 경우는 어느 것인지 기호를 쓰시오.

(　　　　　)

14 서술형 ⊕ 9종 공통

위 실험 결과를 통해 알 수 있는 태양의 남중 고도가 높을수록 기온이 높아지는 까닭을 태양 에너지의 양과 관련지어 쓰시오.

_____

_____

3 계절의 변화가 생기는 까닭

1 지구 자전축의 기울기에 따른 태양의 남중 고도

(1) **지구의 자전축이 공전 궤도면에 대해 수직일 때**: 태양의 남중 고도의 변화가 없습니다.

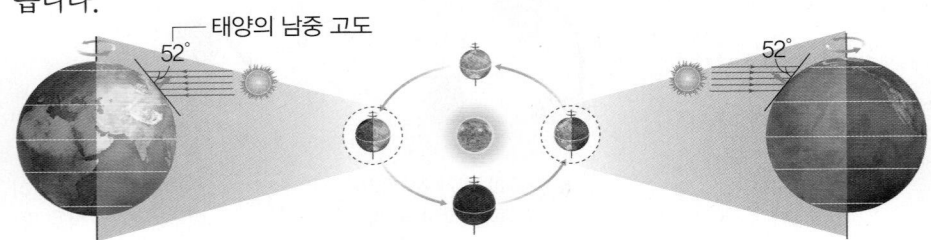

태양의 남중 고도
52°   52°

(2) **지구의 자전축이 공전 궤도면에 대해 기울어졌을 때**: 지구의 위치에 따라 태양의 남중 고도가 달라집니다.

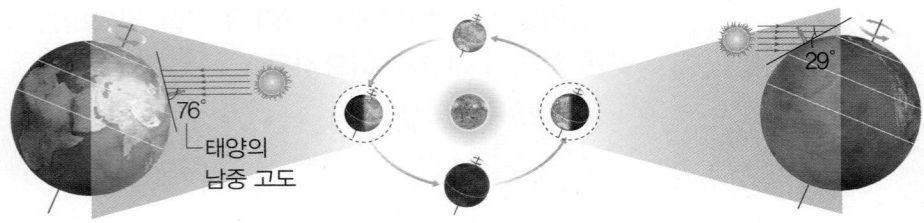

76°   29°
태양의 남중 고도

2 계절의 변화가 생기는 까닭

(1) **계절의 변화가 생기는 까닭**

① 지구의 자전축이 공전 궤도면에 대해 기울어진 채 태양 주위를 공전하기 때문에 계절이 변합니다.

② 지구의 자전축이 기울어진 채 태양 주위를 공전하면 지구의 위치에 따라 태양의 남중 고도가 달라지고, 일정한 면적의 지표면에 도달하는 태양 에너지의 양이 달라져 계절이 변합니다.

③ 지구의 자전축이 수직이거나 지구가 태양 주위를 공전하지 않는다면 지구에 계절의 변화는 생기지 않습니다.

자전축

태양

자전축

여름에 북반구에서는 태양의 남중 고도가 높습니다.

겨울에 북반구에서는 태양의 남중 고도가 낮습니다.

여름

겨울

(2) **지구의 위치에 따른 우리나라 계절의 변화**

여름	겨울
태양의 남중 고도가 높아 일정한 면적의 지표면에 도달하는 태양 에너지의 양이 많아져 기온이 높음.	태양의 남중 고도가 낮아 일정한 면적의 지표면에 도달하는 태양 에너지의 양이 적어져 기온이 낮음.

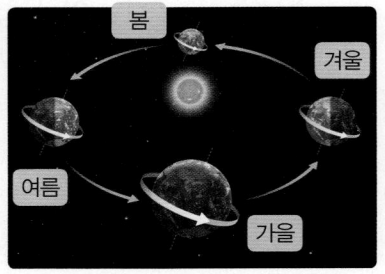

봄
겨울
여름
가을

➕ 지구의 운동

• **지구의 자전**: 지구는 자전축을 중심으로 하루에 한 바퀴씩 회전합니다.

• **지구의 공전**: 지구는 태양을 중심으로 일 년에 한 바퀴씩 회전합니다.

➕ 공전 궤도면

• 지구가 공전하며 그린 길이 이루는 평면을 공전 궤도면이라고 합니다.

• 지구의 북극과 남극을 이은 가상의 직선인 자전축은 공전 궤도면에 대해 기울어져 있습니다.

자전축

공전 궤도면

➕ 북반구와 남반구의 계절

북반구에 있는 우리나라의 태양 고도가 높을 때, 남반구에 있는 뉴질랜드나 오스트레일리아는 태양 고도가 낮습니다. 따라서 우리나라가 여름일 때, 뉴질랜드나 오스트레일리아는 겨울입니다.

📖 용어 사전

• **북반구** 적도를 경계로 지구를 둘로 나누었을 때의 북쪽 부분.

• **남반구** 적도를 경계로 지구를 둘로 나누었을 때의 남쪽 부분.

교과서 통합 대표 실험

실험 | **지구 자전축의 기울기에 따른 태양의 남중 고도 비교하기** 📖 9종 공통

활동 1 자전축이 수직일 때 태양의 남중 고도 비교하기

❶ 지구본의 자전축을 수직으로 세웁니다.

❷ 태양 고도 측정기를 지구본의 우리나라 위치에 붙이고, 지구본과 30 cm 떨어진 곳에 전등을 켭니다. 이때 전등의 높이는 태양 고도 측정기의 높이와 같게 조절합니다.

❸ 전등을 중심으로 지구본을 ㉮ → ㉯ → ㉰ → ㉱ 위치로 옮기며 각 위치에서 태양의 남중 고도를 측정합니다. → 실제 지구의 공전 방향과 같게 서쪽에서 동쪽(시계 반대 방향)으로 회전시켜요.

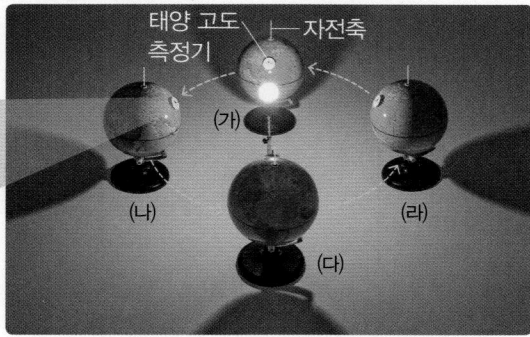

이때의 태양 고도는 약 52°로 읽어요.

태양 고도 측정기 ─ 자전축

▲ ㉯ 위치일 때 태양의 남중 고도

실험 결과

지구본의 위치	㉮	㉯	㉰	㉱
남중 고도(°)	52	52	52	52

정리 | 지구본의 자전축이 수직일 때는 태양의 남중 고도가 변하지 않습니다.

활동 2 자전축이 기울어져 있을 때 태양의 남중 고도 비교하기

❶ 지구본의 자전축을 23.5° 기울인 뒤 자전축의 기울기를 고정합니다.

❷ 활동 1의 ❷~❸과 같은 방법으로 ㉮~㉱ 위치에서 태양의 남중 고도를 측정합니다.

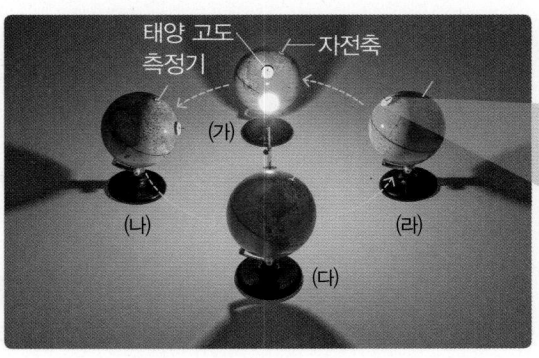

이때의 태양 고도는 약 29°로 읽어요.

태양 고도 측정기 ─ 자전축

▲ ㉱ 위치일 때 태양의 남중 고도

실험 결과

지구본의 위치	㉮	㉯	㉰	㉱
남중 고도(°)	52	76	52	29

정리 | 지구본의 자전축이 기울어진 채로 공전할 때는 태양의 남중 고도가 지구본의 위치에 따라 변합니다.

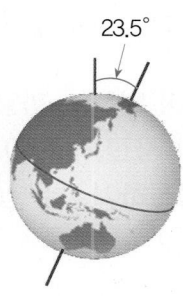

23.5°

● 지구의 자전축은 공전 궤도면의 수직선에 대해 약 23.5° 기울어져 있어요.

자전축이 기울어진 채 공전할 때 지구의 위치에 따른 우리나라의 계절은 ㉮는 봄, ㉯는 여름, ㉰는 가을, ㉱는 겨울이에요.

3 계절의 변화가 생기는 까닭

1

지구는 일 년에 한 바퀴씩 (　　　　　) 주위를 공전합니다.

2

지구가 공전하며 그린 길이 이루는 평면을 (　　　　　)(이)라고 합니다.

3

계절이 변하는 까닭은 지구의 (　　　　　) 이/가 공전 궤도면에 대해 기울어진 채 태양 주위를 공전하기 때문입니다.

4

여름에는 태양의 남중 고도가 높아 일정한 면적의 지표면에 도달하는 (　　　　　)의 양이 많아집니다.

5

북반구가 겨울일 때 남반구는 (　　　　　)입니다.

[6-8] 다음과 같이 지구본의 우리나라 위치에 태양 고도 측정기를 붙이고, 전등을 중심으로 공전시키면서 태양의 남중 고도를 측정하였습니다. 물음에 답하시오.

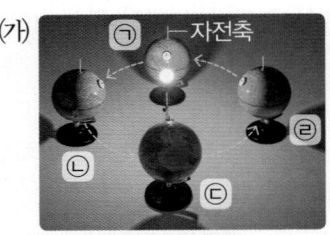 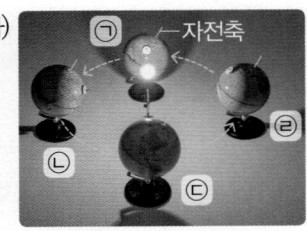

▲ 자전축이 수직인 채　　▲ 자전축이 기울어진 채
　　공전할 때　　　　　　　　공전할 때

6 ➕ 9종 공통

위 실험에서 다르게 해야 할 조건은 어느 것입니까?

(　　　)

① 지구본의 종류
② 지구본의 자전축 기울기
③ 지구본을 공전시키는 방향
④ 전등과 지구본 사이의 거리
⑤ 태양 고도 측정기를 붙이는 위치

7 ➕ 9종 공통

위 실험 (가)에서 지구본이 ㉠~㉣ 위치에 있을 때 태양의 남중 고도를 비교하여 ○ 안에 >, =, <로 나타내시오.

8 ➕ 9종 공통

위 실험 (가)와 (나) 중 지구본이 ㉠~㉣ 위치에 있을 때 태양의 남중 고도가 다음과 같이 변하는 경우의 기호를 쓰시오.

지구본의 위치	㉠	㉡	㉢	㉣
태양의 남중 고도(°)	52	76	52	29

(　　　　　)

[9-11] 다음은 지구가 태양 주위를 공전하는 모습입니다. 물음에 답하시오.

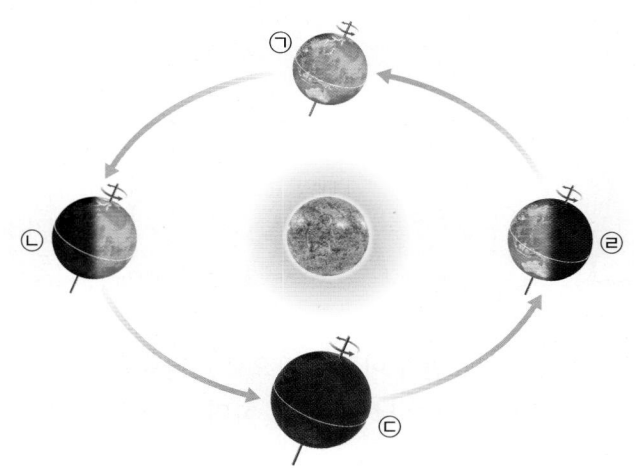

9 ➕ 9종 공통

지구가 ㉠~㉣의 위치에 있을 때 우리나라에서의 계절을 각각 쓰시오.

㉠ (   ), ㉡ (   )
㉢ (   ), ㉣ (   )

10 ➕ 9종 공통

위 ㉠~㉣ 중 태양의 남중 고도가 가장 낮을 때의 기호를 쓰시오.

(   )

11 서술형 ➕ 9종 공통

위와 같이 계절의 변화가 생기는 까닭을 보기 의 용어를 모두 사용하여 쓰시오.

┌─ 보기 ●─────────────────────┐
│   자전축, 태양의 남중 고도, 태양 에너지   │
└──────────────────────────┘

_____

_____

_____

12 ➕ 9종 공통

계절이 변하는 까닭과 관련이 깊은 것을 두 가지 고르시오. (   )

① 지구의 크기
② 태양의 크기
③ 지구의 공전
④ 지구의 자전 방향
⑤ 지구의 자전축 기울기

13 ➕ 9종 공통

계절의 변화에 대해 옳게 말한 사람의 이름을 쓰시오.

┌──────────────────────────┐
│ • 누리: 여름에는 기온이 높고, 겨울에는 기온이 낮 │
│   은 것은 태양의 남중 고도와 관련이 있어.   │
│ • 하율: 지구의 자전축이 공전 궤도면에 대해 수직 │
│   이기 때문에 우리나라에 사계절이 나타나는 거야. │
│ • 서준: 지구의 자전축이 공전 궤도면에 대해 기울 │
│   어져 있으면 지구가 공전하지 않아도 계절의 변화 │
│   가 생겨.   │
└──────────────────────────┘

(   )

14 김영사, 미래엔, 아이스크림, 지학사, 천재교과서

북반구에 있는 우리나라가 여름일 때 남반구에 있는 뉴질랜드의 모습으로 옳은 것에 ○표 하시오.

(1)

(2)

(   )   (   )

2 계절의 변화

★ 하루 동안 태양의 움직임

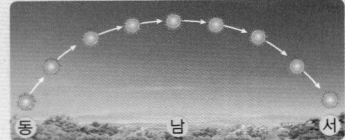

지구의 자전으로 인해 하루 동안 태양은 동쪽 하늘에서 보이기 시작하여 남쪽 하늘을 지나 서쪽 하늘로 위치가 달라집니다. 이때 태양의 높이도 계속 달라집니다.

★ 하루 동안 태양 고도와 그림자 길이 변화

태양이 남중했을 때의 그림자

낮 12시 30분 무렵 태양이 남쪽에 남중했을 때 그림자는 북쪽을 향하고, 그림자 길이는 하루 중 가장 짧습니다.

1. 하루 동안 태양 고도, 그림자 길이, 기온의 관계

(1) 태양 고도

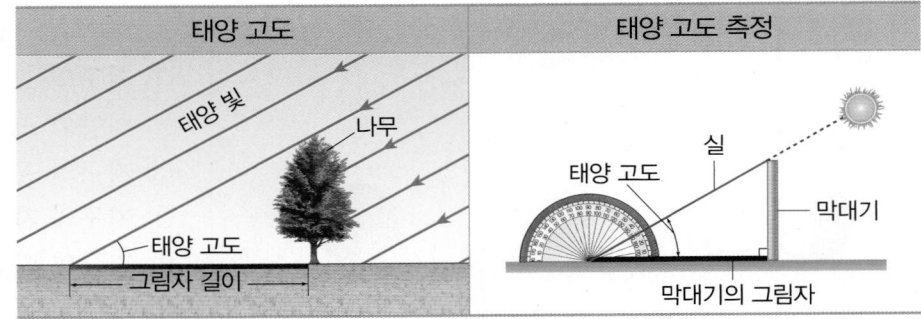

① 태양 고도: 태양의 높이를 태양이 지표면과 이루는 각으로 나타낸 것입니다.

② 하루 중 태양 고도가 가장 높을 때 태양이 남중했다고 하며, 이때의 태양 고도를 ❶[   ]라고 합니다.

(2) 하루 동안 태양 고도, 그림자 길이, 기온의 관계

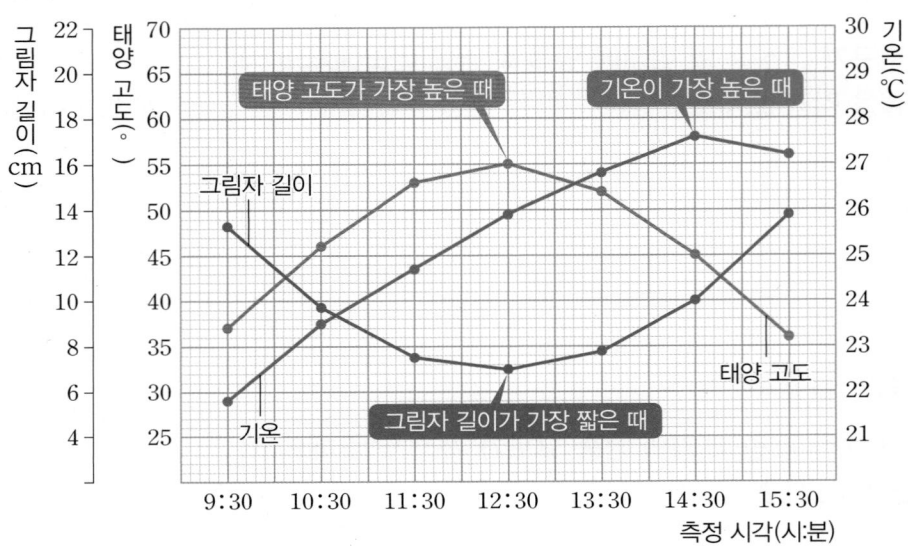

① 하루 동안 태양 고도가 높아질수록 그림자 길이는 짧아집니다.

② 하루 동안 태양 고도가 높아질수록 기온은 대체로 ❷[   ].

➡ 지표면이 데워져 공기의 온도가 높아지는 데에는 시간이 걸리므로 기온이 가장 높게 나타나는 시각은 태양이 남중한 시각보다 약 두 시간 뒤입니다.

2. 계절별 태양의 남중 고도, 낮과 밤의 길이, 기온의 변화

(1) 계절에 따른 태양의 위치 변화

① 계절에 따라 태양의 남중 고도는 달라집니다.

② 태양의 남중 고도는 여름에 가장 높고, 겨울에 가장 낮습니다.

③ 봄, 가을에 태양의 남중 고도는 여름과 겨울의 중간 정도입니다.

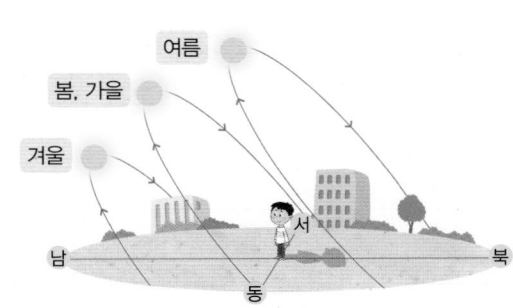

(2) 계절에 따른 태양의 남중 고도, 낮과 밤의 길이, 기온의 관계

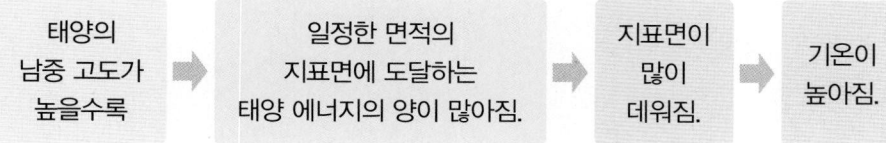

여름	구분	겨울
높음.	태양의 남중 고도	낮음.
김.	낮의 길이	짧음.
짧음.	밤의 길이	김.
일정한 면적의 지표면에 도달하는 태양 에너지의 양이 많아 기온이 ❸ □.	기온	일정한 면적의 지표면에 도달하는 태양 에너지의 양이 적어 기온이 ❹ □.

★ 태양의 남중 고도에 따라 태양 빛이 비추는 면적

▲ 태양의 남중 고도가 높을 때

▲ 태양의 남중 고도가 낮을 때

태양의 남중 고도가 높을 때보다 태양의 남중 고도가 낮을 때 태양 빛이 비추는 면적이 넓습니다. 따라서 일정한 면적의 지표면에 도달하는 태양 에너지의 양은 태양의 남중 고도가 높을수록 더 많습니다.

2
단원

(3) 태양의 남중 고도와 태양 에너지의 양

태양의 남중 고도가 높을수록 ➡ 일정한 면적의 지표면에 도달하는 태양 에너지의 양이 많아짐. ➡ 지표면이 많이 데워짐. ➡ 기온이 높아짐.

3. 계절의 변화가 생기는 까닭

(1) 지구 자전축의 기울기에 따른 태양의 남중 고도

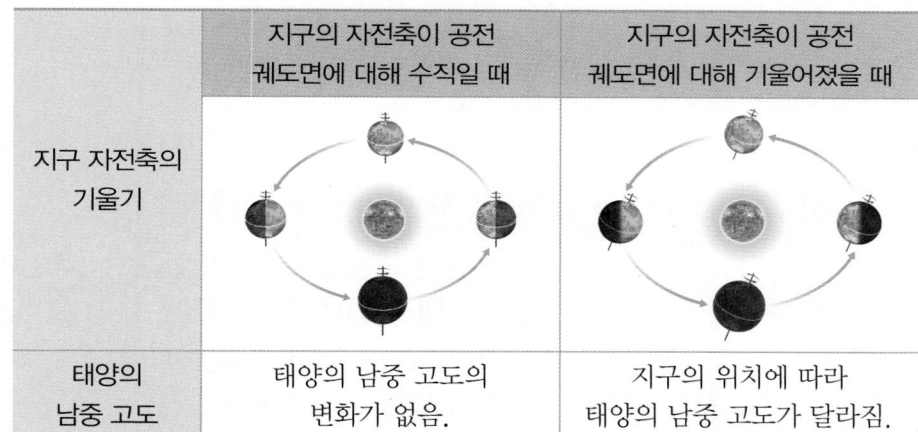

	지구의 자전축이 공전 궤도면에 대해 수직일 때	지구의 자전축이 공전 궤도면에 대해 기울어졌을 때
지구 자전축의 기울기		
태양의 남중 고도	태양의 남중 고도의 변화가 없음.	지구의 위치에 따라 태양의 남중 고도가 달라짐.

(2) 계절의 변화가 생기는 까닭: 계절의 변화는 지구의 ❺ □ 이 공전 궤도면에 대해 기울어진 채 태양 주위를 ❻ □ 하기 때문에 생깁니다.

★ 지구의 위치에 따른 우리나라 계절의 변화

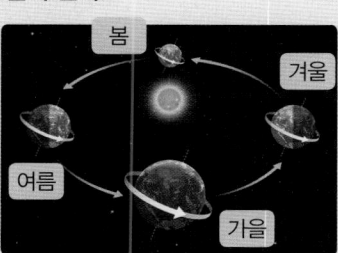

여름에 태양의 남중 고도가 높아 기온이 높습니다.

겨울에 태양의 남중 고도가 낮아 기온이 낮습니다.

1 ➕ 9종 공통

태양 고도에 대한 설명으로 옳지 <u>않은</u> 것을 보기 에서 골라 기호를 쓰시오.

보기 •

㉠ 태양의 높이를 나타낸 것이다.
㉡ 태양이 지표면과 이루는 각이다.
㉢ 하루 동안 태양의 높이는 계속 달라지지만, 태양 고도는 변하지 않는다.

(   )

2 ➕ 9종 공통

㉠과 ㉡ 중 태양 고도가 더 높은 때의 모습을 골라 기호를 쓰시오.

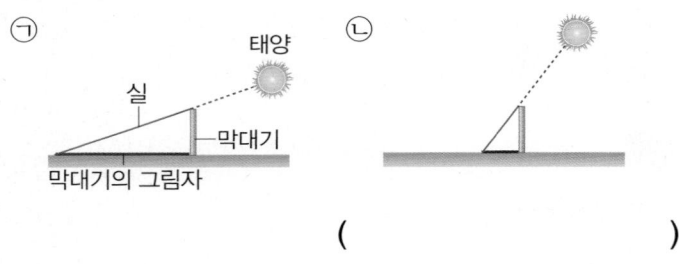

(   )

3 ➕ 9종 공통

다음은 무엇에 대한 설명인지 쓰시오.

• 태양이 정남쪽에 위치했을 때의 고도이다.
• 하루 중 태양 고도가 가장 높을 때의 고도를 말한다.

(   )

4 ➕ 9종 공통

다음은 하루 동안 그림자의 변화를 나타낸 것입니다. 태양 고도가 가장 높은 때의 그림자는 어느 것입니까? (   )

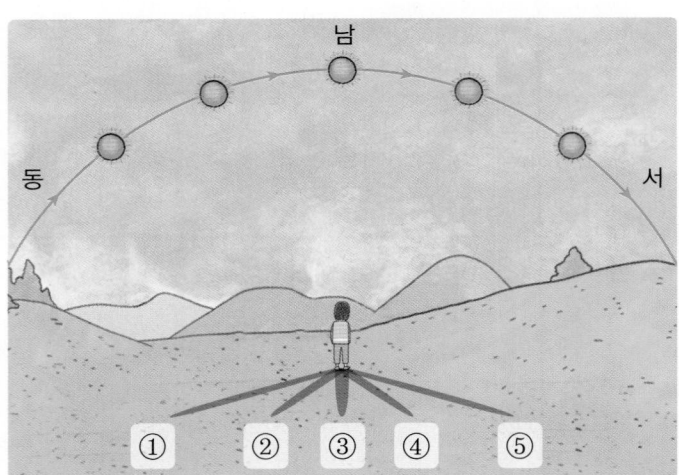

5 서술형 ➕ 9종 공통

다음은 하루 동안 태양 고도와 기온을 측정한 결과를 그래프로 나타낸 것입니다. 태양 고도가 가장 높은 때와 기온이 가장 높은 때의 시간 차이가 있는 까닭은 무엇인지 쓰시오.

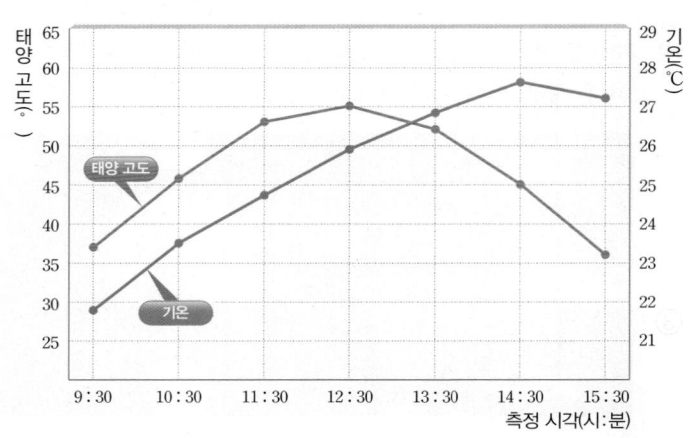

_____

_____

6 ⊕ 9종 공통

다음과 같이 서로 다른 계절에 태양이 남중했을 때의 설명으로 옳은 것을 보기 에서 골라 기호를 쓰시오.

(가)  (나)

보기 ●

㉠ (가)일 때가 (나)일 때보다 기온이 더 낮다.

㉡ (가)일 때가 (나)일 때보다 태양의 남중 고도가 더 낮다.

㉢ (가)일 때의 지표면이 (나)일 때의 지표면보다 더 많이 데워진다.

(   )

7 ⊕ 9종 공통

우리나라에서 태양의 남중 고도가 가장 낮은 계절의 모습은 어느 것입니까? (   )

①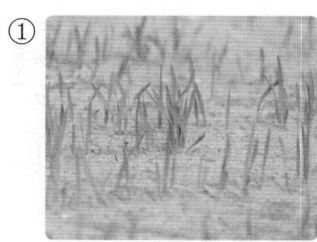
▲ 봄

②
▲ 여름

③
▲ 가을

④
▲ 겨울

8 ⊕ 9종 공통

우리나라의 여름에 해당하는 설명에는 '여름', 겨울에 해당하는 설명에는 '겨울'이라고 쓰시오.

(1) 낮의 길이가 가장 짧은 계절이다.　(　　　　)

(2) 월평균 기온이 가장 낮은 계절이다. (　　　　)

(3) 태양의 남중 고도가 가장 높은 계절이다.

(　　　　)

9 서술형 ⊕ 9종 공통

다음은 어느 지역의 태양의 남중 고도와 낮의 길이를 나타낸 표입니다. 태양의 남중 고도와 낮의 길이는 어떤 관계가 있는지 쓰시오.

날짜	태양의 남중 고도(°)	낮의 길이
3월 20일	52	12시간 10분
6월 21일	76	14시간 30분
9월 23일	52	12시간 10분
12월 22일	29	9시간 30분

10 ⊕ 9종 공통

소리 발생기를 연결한 태양 전지판에 비치는 전등 빛의 각도를 다르게 했을 때의 결과에 맞게 선으로 이으시오.

(1) 전등과 태양 전지판이 이루는 각이 클 때　·

·　㉠ 크고 분명한 소리가 남.

(2) 전등과 태양 전지판이 이루는 각이 작을 때　·

·　㉡ 작고 희미한 소리가 남.

2 단원

[11-13] 다음과 같이 지구본의 우리나라 위치에 태양 고도 측정기를 붙이고, 자전축을 기울인 채 전등을 중심으로 회전시켰습니다. 물음에 답하시오.

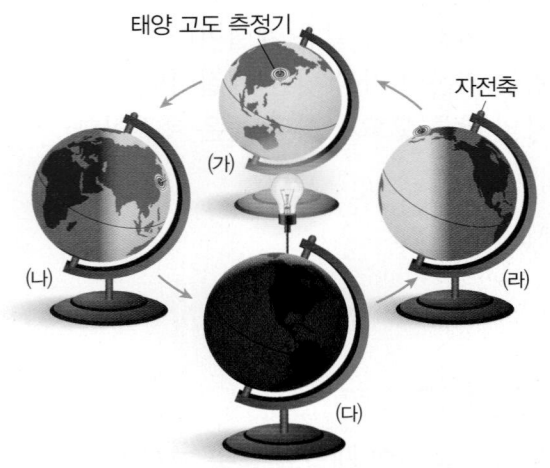

11 ⊕ 9종 공통

위 실험에서 전등과 지구본이 의미하는 것은 실제 자연에서 각각 무엇인지 쓰시오.

(1) 전등이 의미하는 것: (   )
(2) 지구본이 의미하는 것: (   )

12 ⊕ 9종 공통

위 실험에서 지구본이 (가)~(라) 위치에 있을 때 태양의 남중 고도가 다음과 같았습니다. (가)~(라) 중 우리나라가 여름인 위치를 골라 기호를 쓰시오.

지구본의 위치	(가)	(나)	(다)	(라)
태양의 남중 고도(°)	52	76	52	29

(   )

13 서술형 ⊕ 9종 공통

위 실험에서 지구본의 자전축을 공전 궤도면에 대해 수직인 채 공전시키면 태양의 남중 고도는 어떻게 되는지 쓰시오.

_____

_____

14 ⊕ 9종 공통

보기 의 설명은 지구가 ㉠과 ㉡ 중 어느 위치에 있을 때 북반구의 생활 모습인지 기호를 쓰시오.

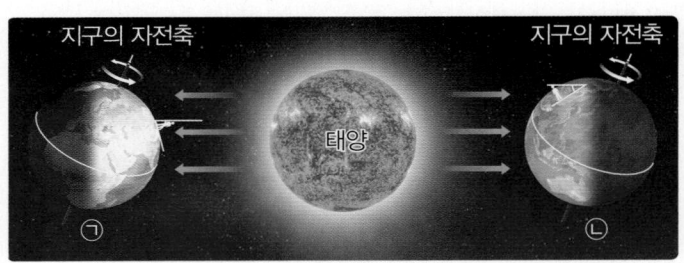

보기
• 바닷가에서 해수욕을 한다.
• 하계 올림픽에서 카누 경기를 한다.
• 날씨가 매우 더워 얇은 옷을 입는다.

(   )

15 ⊕ 9종 공통

다음은 계절의 변화가 생기는 까닭을 정리한 것입니다. ( ) 안에 들어갈 알맞은 말을 각각 쓰시오.

지구의 (㉠)이/가 공전 궤도면에 대해 기울어진 채 태양 주위를 공전하기 때문이다. 그 결과 지구의 위치에 따라 태양의 남중 고도가 달라져 일정한 면적의 지표면에 도달하는 (㉡)의 양이 달라진다.

㉠ (   ), ㉡ (   )

[1-2] 다음과 같이 어느 맑은 날, 낮 12시 30분경에 태양 고도를 측정하였습니다. 물음에 답하시오.

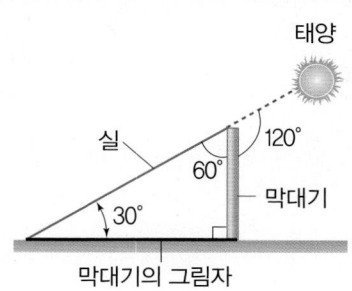

1 ➕ 9종 공통

위에서 측정한 태양 고도는 얼마인지 단위와 함께 쓰시오.

( )

2 서술형 ➕ 9종 공통

같은 날 14시 30분경 태양 고도는 위 **1**번 답과 비교하여 어떻게 달라지는지 쓰시오.

_____

_____

3 ➕ 9종 공통

태양의 남중 고도에 대해 옳게 말한 사람의 이름을 쓰시오.

> • 재성: 하루 중 기온이 가장 높을 때의 태양 고도를 말해.
> • 하니: 태양이 동쪽 지평선에서 떠오르는 순간의 태양 고도를 말해.
> • 은채: 태양의 남중 고도는 낮 12시 30분경에 태양 고도를 측정하면 돼.

( )

[4-5] 다음은 하루 동안 태양 고도, 그림자 길이, 기온의 변화를 그래프로 나타낸 것입니다. 물음에 답하시오.

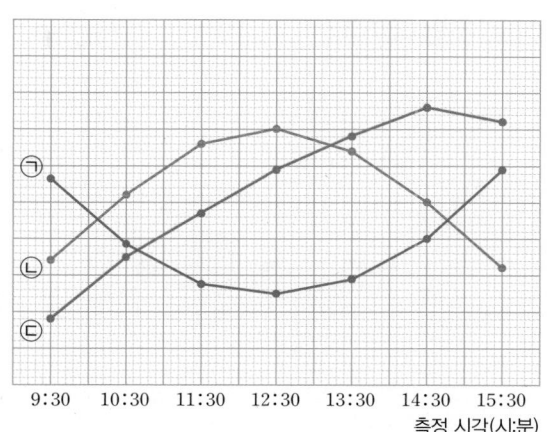

4 ➕ 9종 공통

위 ㉠, ㉡, ㉢에 해당하는 것은 무엇인지 각각 쓰시오.

㉠ ( )
㉡ ( )
㉢ ( )

5 ➕ 9종 공통

위 그래프에 대한 설명으로 옳은 것을 두 가지 고르시오. ( )

① 기온은 낮 12시 30분경에 가장 높다.
② 태양 고도가 낮아질수록 그림자 길이는 점점 길어진다.
③ 그림자 길이는 오전에는 점점 짧아지다가 낮 12시 30분경에 가장 짧다.
④ 태양 고도는 오전에는 점점 낮아지다가 낮 12시 30분경에 가장 낮다.
⑤ 태양 고도가 가장 높은 시각과 기온이 가장 높은 시각은 약 6시간 정도 차이가 난다.

6 ➕ 9종 공통

다음은 계절에 따른 태양의 위치 변화를 나타낸 그림입니다. ㉠, ㉡, ㉢에 해당하는 계절을 옳게 짝 지은 것은 어느 것입니까? (   )

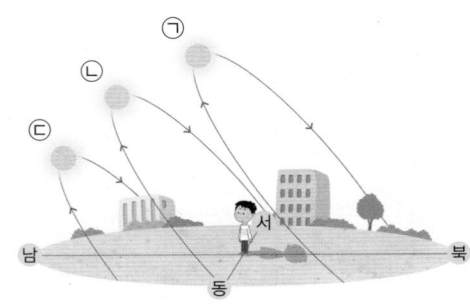

	㉠	㉡	㉢
①	봄, 가을	여름	겨울
②	겨울	봄, 가을	여름
③	여름	봄, 가을	겨울
④	겨울	여름	봄, 가을
⑤	여름	겨울	봄, 가을

7 ➕ 9종 공통

우리나라에서 1월부터 측정한 월별 태양의 남중 고도 그래프의 모양으로 옳은 것을 골라 기호를 쓰시오.

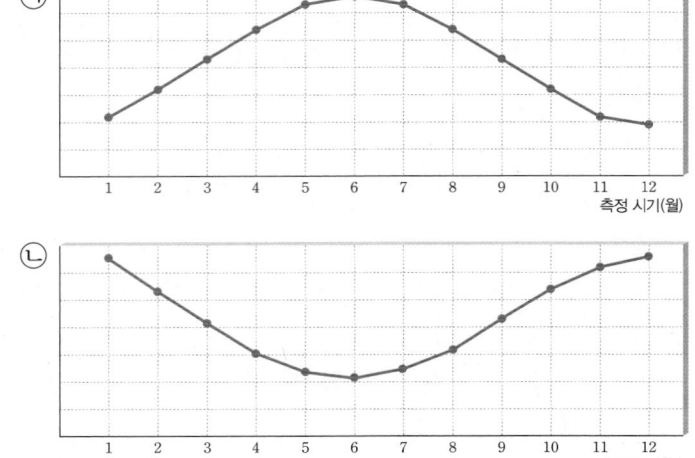

(   )

[8-9] 다음은 어느 지역의 월별 낮의 길이를 그래프로 나타낸 것입니다. 물음에 답하시오.

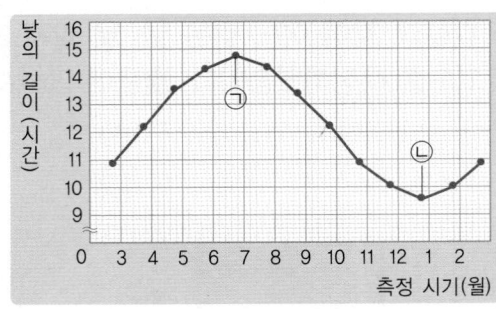

8 ➕ 9종 공통

위 그래프에서 ㉠과 ㉡에 해당하는 계절은 언제인지 각각 쓰시오.

㉠ (   ), ㉡ (   )

9 ➕ 9종 공통

위 **8**번 답을 참고하여 밤의 길이가 가장 짧은 계절은 언제인지 쓰시오.

(   )

10 서술형 ➕ 9종 공통

다음은 여름철과 겨울철 태양 빛이 비치는 면적을 나타낸 것입니다. 태양 고도가 높아질수록 기온이 대체로 높아지는 까닭을 다음 그림과 관련지어 쓰시오.

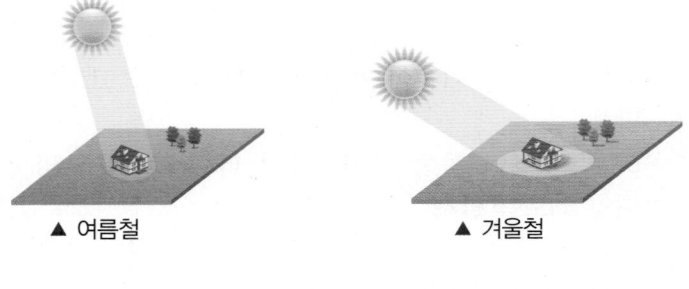

▲ 여름철   ▲ 겨울철

_____

_____

[11-13] 다음과 같이 태양 고도 측정기를 지구본의 우리나라 위치에 붙이고, 지구본의 자전축 기울기를 다르게 하여 전등을 중심으로 회전시키면서 각 위치에서 태양의 남중 고도를 측정하였습니다. 물음에 답하시오.

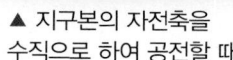

▲ 지구본의 자전축을 수직으로 하여 공전할 때

▲ 지구본의 자전축을 기울인 채 공전할 때

11 ➕ 9종 공통

위 실험에 대한 설명으로 옳은 것에 ○표 하시오.

(1) 계절의 변화가 생기는 까닭을 알아보는 실험이다.
( )

(2) 실제 지구에서 일어나는 현상을 나타낸 것은 (가)이다.
( )

(3) 지구에 낮과 밤이 생기는 까닭을 알아보는 실험이다.
( )

(4) 위 실험에서 전등을 중심으로 지구본을 서쪽에서 동쪽으로 회전시키는 것은 지구의 자전을 나타낸 것이다.
( )

12 ➕ 9종 공통

위 실험 (가)와 (나) 중 태양의 남중 고도를 측정했을 때 각 위치에서 태양의 남중 고도가 변하는 경우의 기호를 쓰시오.

( )

13 김영사, 미래엔, 아이스크림, 지학사, 천재교과서

위 실험에서 지구가 (나)의 ⓒ 위치에 있을 때 남반구에 있는 오스트레일리아는 어떤 계절인지 쓰시오.

( )

14 ➕ 9종 공통

다음과 같이 지구의 자전축이 수직인 채 공전한다면, 우리나라에서 일 년 동안 일어날 수 있는 변화로 옳은 것은 어느 것입니까? ( )

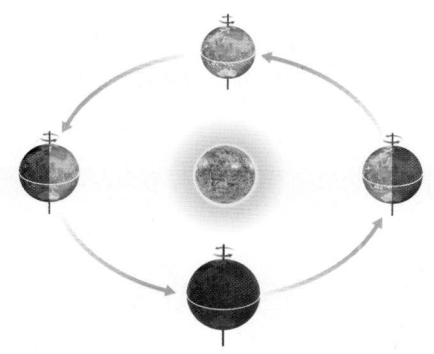

① 일 년 내내 밤이 계속된다.
② 일 년 내내 낮이 계속된다.
③ 계절마다 낮의 길이가 변한다.
④ 태양의 남중 고도가 변하지 않는다.
⑤ 봄과 가을에 기온이 가장 높아진다.

15 서술형 ➕ 9종 공통

다음과 같이 지구의 자전축이 기울어진 채 태양 주위를 공전하지 않고 멈추어 자전만 한다면 우리나라의 계절에는 어떤 변화가 나타날지 예상하여 쓰시오.

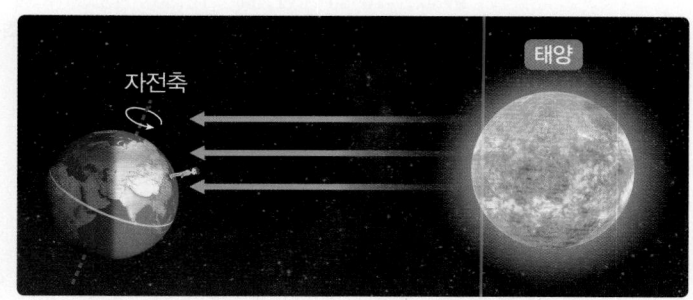

_____

_____

2. 계절의 변화

 문제 강의

● 정답과 풀이 8쪽

| 평가 주제 | 하루 동안 태양 고도와 기온의 관계 알아보기 |
| 평가 목표 | 하루 동안 태양 고도에 따라 기온은 어떻게 달라지는지 알 수 있다. |

[1-2] 다음은 하루 동안의 태양 고도와 기온을 나타낸 표입니다. 물음에 답하시오.

측정 시각(시 : 분)	태양 고도(°)	기온(℃)
9 : 30	37	21.8
10 : 30	46	23.5
11 : 30	53	24.7
12 : 30	55	25.9
13 : 30	52	26.8
14 : 30	45	27.6
15 : 30	36	27.2

1 위 표를 보고 하루 동안의 태양 고도와 기온을 꺾은선그래프로 나타내시오.

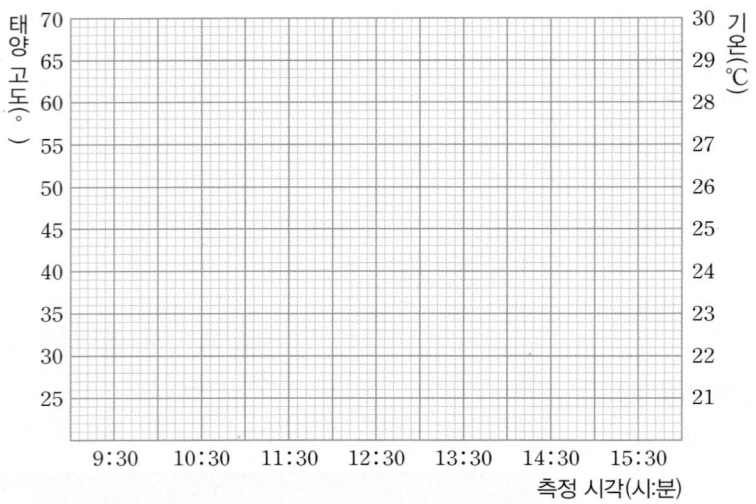

도움 세로축의 항목이 무엇인지 확인하여 값을 표시합니다.

2 위 하루 동안의 태양 고도와 기온은 어떤 관계가 있는지 쓰시오.

도움 태양 고도가 높아질수록 기온은 어떻게 달라지는지 살펴봅니다.

_____

_____

평가 주제	태양의 남중 고도에 따른 기온 변화
평가 목표	태양의 남중 고도에 따라 기온이 달라지는 까닭을 알 수 있다.

[1-3] 다음과 같이 태양 고도에 따른 태양 에너지의 양을 비교하기 위한 실험을 하였습니다. 물음에 답하시오.

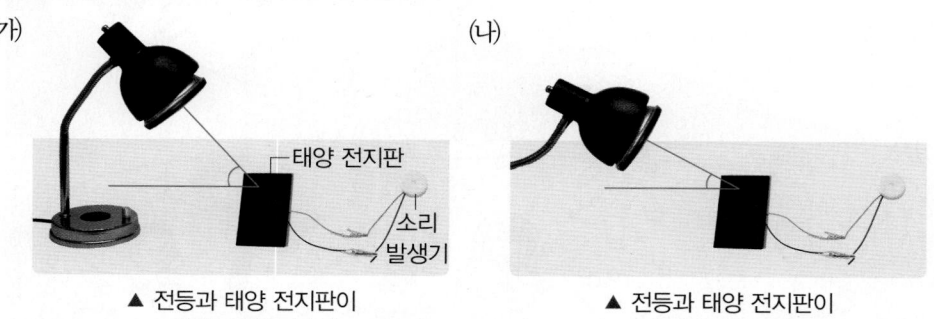

(가) 태양 전지판 / 소리 발생기
▲ 전등과 태양 전지판이 이루는 각이 클 때

(나)
▲ 전등과 태양 전지판이 이루는 각이 작을 때

1 위 실험을 할 때 다르게 해야 할 조건과 같게 해야 할 조건은 무엇인지 각각 쓰시오.

다르게 해야 할 조건	(1)
같게 해야 할 조건	(2)

> **도움** 실험을 설계할 때 다르게 해야 할 조건을 제외한 나머지 조건은 모두 같게 합니다.

2 위 (가)와 (나) 중 소리 발생기에서 더 크고 분명한 소리가 나는 경우의 기호를 쓰고, 그렇게 생각한 까닭을 쓰시오.

_____

_____

> **도움** 태양 전지판은 태양 에너지(빛에너지)로 전기를 만드는 기구입니다.

3 위 실험 결과를 바탕으로 태양의 남중 고도가 높을수록 기온이 높아지는 까닭은 무엇인지 쓰시오.

_____

_____

> **도움** 실험에서 사용한 전등은 태양을 나타내고, 전등과 태양 전지판이 이루는 각은 태양의 남중 고도를 나타냅니다.

숨은 그림을 찾아보세요.

● 정답 9쪽

말풍선 안의
그림을 찾아 줘.

연소와 소화

▶ 학습 내용과 교과서별 해당 쪽수를 확인해 보세요.

학습 내용	백점 쪽수	교과서별 쪽수				
		동아출판	비상교과서	아이스크림 미디어	지학사	천재교과서
❶ 물질이 탈 때 나타나는 현상, 연소의 조건 (1)	58~61	54~57	58~65	60~65	52~55	56~59
❷ 연소의 조건 (2), 연소 후 생성되는 물질	62~65	58~61			56~59	60~63
❸ 불을 끄는 방법, 화재 안전 대책	66~69	62~65	66~69	66~67	60~63	64~69

1 물질이 탈 때 나타나는 현상, 연소의 조건 (1)

개념 강의

1 물질이 탈 때 나타나는 현상

(1) 물질이 탈 때 나타나는 공통적인 현상

▲ 초가 타는 모습   ▲ 알코올이 타는 모습

① 물질이 탈 때에는 주변이 밝아지고, 주변의 온도가 높아집니다.
② 물질이 탈 때 빛과 열이 발생합니다.

(2) 물질이 탈 때 발생하는 빛과 열을 이용하는 경우

주로 빛을 이용하는 경우	주로 열을 이용하는 경우

▲ 케이크 위의 촛불 ▲ 불꽃놀이	▲ 가스레인지의 불꽃 ▲ 벽난로의 장작불

① 생일 케이크에 촛불을 켜거나 어두운 밤하늘에 불꽃을 쏘아 올리면 주변이 밝아집니다.
② 요리할 때 가스레인지의 불을 이용해 음식을 익히거나 추울 때 벽난로에 장작불을 지펴 따뜻하게 합니다.

2 연소의 조건 (1)

(1) **연소**: 물질이 산소와 빠르게 반응하여 빛과 열을 내는 현상을 연소라고 합니다.
(2) **초가 탈 때 필요한 기체 알아보기**

[실험 방법]
기체 채취기와 기체 검지관을 이용하여 초가 타기 전과 초가 탄 후의 아크릴 통 안에 들어 있는 공기 중의 산소 비율을 측정합니다.

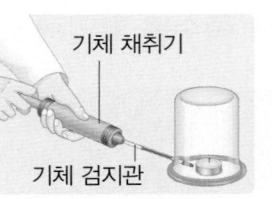
기체 채취기
기체 검지관

아크릴 통 안의 산소 비율(%)	
초가 타기 전	초가 타고 난 후
약 21 %	약 17 %

• 실험 결과: 초가 타기 전보다 타고 난 후의 산소 비율이 줄어듦.
• 이러한 결과가 나타난 까닭: 초가 탈 때 산소가 필요하기 때문임.

(3) **물질이 탈 때 필요한 기체**
① 물질이 타기 위해서는 초나 알코올 등과 같은 탈 물질과 산소가 필요합니다.
② 탈 물질이 없으면 산소가 아무리 많아도 타지 않고, 산소가 없으면 탈 물질이 있더라도 타지 않습니다.

➕ 초와 알코올이 탈 때 나타나는 공통적인 현상

• 물질이 빛과 열을 내면서 탑니다.
• 물질의 양이 변합니다. (초와 알코올 램프의 무게가 줄어듭니다.)

➕ 탈 물질

• 타면서 빛과 열이 발생하는 물질을 말합니다.
• 초, 알코올, 기름, 가스, 나무 등이 있습니다.

➕ 우리 생활에서 산소(공기)의 양을 조절하여 연소를 조절하는 경우

• 부채질을 하면 장작불에 산소가 더 많이 공급되므로 장작불이 더 잘 연소합니다.
• 화로의 공기 조절 장치로 산소의 양을 조절하면 불의 세기를 조절할 수 있습니다.

용어 사전

● **기체 검지관** 기체의 농도를 측정하는 기구. 기체 채취기의 손잡이를 당기면 공기가 기체 검지관 안으로 들어오면서 색깔이 변하는 것을 통해 기체의 농도를 확인할 수 있음.
● **화로** 숯불을 담아 놓는 그릇.

교과서 통합 대표 실험

실험 TIP !

실험 1 초와 알코올이 탈 때 나타나는 현상 관찰하기 📖 9종 공통

❶ 초와 알코올램프에 각각 불을 붙이고, 불꽃이 타는 모습, 밝기, 불꽃에 손을 가까이 했을 때의 느낌 등을 관찰합니다.

❷ 초와 알코올이 탈 때 나타나는 공통적인 현상을 찾아봅니다.

실험 결과

실험동영상

구분	초	알코올
불꽃이 타는 모습	 불꽃이 길쭉한 모양이고, 색깔은 노란색, 붉은색 등 다양함.	불꽃이 길쭉한 모양이고, 색깔은 푸른색, 붉은색 등 다양함.
불꽃의 밝기	불꽃의 위치에 따라 밝기가 다름.	불꽃의 위치에 따라 밝기가 다름.
손을 가까이 했을 때의 느낌	손이 따뜻해짐.	손이 따뜻해짐.
그 밖에 관찰한 것	• 시간이 지날수록 초의 길이가 짧아짐. • 심지 주변이 움푹 파이고, 초가 녹아 촛농이 흘러내림.	시간이 지날수록 알코올의 양이 줄어듦.

초나 알코올램프의 불꽃에 손을 가까이 하면 불꽃의 아랫부분이나 옆 부분보다 윗부분이 더 뜨거워요.

정리 | 물질이 탈 때에는 빛과 열이 발생합니다.

실험 2 물질이 탈 때 공기가 미치는 영향 알아보기 📖 9종 공통

실험동영상

❶ 초 두 개에 불을 붙이고 크기가 다른 두 개의 아크릴 통으로 두 개의 초를 동시에 덮은 뒤 나타나는 변화를 관찰합니다.

❷ 두 개의 초 중 어느 것이 더 오래 타는지 비교하고, 차이가 나는 까닭을 알아봅니다.

실험 결과

먼저 꺼짐.

나중에 꺼짐.

• 작은 아크릴 통 속에 있는 초의 촛불이 먼저 꺼지고, 조금 뒤에 큰 아크릴 통 속에 있는 초의 촛불이 꺼집니다.

• 까닭: 크기가 큰 아크릴 통 속에 들어 있는 공기(산소)의 양이 더 많기 때문입니다.

정리 | 물질이 타기 위해서는 산소가 필요합니다.

📖 아이스크림
실험➕ 산소를 발생시켜 양초 태워 보기

두 개의 양초 옆에 삼각 플라스크를 각각 놓고, 한 개의 삼각 플라스크에만 이산화 망가니즈와 묽은 과산화 수소수를 넣은 후 양초에 불을 붙여 아크릴 통으로 덮습니다.

이산화 망가니즈 + 묽은 과산화 수소수

실험 결과
이산화 망가니즈와 묽은 과산화 수소수가 반응하여 산소가 발생하는 아크릴 통 속에서 양초가 더 오래 탑니다.

1 물질이 탈 때 나타나는 현상, 연소의 조건 (1)

기본 개념 문제

1

물질이 탈 때 (   )이/가 발생하기 때문에 주변이 밝아집니다.

2

물질이 탈 때 (   )이/가 발생하기 때문에 주변의 온도가 높아집니다.

3

물질이 산소와 빠르게 반응하여 빛과 열을 내는 현상을 (   )(이)라고 합니다.

4

알코올램프에 불을 붙이면 시간이 지날수록 알코올의 양이 (   ).

5

탈 물질에는 초, 알코올, (   ) 등이 있습니다.

6 ➕ 9종 공통

오른쪽과 같이 초가 탈 때 관찰할 수 있는 현상으로 옳은 것에 ○표 하시오.

(1) 시간이 지날수록 초의 길이가 길어진다. (   )
(2) 손을 가까이 하면 손이 점점 따뜻해진다. (   )
(3) 불꽃의 위치와 관계없이 밝기가 일정하다. (   )

[7-8] 다음은 일상생활에서 물질이 탈 때 나타나는 현상을 이용한 경우입니다. 물음에 답하시오.

(가)  (나)

▲ 케이크 위의 촛불   ▲ 벽난로의 장작불

7 서술형 ➕ 9종 공통

위 (가)와 (나)에서 물질이 탈 때 나타나는 공통적인 현상을 쓰시오.

_____

_____

8 ➕ 9종 공통

위와 같은 현상을 이용하는 예를 보기 에서 골라 기호를 쓰시오.

보기

⊙ 불꽃놀이   ⓛ 현미경   ⓒ 나침반   ⓔ 청진기

(   )

[9-11] 다음과 같이 크기가 다른 아크릴 통으로 촛불을 동시에 덮었습니다. 물음에 답하시오.

(가)

(나)

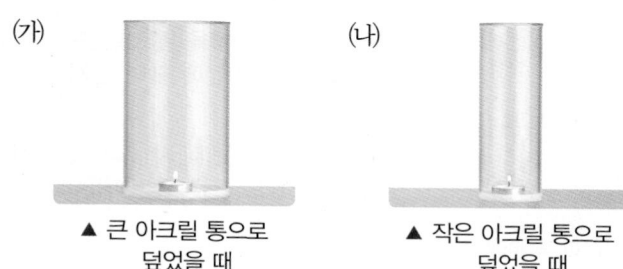

▲ 큰 아크릴 통으로
덮었을 때

▲ 작은 아크릴 통으로
덮었을 때

9 ➕ 9종 공통

위 실험에서 다르게 한 조건은 무엇입니까? (   )

① 양초의 크기
② 아크릴 통의 크기
③ 양초 심지의 길이
④ 아크릴 통을 덮는 시간
⑤ 양초에 불을 붙이는 시간

10 ➕ 9종 공통

위 (가)와 (나) 중 촛불이 먼저 꺼지는 것의 기호를 쓰시오.

(   )

11 ➕ 9종 공통

위 **10**번 답과 같은 결과가 나타나는 까닭을 정리한 것입니다. 빈칸에 공통으로 들어갈 알맞은 말을 쓰시오.

> 크기가 큰 아크릴 통 속에는 (   )이/가 많이 들어 있고, 크기가 작은 아크릴 통 속에는 (   ) 이/가 적게 들어 있기 때문이다.

(   )

12 ➕ 9종 공통

물질이 연소하는 모습을 찾아 ◯표 하시오.

(1)

(2)

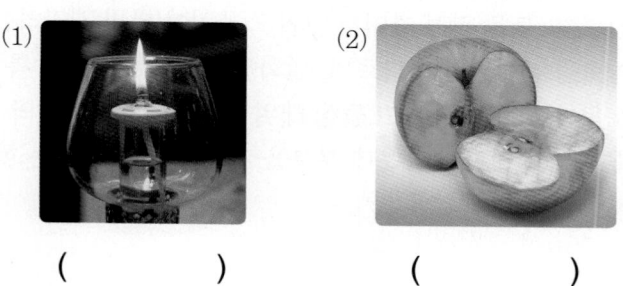

(   )

(   )

[13-14] 다음과 같이 기체 채취기와 기체 검지관을 이용하여 아크릴 통 속에 있는 초가 타기 전과 초가 타고 난 후의 산소 비율을 측정하였습니다. 물음에 답하시오.

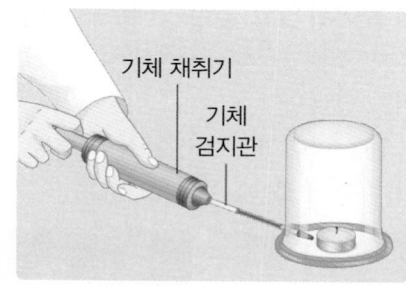

기체 채취기

기체 검지관

13 동아, 김영사, 미래엔, 아이스크림, 지학사, 천재교과서

초가 타기 전과 타고 난 후 아크릴 통 속 산소 비율을 측정한 기체 검지관의 결과에 알맞게 선으로 이으시오.

(1)

약 17 %

• ㉠

초가
타기 전

(2)

약 21 %

• ㉡

초가 타고
난 후

14 동아, 김영사, 미래엔, 아이스크림, 지학사, 천재교과서

위 **13**번 답과 같은 결과를 통해 알 수 있는 초가 탈 때 필요한 기체는 무엇인지 쓰시오.

(   )

2 연소의 조건 (2), 연소 후 생성되는 물질

1 연소의 조건 (2)

(1) 발화점

① 발화점: 불을 직접 붙이지 않아도 물질이 타기 시작하는 온도입니다.

② 발화점은 물질마다 다르며, 발화점이 낮은 물질일수록 쉽게 탑니다.

(2) **불을 직접 붙이지 않고 물질 태워 보기**: 철판에 성냥의 머리 부분과 나무 부분을 올려놓고 철판의 가운데 부분을 가열할 때 나타나는 현상을 관찰합니다.

성냥의 머리 부분 / 성냥의 나무 부분

• 성냥의 머리 부분에 불이 붙습니다.
• 성냥의 머리 부분이 나무 부분보다 먼저 불이 붙습니다.

① 성냥의 머리 부분에 불이 붙는 까닭: 철판을 가열하면 성냥의 머리 부분이 발화점에 도달하기 때문입니다.

② 성냥의 머리 부분이 나무 부분보다 먼저 불이 붙는 까닭: 성냥의 머리 부분의 발화점이 나무 부분의 발화점보다 낮기 때문입니다.

(3) **불을 직접 붙이지 않고 물질을 태우는 여러 가지 방법**

① 볼록 렌즈로 햇빛을 모으면 햇빛이 모이는 지점의 온도가 발화점 이상으로 높아져 종이가 탑니다.

② 부싯돌에 철을 마찰하거나 성냥갑에 성냥 머리를 마찰하면 온도가 발화점 이상으로 높아져 불이 붙습니다.

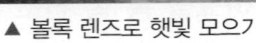

▲ 볼록 렌즈로 햇빛 모으기   ▲ 부싯돌에 철을 마찰하여 태우기   ▲ 성냥갑에 성냥 머리를 마찰하여 불 켜기

(4) **연소가 일어나기 위한 조건**: 연소가 일어나려면 탈 물질, 산소, 발화점 이상의 온도가 필요합니다.

2 연소 후 생성되는 물질

(1) **초가 연소한 후 생성되는 물질 확인하기**

초가 연소한 후 생성되는 물질	확인하는 방법
물	푸른색 염화 코발트 종이가 붉은색으로 변하는지 관찰함.
이산화 탄소	석회수와 만났을 때 석회수가 뿌옇게 흐려지는지 관찰함.

(2) **초나 알코올이 연소한 후 양이 줄어든 까닭**: 연소 후 생성된 물질(물, 이산화 탄소)이 공기 중으로 날아갔기 때문입니다.

(3) **연소 후 생성되는 물질**

① 물질이 연소하면 물, 이산화 탄소와 같이 새로운 물질이 생성됩니다.

② 연소 전의 물질은 연소 후에 다른 물질로 변합니다.

➕ **물이 담긴 종이컵을 알코올램프로 가열했을 때 종이컵에 불이 붙지 않는 까닭**

열이 물을 끓이는 데 사용되어 종이컵이 발화점에 도달하지 않기 때문입니다.

➕ **푸른색 염화 코발트 종이의 성질**

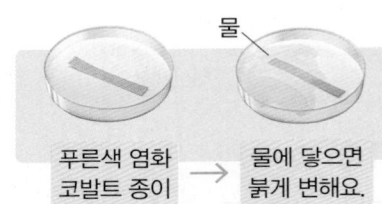

물

푸른색 염화 코발트 종이 → 물에 닿으면 붉게 변해요.

푸른색 염화 코발트 종이는 물에 닿으면 붉은색으로 변합니다.

➕ **석회수의 성질**

무색투명한 석회수는 이산화 탄소와 만나면 뿌옇게 흐려집니다.

용어 사전

● **부싯돌** 불을 일으키는 데 사용되는 매우 단단한 돌.

● **마찰** 두 물체를 서로 닿게 하여 비비는 것.

교과서 **통합 대표 실험**

실험　연소 후 생성되는 물질 알아보기　📖 9종 공통

활동 1 푸른색 염화 코발트 종이의 변화 관찰하기

❶ 투명한 아크릴 통의 안쪽 벽면에 푸른색 염화 코발트 종이를 셀로판테이프로 붙입니다.

❷ 초에 불을 붙이고 아크릴 통으로 덮습니다.

❸ 푸른색 염화 코발트 종이와 아크릴 통 속에 나타나는 변화를 관찰합니다.

실험 결과

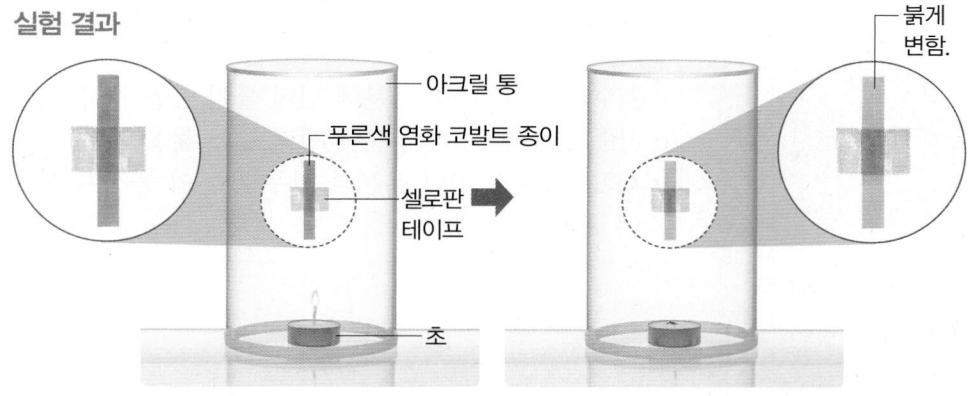

실험동영상

아크릴 통 속에 습도계를 함께 넣어 습도를 측정하면 초가 연소한 후 습도가 올라가는 것을 확인할 수 있어요.

• 아크릴 통으로 초를 덮고 얼마 뒤 촛불이 꺼지고 연기가 납니다.

• 아크릴 통 안쪽 벽면에 붙여놓은 푸른색 염화 코발트 종이의 색이 붉게 변합니다.

➡ 푸른색 염화 코발트 종이의 색이 붉게 변한 것으로 보아 초가 연소한 후 물이 생긴 것을 알 수 있습니다.

| 정리 | 초가 연소할 때 물이 생깁니다.

활동 2 석회수의 변화 관찰하기

❶ 초에 불을 붙인 뒤 집기병으로 덮습니다.

❷ 촛불이 꺼지면 집기병을 살짝 들어 올려 아크릴판으로 집기병의 입구를 막습니다.

❸ 집기병을 뒤집어 똑바로 놓고 집기병이 식은 뒤에 석회수를 붓습니다.

❹ 아크릴판을 덮은 상태로 집기병을 살짝 흔들면서 변화를 관찰합니다.

실험 결과

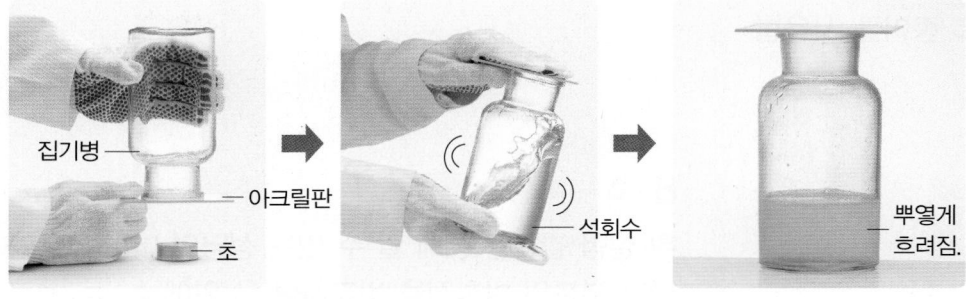

집기병에 붓는 석회수의 양이 너무 많을 경우 석회수의 색 변화가 뚜렷하게 나타나지 않으므로 석회수를 절반 이상 넣지 않아요.

• 무색투명했던 석회수가 뿌옇게 흐려졌습니다.

➡ 석회수가 뿌옇게 흐려진 것으로 보아 초가 연소한 후 이산화 탄소가 생긴 것을 알 수 있습니다.

| 정리 | 초가 연소할 때 이산화 탄소가 생깁니다.

기본 개념 문제

1

철판에 성냥의 머리 부분과 나무 부분을 올려놓고 철판의 가운데 부분을 가열했을 때 먼저 불이 붙는 것은 성냥의 (   ) 부분입니다.

2

불을 직접 붙이지 않아도 물질이 타기 시작하는 온도를 (   )(이)라고 합니다.

3

연소의 세 가지 조건은 (   ), 산소, 발화점 이상의 온도입니다.

4

초가 연소한 후 (   )이/가 생긴 것을 확인하기 위해 푸른색 염화 코발트 종이를 사용합니다.

5

석회수는 (   )와/과 만나면 뿌옇게 흐려지는 성질이 있습니다.

[6-8] 오른쪽과 같이 성냥의 머리 부분과 나무 부분을 철판 위에 올려놓고 알코올램프로 가열했습니다. 물음에 답하시오.

성냥의 머리 부분 | 성냥의 나무 부분

6 ⊕ 9종 공통

위 실험에 대해 옳게 말한 사람의 이름을 쓰시오.

- 지수: 성냥의 나무 부분에 먼저 불이 붙을 거야.
- 하준: 성냥의 머리 부분에 먼저 불이 붙을 거야.
- 채아: 성냥의 머리 부분과 나무 부분이 동시에 불이 붙을 거야.

(   )

7 ⊕ 9종 공통

위 **6**번 답과 같은 결과가 나타난 까닭은 무엇입니까? (   )

① 모든 물질은 불을 직접 붙여야 타기 때문에
② 성냥의 머리 부분은 탈 물질이 아니기 때문에
③ 물질마다 타기 시작하는 온도가 다르기 때문에
④ 모든 물질은 타기 시작하는 온도가 같기 때문에
⑤ 물질마다 불이 붙는 데 필요한 기체가 다르기 때문에

8 ⊕ 9종 공통

위 실험 결과를 통해 알 수 있는 성냥의 머리 부분과 나무 부분의 발화점을 비교하여 ○ 안에 >, =, <로 나타내시오.

성냥의 머리 부분의 발화점		성냥의 나무 부분의 발화점

9 서술형 ➕ 9종 공통

다음은 점화기로 직접 불을 붙여 초를 태우는 모습입니다. 이와 다르게 불을 직접 붙이지 않고 물질을 태우는 방법을 한 가지 쓰시오.

_____

_____

10 ➕ 9종 공통

연소가 일어나기 위한 세 가지 조건을 보기 에서 모두 골라 기호를 쓰시오.

보기
㉠ 물   ㉡ 산소   ㉢ 질소
㉣ 그을음   ㉤ 탈 물질   ㉥ 발화점 이상의 온도

(   )

11 ➕ 9종 공통

오른쪽과 같이 안쪽 벽면에 푸른색 염화 코발트 종이를 붙인 아크릴 통으로 촛불을 덮었을 때, 푸른색 염화 코발트 종이의 색깔 변화로 옳은 것에 ○표 하시오.

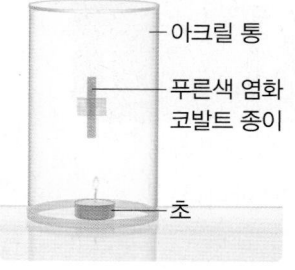

― 아크릴 통
― 푸른색 염화 코발트 종이
― 초

(1) 붉은색으로 변한다.   (   )
(2) 검은색으로 변한다.   (   )
(3) 색깔이 사라져 투명해진다.   (   )

[12-14] 다음과 같이 타고 있는 초를 집기병으로 덮은 뒤 초가 연소한 집기병에 석회수를 붓고 흔들어 변화를 관찰하였습니다. 물음에 답하시오.

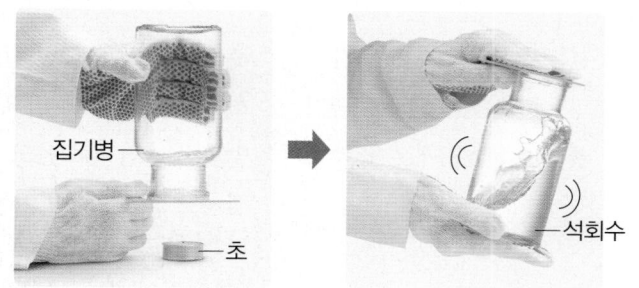

집기병
초
석회수

12 ➕ 9종 공통

위 실험에서 석회수를 넣고 집기병을 흔들었을 때, 석회수의 변화를 옳게 나타낸 것의 기호를 쓰시오.

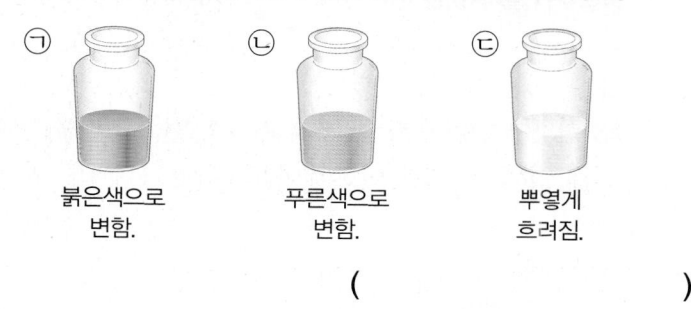

㉠ 붉은색으로 변함.   ㉡ 푸른색으로 변함.   ㉢ 뿌옇게 흐려짐.

(   )

13 ➕ 9종 공통

위 실험으로 알 수 있는 것은 무엇입니까? (   )

① 초가 연소할 때 필요한 물질
② 초가 연소하기 시작하는 온도
③ 초가 연소하는 데 걸리는 시간
④ 초가 연소할 때 생성되는 물질
⑤ 초가 연소할 때 집기병의 무게 변화

14 ➕ 9종 공통

위 실험 결과를 통해 알 수 있는 사실로 빈칸에 들어갈 알맞은 말을 쓰시오.

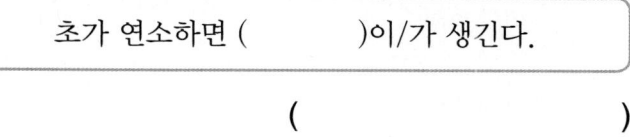

초가 연소하면 (   )이/가 생긴다.

(   )

3 불을 끄는 방법, 화재 안전 대책

1 불을 끄는 방법

(1) 촛불을 끄는 다양한 방법

촛불을 끄는 방법	촛불이 꺼지는 까닭
촛불을 입으로 불기	촛불을 입으로 불면 탈 물질이 날아가 없어짐.
촛불을 촛불 덮개로 덮기	초가 연소하는 데 필요한 산소를 차단함.
촛불에 물뿌리개로 물 뿌리기	발화점 미만으로 온도가 낮아짐.
초의 심지를 핀셋으로 집기	심지로 탈 물질이 이동하지 못하게 막기 때문에 탈 물질을 없앰.
촛불을 물수건으로 덮기	• 물수건이 산소 공급을 차단함. • 물 때문에 발화점 미만으로 온도가 낮아짐.
촛불을 드라이아이스가 있는 통에 넣기	드라이아이스가 이산화 탄소로 변하여 산소를 차단함.
초의 심지를 가위로 자르기	액체 상태의 초가 심지를 타고 올라오지 못하므로 탈 물질이 없어짐.

(2) 소화

① 소화: 연소가 일어날 때 한 가지 이상의 연소 조건을 없애 불을 끄는 것입니다.

② 탈 물질, 산소, 발화점 이상의 온도 중 한 가지라도 없으면 연소가 일어나지 않습니다.

③ 소화의 방법

▲ 연료 조절 밸브 잠그기   탈 물질 없애기   ▲ 핀셋으로 심지 집기

▲ 소화기의 소화 약제 뿌리기   산소 차단하기   ▲ 알코올램프의 뚜껑 덮기

▲ 소화전을 이용해 물 뿌리기   발화점 미만으로 온도 낮추기   ▲ 스프링클러로 물 뿌리기

④ 화재가 발생하면 연소 물질에 따라 알맞은 방법으로 불을 꺼야 합니다.

나무, 종이, 섬유에 의한 화재	물을 뿌리거나 모래로 덮어 불을 끌 수 있음.
기름, 가스, 전기 기구에 의한 화재	물을 사용하면 불이 더 크게 번지거나 감전이 될 수 있어 위험하므로 소화기를 사용하거나 모래로 덮어 불을 끔.

촛불을 끄는 방법

• 촛불 덮개로 촛불을 덮으면 초가 연소하는 데 필요한 산소가 차단되어 촛불이 꺼집니다.

• 촛불에 물뿌리개로 물을 뿌리면 발화점 미만으로 온도가 낮아지기 때문에 촛불이 꺼집니다.

용어 사전

● **차단** 액체나 기체 따위의 흐름 또는 통로를 막거나 끊어서 통하지 못하게 함.

● **미만** 정한 수량이 범위에 포함되지 않으면서 그 아래인 경우.

● **스프링클러** 건물의 천장에 설치하여 실내 온도가 70 ℃ 이상이 되면 자동으로 물을 뿜는 자동 소화 장치.

2 화재 안전 대책

(1) 화재 발생 시 대피 방법

① 화재가 발생하면 큰 소리로 "불이야!"라고 외치거나 비상벨을 눌러 불이 난 것을 주변에 알려야 합니다.

② 밖으로 대피하기 어려울 때에는 연기가 방 안으로 들어오지 못하도록 물을 적신 옷이나 이불로 문틈을 막습니다.

아래층으로 대피할 수 없을 때에는 옥상이나 높은 곳으로 대피합니다.

젖은 수건 등으로 코와 입을 막고 낮은 자세로 대피합니다.

승강기에 갇히거나 연기가 안으로 들어와 위험하므로 계단으로 대피합니다.

● 유독 가스가 공기보다 가벼워 위쪽부터 쌓이기 때문입니다.

⑥ 안전한 곳으로 대피한 후 119에 신고합니다.

(2) 화재로 인한 피해를 줄이기 위한 노력

① 집 안에 소화기를 갖추어 둡니다.

② 비상구의 통로를 막지 않습니다.

③ 화재 감지기, 스프링클러, 옥내 소화전, 비상 조명등, 비상벨 등을 설치합니다.

▲ 화재 감지기

▲ 스프링클러

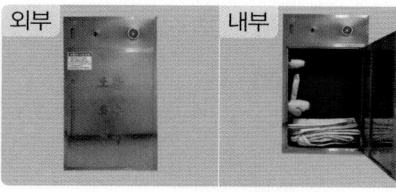

외부   내부

▲ 옥내 소화전

▲ 비상 조명등

▲ 비상벨

④ 불에 잘 타지 않는 커튼이나 블라인드, 벽지 등을 사용합니다.

⑤ 미리 비상구나 소방 시설의 위치, 소화기 사용 방법 등을 알아 두어야 합니다.

(3) 분말 소화기 사용 방법

❶ 소화기를 불이 난 곳으로 옮깁니다.

❷ 소화기의 안전핀을 뽑습니다.

❸ 바람을 등지고 소화기의 고무관이 불 쪽을 향하도록 잡습니다.

❹ 소화기의 손잡이를 움켜쥐고 불이 난 곳에 빗자루로 쓸 듯이 골고루 뿌립니다.

3 단원

➕ 주택 화재가 발생하는 원인

· 가스 누출, 방화, 기계적 요인, 전기적 요인, 부주의 등이 있습니다.

· 일상생활 속 부주의로 인한 화재가 가장 높은 비율을 차지하므로 생활 속에서 항상 화재를 주의해야 합니다.

➕ 투척용 소화기

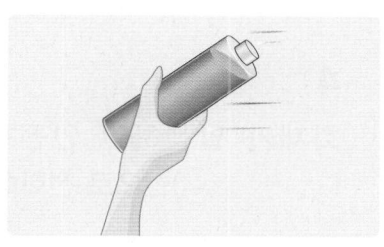

불이 난 곳에 던지면 되기 때문에 어린이나 노약자들도 쉽게 사용할 수 있는 소화기로, 안에 액체로 된 소화 약제가 들어 있습니다.

용어 사전

● **분말** 가루.

● **누출** 액체나 기체가 밖으로 새어 나옴.

● **방화** 일부러 불을 지름.

● **투척** 물건 따위를 던짐.

1

촛불을 촛불 덮개로 덮으면 초가 연소하는 데 필요한 (   )이/가 차단되어 촛불이 꺼집니다.

2

촛불에 물뿌리개로 물을 뿌리면 (   )미만으로 온도가 낮아져 촛불이 꺼집니다.

3

연소의 조건 중 한 가지 이상의 조건을 없애 불을 끄는 것을 (   )(이)라고 합니다.

4

화재가 발생하면 안전한 곳으로 대피한 후 (   )번으로 전화하여 신고합니다.

5

(   ) 소화기는 불이 난 곳에 던져 사용하는 소화기로, 안에 액체로 된 소화 약제가 들어 있습니다.

6 ➕ 9종 공통

다음과 같은 방법으로 촛불을 끌 때 촛불이 꺼지는 까닭으로 알맞은 것을 보기 에서 골라 각각 기호를 쓰시오.

보기 ●
㉠ 산소 차단하기
㉡ 탈 물질 없애기
㉢ 발화점 미만으로 온도 낮추기

(1)
▲ 촛불을 입으로 불기
(   )

(2)
▲ 물뿌리개로 물 뿌리기
(   )

7 ➕ 9종 공통

탈 물질을 없애 불을 끄는 경우를 두 가지 고르시오.
(   )

① 장작불을 모래로 덮는다.
② 알코올램프의 뚜껑을 덮는다.
③ 촛불의 심지를 가위로 자른다.
④ 가스레인지의 연료 조절 밸브를 잠근다.
⑤ 촛불을 드라이아이스가 있는 통에 넣는다.

8 ➕ 9종 공통

불을 끄는 방법으로 옳은 것에 ○표, 옳지 <u>않은</u> 것에 ×표 하시오.

(1) 기름이 탈 때 불을 끄려면 물을 뿌린다. (   )

(2) 나무가 탈 때 불을 끄려면 모래로 덮는다. (   )

9 ➕ 9종 공통

다음과 같은 방법으로 불을 끌 때 공통적으로 해당하는 소화 조건은 어느 것입니까? (   )

> • 분말 소화기를 이용해 불을 끈다.
> • 불이 난 곳에 두꺼운 담요를 덮는다.

① 산소 공급하기
② 탈 물질 없애기
③ 산소 공급 차단하기
④ 발화점 이상으로 온도 높이기
⑤ 발화점 미만으로 온도 낮추기

10 서술형 ➕ 9종 공통

다음과 같이 화재가 발생했을 때 대피하는 모습을 보고, 잘못된 행동을 바르게 고쳐 쓰시오.

승강기 타고 빨리 내려가야지!

_____

_____

11 ➕ 9종 공통

화재로 인한 피해를 줄이기 위한 방법을 잘못 말한 사람의 이름을 쓰시오.

> • 연두: 실내에 소화기를 준비해 두어야 해.
> • 서언: 미리 소방 시설의 위치를 알아 두어야 해.
> • 지완: 불에 잘 타지 않는 커튼이나 벽지를 사용하면 피해를 줄일 수 있어.
> • 규태: 불이 옮겨붙지 않게 하려면 평소에 비상구 통로를 가구로 막아 놓아야 해.

(   )

12 ➕ 9종 공통

화재에 대한 설명으로 옳지 않은 것을 보기 에서 골라 기호를 쓰시오.

> 보기 ●
> ㉠ 화재는 다양한 연소 물질로 발생한다.
> ㉡ 연소 물질에 관계없이 불을 끄는 방법은 모두 같다.
> ㉢ 주택 화재가 발생하는 가장 큰 원인은 생활 속 부주의 때문이다.

(   )

13 ➕ 9종 공통

소방 시설 중 무엇에 대한 설명입니까? (   )

> 건물 내부의 복도 또는 실내의 벽면에 설치된 소방 시설로, 외부에는 비상벨이 있고 내부에는 소방 호스가 있다.

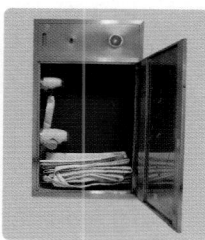

① 소화기
② 스프링클러
③ 화재 감지기
④ 옥내 소화전
⑤ 비상 조명등

14 동아, 금성, 미래엔, 비상, 천재교과서, 천재교육

소화기를 사용하는 방법에 맞게 순서대로 기호를 쓰시오.

> ㉠ 소화기의 안전핀을 뽑는다.
> ㉡ 소화기를 불이 난 곳으로 옮긴다.
> ㉢ 소화기의 손잡이를 움켜쥐고 불이 난 곳에 뿌린다.
> ㉣ 바람을 등지고 소화기의 고무관이 불 쪽을 향하도록 잡는다.

(   ) → (   ) → (   ) → (   )

3 단원

3 연소와 소화

1. 물질이 탈 때 나타나는 현상

(1) 물질이 탈 때 나타나는 공통적인 현상

▲ 초가 타는 모습　　　　　　　▲ 알코올이 타는 모습

① 물질이 탈 때에는 주변이 밝아지고, 주변의 온도가 높아집니다.
② 물질이 탈 때 [**❶**   ]과 열이 발생합니다.

(2) 물질이 탈 때 발생하는 빛과 열을 이용하는 경우

① 케이크에 촛불을 켜거나 밤하늘에 불꽃을 쏘아 올리면 주변이 밝아집니다.
② 가스레인지의 불을 이용해 요리를 하거나 장작불을 지펴 따뜻하게 합니다.

2. 연소의 조건

(1) 연소

① 물질이 산소와 빠르게 반응하여 빛과 열을 내는 현상을 연소라고 합니다.
② 연소가 일어나려면 [**❷**   ], 산소, 발화점 이상의 온도가 필요합니다.

(2) 탈 물질: 연소가 일어나기 위해서는 초, 가스, 나무, 기름, 알코올 등과 같은 탈 물질이 필요합니다.

초　　　　가스　　　　나무　　　　기름

(3) 산소

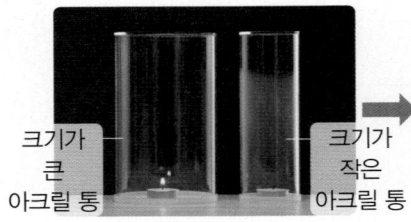

크기가 큰 아크릴 통　　　크기가 작은 아크릴 통

• 초 두 개에 불을 붙이고 크기가 다른 두 개의 아크릴 통으로 초를 동시에 덮으면 작은 아크릴 통 속에 있는 촛불이 먼저 꺼집니다.
• 크기가 큰 아크릴 통 속에 들어 있는 공기(산소)의 양이 더 많기 때문입니다.

➡ 물질이 타기 위해서는 산소가 필요합니다.

(4) 발화점 이상의 온도

① 발화점: 불을 직접 붙이지 않아도 물질이 타기 시작하는 온도입니다.

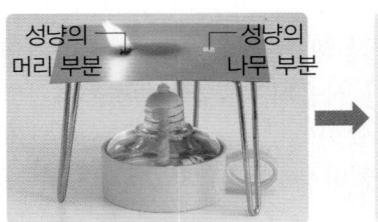

성냥의 머리 부분　　　성냥의 나무 부분

• 철판에 성냥의 머리 부분과 나무 부분을 올려놓고 철판의 가운데 부분을 가열하면 성냥의 머리 부분이 나무 부분보다 먼저 불이 붙습니다.
• 철판을 가열하면 성냥의 머리 부분이 먼저 발화점에 도달하기 때문입니다.

② 발화점은 물질마다 다르며, 발화점이 낮은 물질일수록 쉽게 탑니다.

★ 연소의 조건

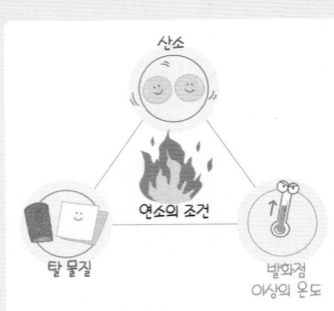

산소
연소의 조건
탈 물질　　　발화점 이상의 온도

★ 불을 직접 붙이지 않고 물질을 태우는 여러 가지 방법

▲ 볼록 렌즈로 햇빛 모으기

▲ 부싯돌에 철을 마찰하여 태우기

▲ 성냥갑에 성냥 머리를 마찰하여 불 켜기

3. 연소 후 생성되는 물질

(1) 초가 연소하면 생성되는 물질

① 초가 연소하면 물과 이산화 탄소가 생성됩니다.

② 초가 연소한 후 생성되는 물질 확인하기

물 확인하기	이산화 탄소 확인하기
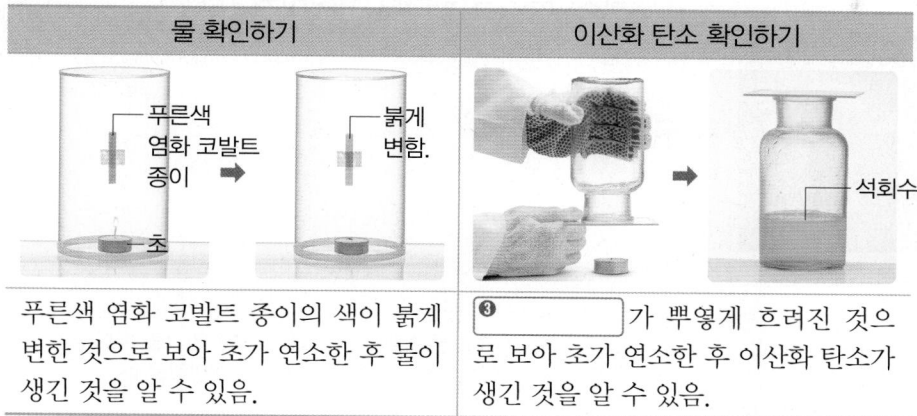	
푸른색 염화 코발트 종이의 색이 붉게 변한 것으로 보아 초가 연소한 후 물이 생긴 것을 알 수 있음.	❸ [　　　　]가 뿌옇게 흐려진 것으로 보아 초가 연소한 후 이산화 탄소가 생긴 것을 알 수 있음.

(2) 연소 후 생성되는 물질

① 물질이 연소하면 물, 이산화 탄소와 같이 새로운 물질이 생성됩니다.

② 연소 전의 물질은 연소 후에 다른 물질로 변합니다.

4. 소화의 방법

(1) 소화

① 소화: 연소가 일어날 때 한 가지 이상의 연소 조건을 없애 불을 끄는 것입니다.

② 탈 물질, 산소, 발화점 이상의 온도 중 한 가지라도 없으면 연소가 일어나지 않습니다.

(2) 소화의 방법

탈 물질 없애기	• 촛불을 입으로 붑니다. • 연료 조절 밸브를 잠급니다. • 초의 심지를 가위로 자릅니다. • 초의 심지를 핀셋으로 집습니다.
❹ [　　　] 차단하기	• 알코올램프의 뚜껑을 덮습니다. • 소화기의 소화 약제를 뿌립니다. • 촛불을 드라이아이스가 있는 통에 넣습니다.
발화점 미만으로 온도 낮추기	• 촛불을 물수건으로 덮습니다. • 촛불에 물뿌리개로 물을 뿌립니다. • 소화전을 이용해 불이 난 곳에 물을 뿌립니다.

5. 화재 발생 시 대피 방법

① 화재가 발생하면 "불이야!"라고 외치거나 비상벨을 눌러 주변에 알립니다.

② 아래층으로 대피할 수 없을 때에는 옥상이나 높은 곳으로 대피합니다.

③ 젖은 수건 등으로 코와 입을 막고 낮은 자세로 대피합니다.

④ 승강기 대신 계단으로 이동합니다.

⑤ 안전한 곳으로 대피한 후 ❺ [　　　]에 신고합니다.

★ 푸른색 염화 코발트 종이의 성질

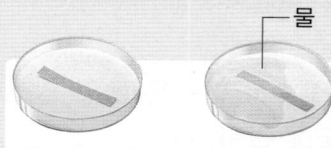

푸른색 염화 코발트 종이는 물에 닿으면 붉은색으로 변합니다.

★ 석회수의 성질

무색투명한 석회수는 이산화 탄소와 만나면 뿌옇게 흐려집니다.

★ 분말 소화기 사용 방법

❶ 소화기를 불이 난 곳으로 옮깁니다.
❷ 소화기의 안전핀을 뽑습니다.
❸ 바람을 등지고 소화기의 고무관이 불 쪽을 향하도록 잡습니다.
❹ 소화기의 손잡이를 움켜쥐고 불이 난 곳에 빗자루로 쓸 듯이 골고루 뿌립니다.

[1-2] 다음은 초와 알코올이 타는 모습입니다. 물음에 답하시오.

(가)
초가 타는 모습

(나)
알코올이 타는 모습

1 ➕ 9종 공통

위 (가)에서 나타나는 현상을 관찰한 내용으로 옳은 것은 어느 것입니까? (   )

① 불꽃의 위치에 따라 밝기가 다르다.
② 불꽃은 한 가지 색깔로 이루어져 있다.
③ 시간이 지날수록 초의 길이가 길어진다.
④ 시간이 지나도 초의 길이는 변하지 않는다.
⑤ 불꽃에 손을 가까이 하면 손이 차가워진다.

2 ➕ 9종 공통

위 (가)와 (나)에서 공통적으로 나타나는 현상을 정리한 것입니다. (   ) 안에 들어갈 알맞은 말을 순서에 상관없이 쓰시오.

> 초와 알코올이 탈 때에는 (   )와/과 (   )이/가 발생한다.

(   )

3 ➕ 9종 공통

우리 주변에서 물질이 타면서 발생하는 열을 이용하는 예가 <u>아닌</u> 것에 ×표 하시오.

⑴ 리모컨으로 텔레비전을 켠다. (   )
⑵ 가스레인지의 가스를 태워 요리를 한다. (   )
⑶ 벽난로에 장작불을 지펴 실내를 따뜻하게 한다.
(   )

4 서술형 ➕ 9종 공통

다음과 같이 두 개의 초에 불을 붙이고 크기가 다른 아크릴 통으로 동시에 덮었더니 ⓛ의 촛불이 먼저 꺼졌습니다. 그 까닭은 무엇인지 쓰시오.

ⓐ
큰 아크릴 통으로 덮었을 때

ⓛ
작은 아크릴 통으로 덮었을 때

_____

_____

5 동아, 김영사, 미래엔, 아이스크림, 지학사, 천재교과서

다음은 오른쪽과 같이 초가 타기 전과 타고 난 후의 아크릴 통 안의 산소 비율을 측정한 결과입니다. 초가 타기 전과 타고 난 후의 산소 비율

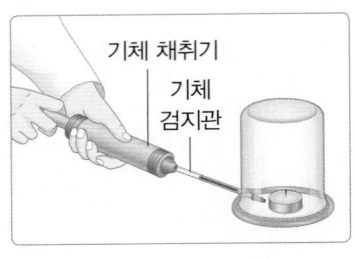
기체 채취기
기체 검지관

이 달라진 까닭을 옳게 말한 사람의 이름을 쓰시오.

초가 타기 전 아크릴 통 안의 산소 비율(%)	초가 타고 난 후 아크릴 통 안의 산소 비율(%)
약 21	약 17

• 민재: 초가 탈 때 산소가 필요하기 때문이야.
• 나은: 초가 타고 나면 산소가 발생하기 때문이야.
• 현수: 초가 타면서 산소의 양이 많아지기 때문이야.

(   )

[6-7] 다음은 성냥의 머리 부분과 나무 부분의 모습입니다. 물음에 답하시오.

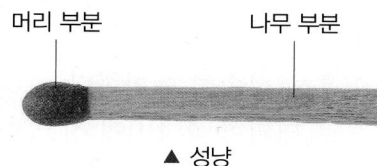

머리 부분   나무 부분

▲ 성냥

6 ✚ 9종 공통

위 성냥의 머리 부분과 나무 부분을 잘라 다음과 같이 철판의 가운데로부터 같은 거리에 올려놓고 알코올램프로 가열했을 때 먼저 불이 붙는 것은 어느 것인지 쓰시오.

성냥의   성냥의
머리 부분   나무 부분

(   )

7 ✚ 9종 공통

위 실험 결과로 알 수 있는 사실은 어느 것입니까?
(   )

① 물질이 연소할 때 산소가 필요하다.
② 물질이 연소할 때 탈 물질이 필요하다.
③ 물질이 연소할 때 산소는 필요하지 않다.
④ 물질이 연소할 때 온도가 발화점 이상이어야 한다.
⑤ 물질이 연소할 때 온도가 발화점 미만이어야 한다.

[8-9] 다음은 초가 연소한 후 생성되는 물질을 알아보기 위한 실험 과정입니다. 물음에 답하시오.

⑦ 투명한 아크릴 통의 안쪽 벽면에 (   )을/를 셀로판테이프로 붙인다.
㉯ 초에 불을 붙이고, (   )을/를 붙인 아크릴 통으로 덮는다.
㉰ 촛불이 꺼진 후에 (   )의 색깔 변화를 관찰한다.

8 ✚ 9종 공통

위 실험 과정의 (   ) 안에 공통으로 들어갈 말은 무엇인지 쓰시오.

(   )

9 서술형 ✚ 9종 공통

위 실험 과정 ㉰에서의 결과를 쓰고, 결과를 통해 알 수 있는 사실을 쓰시오.

_____

_____

10 ✚ 9종 공통

초가 연소한 후 이산화 탄소가 생성되는 것을 확인하기 위해 초가 연소한 집기병에 어떤 액체를 붓고 흔들었더니 뿌옇게 흐려졌습니다. 이 액체의 이름을 쓰시오.

(   )

3
단원

11 ➕ 9종 공통

촛불을 촛불 덮개로 덮어 끄는 방법과 같은 원리로 불을 끄는 경우를 [보기] 에서 골라 기호를 쓰시오.

> **보기**
> ㉠ 물을 뿌려서 장작불을 끈다.
> ㉡ 분말 소화기를 뿌려서 불을 끈다.
> ㉢ 연료 조절 밸브를 잠가서 불을 끈다.
> ㉣ 촛불의 심지를 핀셋으로 집어서 불을 끈다.

( )

12 ➕ 9종 공통

( ) 안에 들어갈 알맞은 말을 쓰시오.

> 주방에서 기름으로 요리를 하다가 화재가 발생했을 때 ( )을/를 사용하면 불이 크게 번질 수 있기 때문에 소화기를 사용하거나 모래로 덮어 불을 꺼야 한다.

( )

13 서술형 ➕ 9종 공통

오른쪽의 촛불을 끄려고 할 때, 탈 물질을 없애 촛불을 끄는 방법을 두 가지 쓰시오.

_____

_____

14 ➕ 9종 공통

화재가 발생했을 때 대피 방법으로 옳지 <u>않은</u> 것은 어느 것입니까? ( )

① 승강기를 이용해 신속히 대피한다.
② 안전한 곳으로 대피한 후 119에 신고한다.
③ 큰 소리로 주변에 알리거나 비상벨을 누른다.
④ 젖은 수건으로 코와 입을 막고 낮은 자세로 대피한다.
⑤ 아래층으로 대피할 수 없는 상황에는 옥상이나 높은 곳으로 대피한다.

15 동아, 금성, 미래엔, 비상, 천재교과서, 천재교육

다음은 소화기 사용 방법을 설명한 것입니다. ( ) 안에 들어갈 알맞은 말을 각각 쓰시오.

❶
▲ 소화기를 불이 난 곳으로 옮긴다.

❷
▲ 소화기의 (㉠)을/를 뽑는다.

❸
▲ 바람을 등지고 소화기의 고무관이 불 쪽을 향하게 잡는다.

❹
▲ 소화기의 (㉡)을/를 움켜쥐고 불이 난 곳에 뿌린다.

㉠ ( ), ㉡ ( )

1 ⊕ 9종 공통

다음에서 설명하는 것은 무엇인지 쓰시오.

> 물질이 산소와 빠르게 반응하여 빛과 열을 내는 현상이다.

( )

2 ⊕ 9종 공통

물질이 연소할 때 관찰할 수 있는 공통적인 현상을 두 가지 고르시오. ( )

① 열이 발생한다.
② 빛이 발생한다.
③ 주변이 어두워진다.
④ 주변의 온도가 낮아진다.
⑤ 물질의 양이 변하지 않는다.

3 ⊕ 9종 공통

다음과 같은 실험을 통해 알 수 있는 것은 어느 것입니까? ( )

> 초 두 개에 불을 붙이고 크기가 다른 두 개의 아크릴 통으로 두 개의 초를 동시에 덮은 뒤 촛불이 꺼지는 데 걸리는 시간을 비교한다.

① 물질의 종류에 따른 발화점 차이
② 물질이 타는 데 기온이 미치는 영향
③ 초의 종류에 따른 촛불의 온도 차이
④ 초의 개수에 따른 촛불의 밝기 차이
⑤ 물질이 타는 데 공기(산소)가 미치는 영향

4 ⊕ 9종 공통

다음과 같이 물이 담긴 종이컵을 알코올램프로 가열하였을 때 종이컵에 불이 붙지 않는 까닭으로 빈칸에 들어갈 알맞은 말을 쓰시오.

물이 담긴 — 종이컵

> 열이 물을 끓이는 데 사용되어 종이컵의 온도가 ( )에 도달하지 않기 때문에 종이컵에 불이 붙지 않는다.

( )

5 서술형 ⊕ 9종 공통

다음과 같이 철판의 가운데로부터 같은 거리에 성냥의 머리 부분과 나무 부분을 각각 올려놓고 가열했을 때, 성냥의 머리 부분에 먼저 불이 붙었습니다. 그 까닭은 무엇인지 쓰시오.

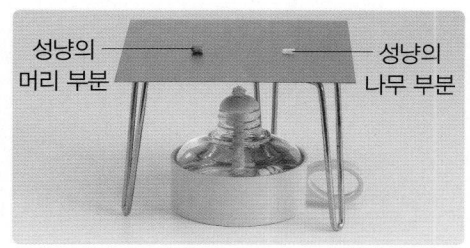

성냥의 머리 부분 — 성냥의 나무 부분

_____

_____

6 서술형 ⊕ 9종 공통

오른쪽과 같이 볼록 렌즈로 햇빛을 모아 종이에 비추면 종이가 타는 까닭을 쓰시오.

볼록 렌즈

_____

_____

7 ⊕ 9종 공통

다음은 연소가 일어나기 위한 조건을 나타낸 그림입니다. ㉠에 해당하는 물질이 <u>아닌</u> 것은 어느 것입니까? (   )

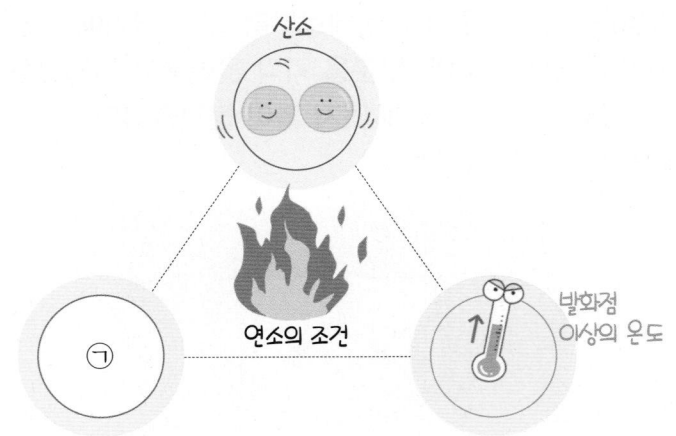

산소

연소의 조건

㉠

발화점 이상의 온도

① 기름   ② 나무
③ 얼음   ④ 가스
⑤ 알코올

8 ⊕ 9종 공통

푸른색 염화 코발트 종이를 안쪽 벽면에 붙인 아크릴 통 안에서 초를 연소시키는 실험에 대한 설명으로 옳은 것에 ○표 하시오.

푸른색 염화 코발트 종이

붉게 변함.

초

(1) 초가 연소할 때 필요한 물질을 알아보기 위한 실험이다.   (   )
(2) 초가 연소할 때 이산화 탄소가 생성되는 것을 알 수 있다.   (   )
(3) 초가 연소한 후 생성되는 물질을 알아보기 위한 실험이다.   (   )

9 ⊕ 9종 공통

다음 (   ) 안에 들어갈 알맞은 말을 골라 각각 쓰시오.

> 집기병 안에서 초를 연소시킨 후 집기병에 석회수를 붓고 살짝 흔들면 석회수가 ㉠(뿌옇게, 투명하게) 변한다. 이러한 현상이 나타나는 까닭은 초가 연소할 때 ㉡(물, 이산화 탄소)이/가 생기기 때문이다.

㉠ (   ), ㉡ (   )

10 ⊕ 9종 공통

연소의 조건 중 한 가지 이상의 조건을 없애 불을 끄는 것을 무엇이라고 하는지 쓰시오.

(   )

11 ● 9종 공통

다음과 같이 촛불에 물뿌리개로 물을 뿌렸을 때 촛불이 꺼지는 까닭으로 옳은 것을 보기 에서 골라 기호를 쓰시오.

 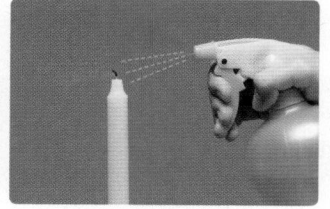

보기

㉠ 산소 공급을 차단했기 때문이다.
㉡ 이산화 탄소를 공급했기 때문이다.
㉢ 발화점 미만으로 온도를 낮추었기 때문이다.

(   )

12 ● 9종 공통

다음과 같이 촛불을 끄는 방법과 같은 원리로 불을 끄는 경우를 선으로 이으시오.

(1) 초의 심지를 핀셋으로 집기 •

• ㉠ 연료 조절 밸브 잠그기

(2) 촛불을 드라이아이스가 있는 통에 넣기 •

• ㉡ 알코올램프의 뚜껑 닫기

13 서술형 ● 9종 공통

화재가 발생하여 대피할 때 주의해야 할 사항을 한 가지 쓰시오.

_____

_____

14 ● 9종 공통

다음은 화재 발생 상황에 대한 기사 내용입니다. ㉠~㉣ 중 잘못된 행동을 찾아 기호를 쓰시오.

오늘 오전 한 아파트에서 화재가 발생하였습니다. 이 화재는 전기 기구가 과열되어 콘센트에 불이 붙으면서 시작되었습니다. 가장 먼저 화재를 발견한 거주자는 ㉠물을 뿌려 불을 끄려고 시도하였습니다. 이후 화재 방송을 들은 입주민들은 ㉡코와 입을 막고, ㉢계단으로 대피하였습니다. ㉣아래층으로 대피할 수 없었던 고층 입주민들은 빠르게 옥상으로 대피하여 모두 무사히 구조되었습니다.

(   )

15 ● 9종 공통

화재로 인한 피해를 줄이기 위해 설치해야 하는 것이 아닌 것은 어느 것입니까? (   )

①
▲ 화재 감지기

②
▲ 가스레인지

③
▲ 스프링클러

④
▲ 옥내 소화전

3. 연소와 소화

평가 주제	초가 탈 때 필요한 기체
평가 목표	초가 탈 때 필요한 기체가 무엇인지 알고, 그 기체의 영향을 설명할 수 있다.

[1-2] 오른쪽과 같이 기체 채취기와 기체 검지관을 이용하여 초가 타기 전과 초가 탄 후 아크릴 통 안에 들어 있는 공기 중의 산소 비율을 측정하였습니다. 물음에 답하시오.

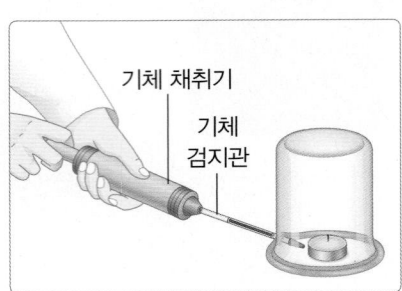
기체 채취기
기체 검지관

1 위에서 측정한 산소 비율 결과가 다음과 같을 때, 이것을 통해 알 수 있는 사실은 무엇인지 쓰시오.

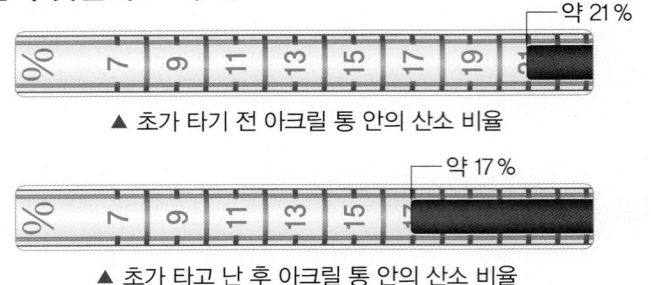

약 21 %
▲ 초가 타기 전 아크릴 통 안의 산소 비율

약 17 %
▲ 초가 타고 난 후 아크릴 통 안의 산소 비율

도움 초가 타기 전 아크릴 통 안의 산소 비율은 약 21 %이고, 초가 타고 난 후 아크릴 통 안의 산소 비율은 약 17 %입니다.

2 오른쪽과 같이 크기가 다른 아크릴 통으로 촛불을 동시에 덮고 초가 타는 시간을 비교하였더니 크기가 큰 아크릴 통으로 덮은 촛불이 더 오래 탔습니다. 그 까닭은 무엇인지 위 1번 답을 참고하여 쓰시오.

▲ 큰 아크릴 통으로 덮었을 때   ▲ 작은 아크릴 통으로 덮었을 때

도움 아크릴 통의 크기가 다른 것은 어떤 조건을 다르게 하기 위함인지 생각해 봅니다.

평가 주제	초가 연소한 후 생성되는 물질
평가 목표	실험을 통해 초가 연소한 후 생성되는 물질이 무엇인지 알 수 있다.

[1-2] 다음은 초가 연소한 후 생성되는 물질을 알아보는 실험입니다. 물음에 답하시오.

(가)

푸른색 염화
코발트 종이

초

아크릴 통 안쪽 벽면에 푸른색 염화 코발트 종이를 붙이고, 불을 붙인 초를 아크릴 통으로 덮은 후 변화 관찰하기

(나)

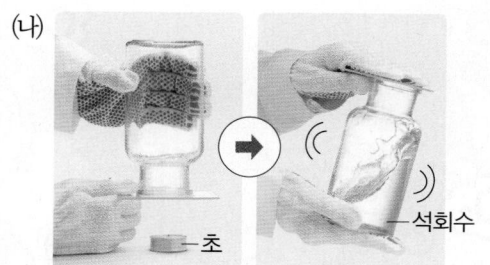

초   석회수

불을 붙인 초를 집기병으로 덮은 후 촛불이 꺼지면 집기병에 석회수를 붓고 흔들면서 변화 관찰하기

3
단원

1 위 (가) 실험에서 푸른색 염화 코발트 종이의 색깔 변화와 이 결과를 통해 알 수 있는 사실은 무엇인지 쓰시오.

푸른색 염화 코발트 종이의 색깔 변화	알 수 있는 사실
(1)	(2)

도움 초가 연소하면서 생긴 물질이 푸른색 염화 코발트 종이의 색깔을 변하게 합니다.

2 위 (나) 실험에서 석회수의 변화와 이 결과를 통해 알 수 있는 사실은 무엇인지 쓰시오.

석회수의 변화	알 수 있는 사실
(1)	(2)

도움 초가 연소하면서 생긴 물질이 무색 투명했던 석회수의 색깔을 변하게 합니다.

다른 그림을 찾아보세요.

다른 곳이 15군데 있어요.

4

우리 몸의 구조와 기능

▶ 학습 내용과 교과서별 해당 쪽수를 확인해 보세요.

학습 내용	백점 쪽수	교과서별 쪽수				
		동아출판	비상교과서	아이스크림 미디어	지학사	천재교과서
❶ 우리 몸의 뼈와 근육	82~85	76~77	82~83	82~83	74~75	80~81
❷ 우리 몸의 소화 기관, 호흡 기관	86~89	78~81	84~87	84~85, 88~89	76~79	82~85
❸ 우리 몸의 순환 기관, 배설 기관	90~93	82~85	88~91	86~87, 90~91	80~83	86~89
❹ 감각 기관과 자극의 전달, 운동할 때 몸에 나타나는 변화	94~97	86~89	92~97	92~97	84~87	90~95

1 우리 몸의 뼈와 근육

개념 강의

1 우리 몸의 운동 기관

(1) **운동 기관**: 우리 몸속 기관 중에서 뼈와 근육처럼 움직임에 관여하는 기관을 말합니다.

(2) **우리 몸의 뼈**

① 우리 몸에는 생김새와 크기가 다양한 뼈가 여러 개 있습니다.

② 뼈는 단단하여 우리 몸의 형태를 만들고 몸을 지탱합니다. 또 심장, 폐, 뇌 등 몸속 기관을 보호합니다.

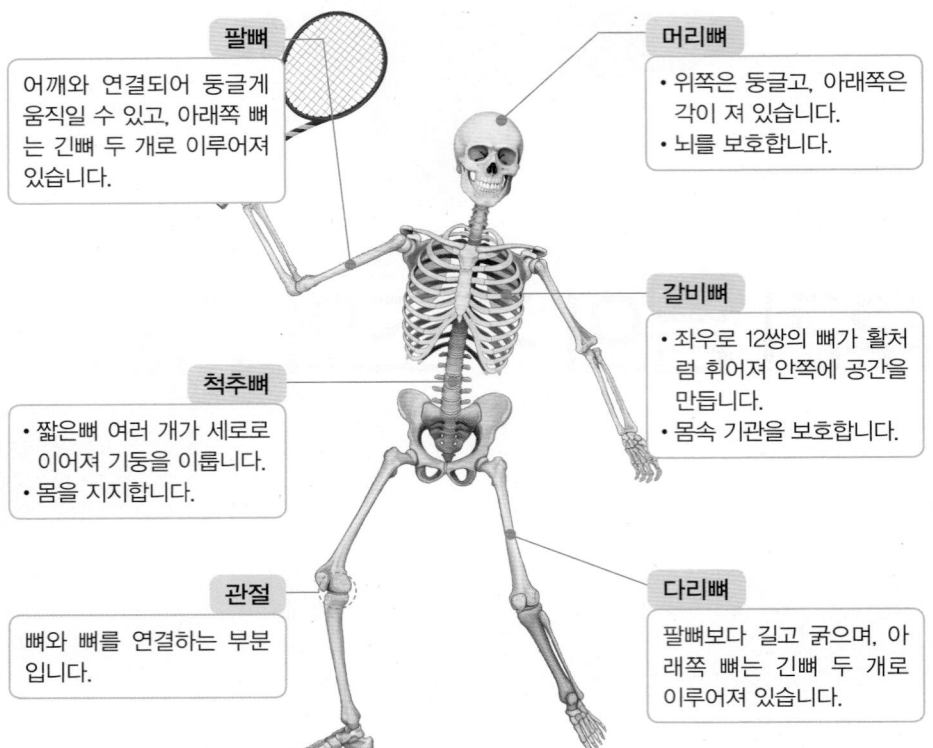

팔뼈
어깨와 연결되어 둥글게 움직일 수 있고, 아래쪽 뼈는 긴뼈 두 개로 이루어져 있습니다.

머리뼈
• 위쪽은 둥글고, 아래쪽은 각이 져 있습니다.
• 뇌를 보호합니다.

갈비뼈
• 좌우로 12쌍의 뼈가 활처럼 휘어져 안쪽에 공간을 만듭니다.
• 몸속 기관을 보호합니다.

척추뼈
• 짧은뼈 여러 개가 세로로 이어져 기둥을 이룹니다.
• 몸을 지지합니다.

관절
뼈와 뼈를 연결하는 부분입니다.

다리뼈
팔뼈보다 길고 굵으며, 아래쪽 뼈는 긴뼈 두 개로 이루어져 있습니다.

(3) **우리 몸의 근육**: 근육은 뼈에 연결되어 있는데, 근육의 길이가 줄어들거나 늘어나면서 뼈를 움직이게 합니다.

2 몸이 움직이는 원리

근육의 길이가 줄어드는 것은 수축한다고 하고, 늘어나는 것은 이완한다고 해요.

(1) **팔이 펴지고 구부러지는 원리**

팔이 펴질 때	팔이 구부러질 때
위팔 안쪽 근육 / 위팔 바깥쪽 근육	'앞쪽 근육'이라고 표현하기도 해요. / 위팔 안쪽 근육 / 위팔 바깥쪽 근육
위팔 안쪽 근육의 길이가 늘어나고 바깥쪽 근육의 길이가 줄어들면 아래팔뼈가 내려가 팔이 펴짐.	위팔 안쪽 근육의 길이가 줄어들고 바깥쪽 근육의 길이가 늘어나면 아래팔뼈가 올라와 팔이 구부러짐.

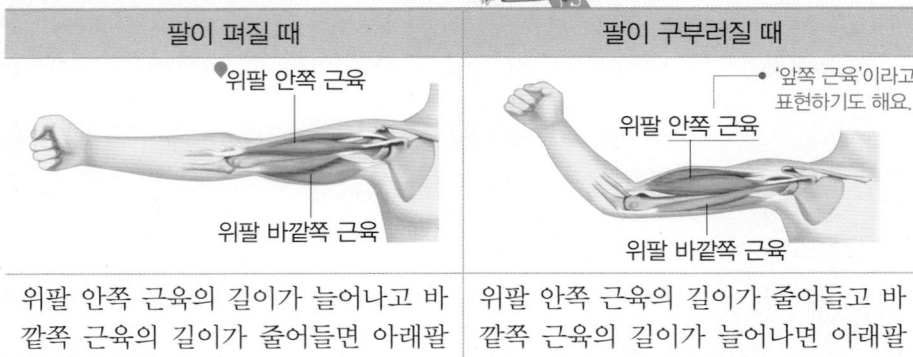

(2) **몸이 움직이는 원리**: 근육이 줄어들거나 늘어나면서 뼈를 움직여 몸이 움직입니다.

우리 몸의 근육

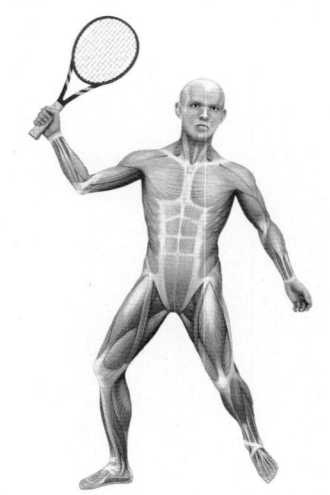

• 우리 몸을 만지면 단단하거나 부드러운 근육이 있습니다.
• 근육은 뼈를 둘러싸고 있습니다.
• 근육은 걷거나 뛰는 것 외에도 눈을 깜빡이거나 음식을 씹고 얼굴 표정을 짓는 것과 같은 몸의 움직임에 모두 관련이 있습니다.

팔을 펴거나 구부릴 때 근육의 모양 변화

• 팔을 펼 때 위팔 안쪽 근육이 납작해집니다.
• 팔을 구부릴 때 위팔 안쪽 근육이 볼록해집니다.

용어 사전

● **기관** 우리가 살아가는 데 필요한 일을 하는 몸속 부분.
● **위팔** 어깨에서 팔꿈치까지의 부분.

교과서 통합 대표 실험

실험 뼈와 근육 모형 만들기 📖 9종 공통

❶ 똑딱단추를 이용하여 빨대 두 개를 연결합니다.

❷ 비닐봉지의 막힌 쪽을 셀로판테이프로 감고, 벌어진 쪽은 주름 빨대를 넣은 다음 셀로판테이프로 감습니다.

❸ 빨대 (나)의 끝부분과 주름 빨대를 감은 비닐봉지의 끝부분을 맞추고, 빨대 (가)와 비닐봉지의 다른 한쪽을 맞춘 뒤에 각각 셀로판테이프로 감아 고정합니다.

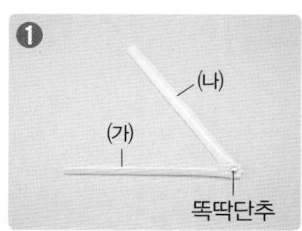
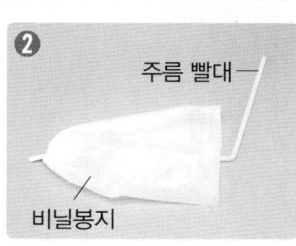
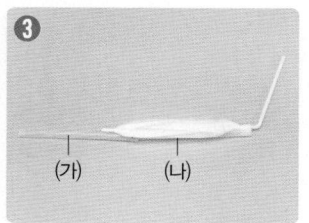

실험동영상

❹ 빨대 (가)에 손 그림을 붙이고, 모형의 비닐봉지에 주름 빨대로 공기를 불어 넣으며 손 그림의 움직임을 관찰합니다.

❺ 공기를 불어 넣기 전과 불어 넣은 후의 비닐봉지 길이를 측정하여 비교합니다.

❻ 모형실험을 바탕으로 몸이 움직이는 원리를 추리해 봅니다.

실험 결과

① 손 그림의 움직임

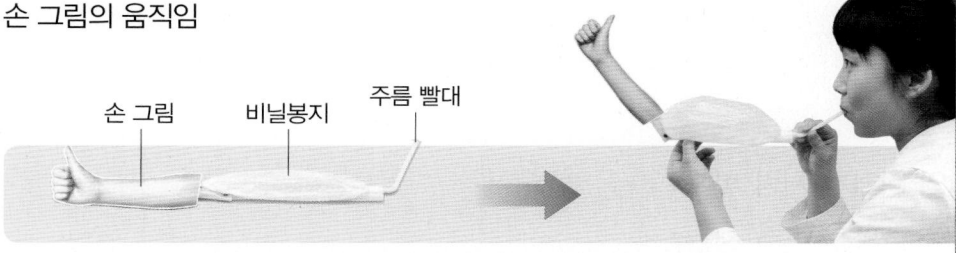

➡ 비닐봉지가 부풀면서 뼈 모형이 구부러져 손 그림이 올라갑니다.

② 뼈와 근육 모형의 비닐봉지 길이

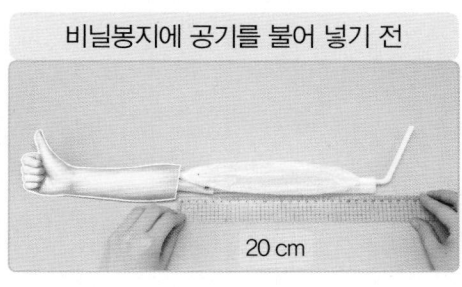
비닐봉지에 공기를 불어 넣기 전

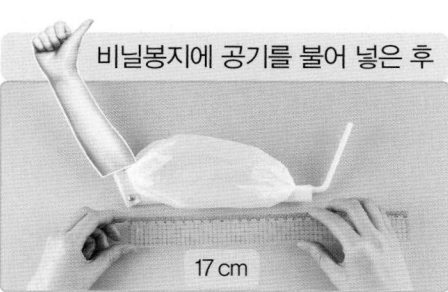
비닐봉지에 공기를 불어 넣은 후

➡ 공기를 불어 넣기 전에는 20 cm였는데, 공기를 불어 넣었더니 17 cm로 길이가 줄어들었습니다.

③ 모형실험을 통해 알 수 있는 몸이 움직이는 원리

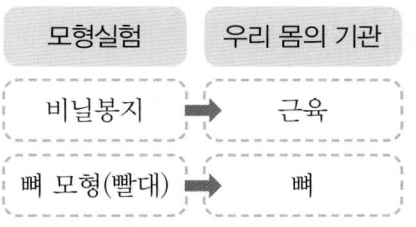

모형실험	우리 몸의 기관
비닐봉지 ➡	근육
뼈 모형(빨대) ➡	뼈

비닐봉지가 부풀어 오르거나, 부풀어 오른 비닐봉지의 바람이 빠지면 비닐봉지에 연결된 뼈 모형이 움직입니다. 이처럼 우리 몸도 위팔 근육이 줄어들거나 늘어나면서 뼈를 움직여 팔이 움직입니다.

정리 | 근육이 줄어들거나 늘어나면서 뼈를 움직여 몸이 움직입니다.

모형실험에서는 공기를 불어 넣어 비닐봉지가 부풀어 오르지만, 실제 근육은 우리 몸이 음식물을 섭취하여 얻는 에너지에 의해 움직여요.

비닐봉지의 길이를 측정할 때 비닐봉지에서 셀로판테이프를 붙인 양쪽을 제외한 부분의 길이를 측정해요.

1 우리 몸의 뼈와 근육

1

우리 몸을 움직이는 데 중요한 역할을 하는 운동 기관에는 (   )와/과 (   )이/가 있습니다.

2

머리뼈는 위쪽은 바가지처럼 둥글고 아래쪽은 각이 져 있으며, (   )을/를 보호합니다.

3

우리 몸의 뼈 중에 좌우로 12쌍의 뼈가 활처럼 휘어져 안쪽에 공간을 만들고, 심장, 폐 등 몸속 기관을 보호하는 것은 (   )입니다.

4

뼈와 뼈를 연결하는 부분을 (   )(이)라고 합니다.

5

우리 몸은 뼈에 연결된 (   )이/가 줄어들거나 늘어나면서 움직일 수 있습니다.

6 ➕ 9종 공통

다음은 우리 몸의 뼈를 나타낸 그림입니다. (가)~(다)의 이름을 찾아 선으로 이으시오.

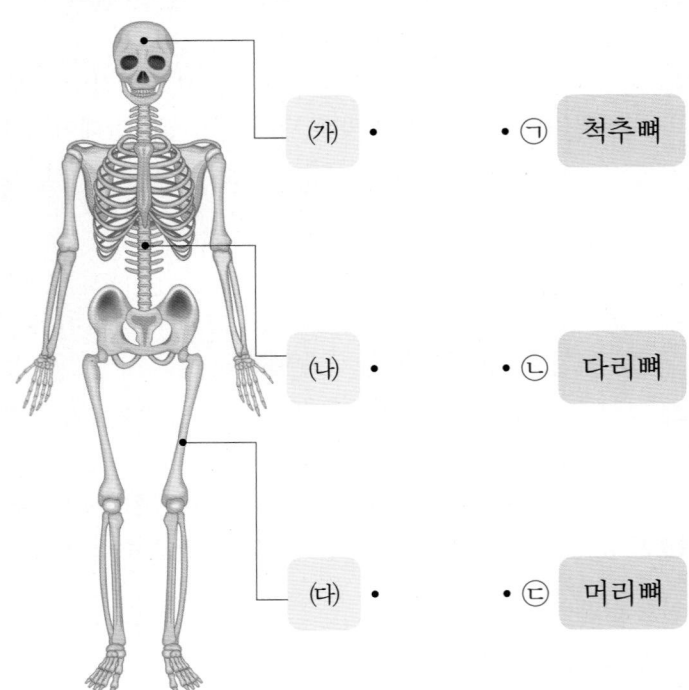

(가) •　　　• ㉠ 척추뼈

(나) •　　　• ㉡ 다리뼈

(다) •　　　• ㉢ 머리뼈

7 ➕ 9종 공통

우리 몸의 뼈와 근육에 대한 설명으로 옳지 <u>않은</u> 것은 어느 것입니까? (   )

① 근육은 뼈에 연결되어 있다.
② 뼈와 근육은 운동 기관이다.
③ 뼈와 뼈를 연결하는 부분을 관절이라고 한다.
④ 뼈는 스스로 움직여 몸을 움직일 수 있게 한다.
⑤ 우리 몸을 구성하는 뼈는 종류와 생김새가 다양하다.

[8-10] 다음과 같이 빨대와 비닐봉지를 이용해 뼈와 근육 모형을 만들었습니다. 물음에 답하시오.

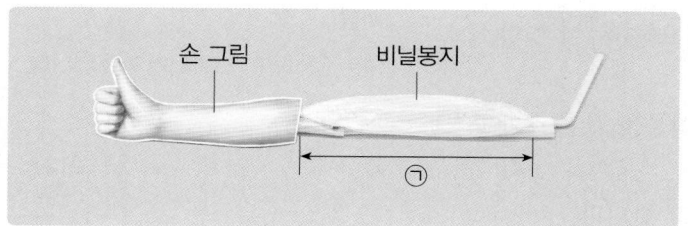

8 ➕ 9종 공통

위 모형에서 비닐봉지가 나타내는 것은 실제 우리 몸의 어떤 기관인지 쓰시오.

( )

9 서술형 ➕ 9종 공통

비닐봉지에 공기를 불어 넣은 후 위 ㉠의 길이는 어떻게 되는지 쓰시오.

_____

_____

10 ➕ 9종 공통

위 실험에 대해 **잘못** 설명한 사람의 이름을 쓰시오.

- 현서: 비닐봉지에 공기를 불어 넣으면 손 그림이 올라가.
- 정국: 비닐봉지에 공기를 불어 넣으면 손 그림이 내려가.
- 리아: 비닐봉지에 공기를 불어 넣으면 비닐봉지가 부풀어 올라.

( )

[11-12] 다음은 팔을 펴고 있을 때의 뼈와 근육을 나타낸 것입니다. 물음에 답하시오.

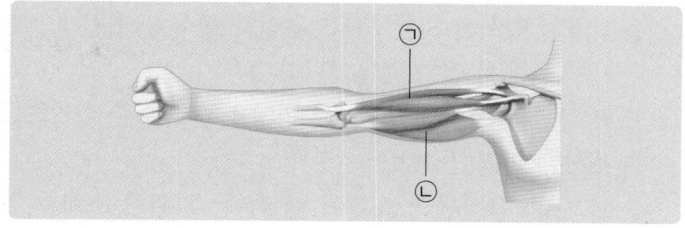

11 ➕ 9종 공통

위 ㉠과 ㉡ 중 팔을 구부릴 때 길이가 줄어드는 근육은 어느 것인지 기호를 쓰시오.

( )

12 ➕ 9종 공통

다음은 위 팔과 같이 우리 몸이 움직이는 원리를 정리한 것입니다. 빈칸에 들어갈 알맞은 말을 각각 쓰시오.

> (㉠)이/가 수축하거나 이완하면서 (㉡)을/를 움직여 우리 몸이 움직인다.

㉠ ( ), ㉡ ( )

13 ➕ 9종 공통

머리뼈와 갈비뼈의 공통점은 무엇입니까? ( )

① 몸속 내부 기관을 보호한다.
② 근육과 연결되어 있지 않다.
③ 한 개의 뼈로 이루어져 있다.
④ 바가지 모양으로, 심장과 폐를 보호한다.
⑤ 관절이 많아 구부리거나 펴는 활동을 자유롭게 할 수 있다.

2 우리 몸의 소화 기관, 호흡 기관

개념 강의

1 우리 몸의 소화 기관

(1) 소화와 소화 기관

① 음식물을 먹어야 하는 까닭: 우리가 살아가려면 영양소가 필요하며, 이 영양소는 음식물에서 얻기 때문입니다.

② 소화: 음식물 속에 들어 있는 영양소를 흡수할 수 있도록 음식물을 잘게 쪼개고 분해하는 과정입니다.

③ 소화 기관: 음식물의 소화에 관여하는 기관을 소화 기관이라고 합니다.

음식물이 지나가는 소화 기관	입, 식도, 위, 작은창자, 큰창자, 항문
소화를 도와주는 기관	간, 쓸개, 이자

(2) 소화 기관의 구조와 기능

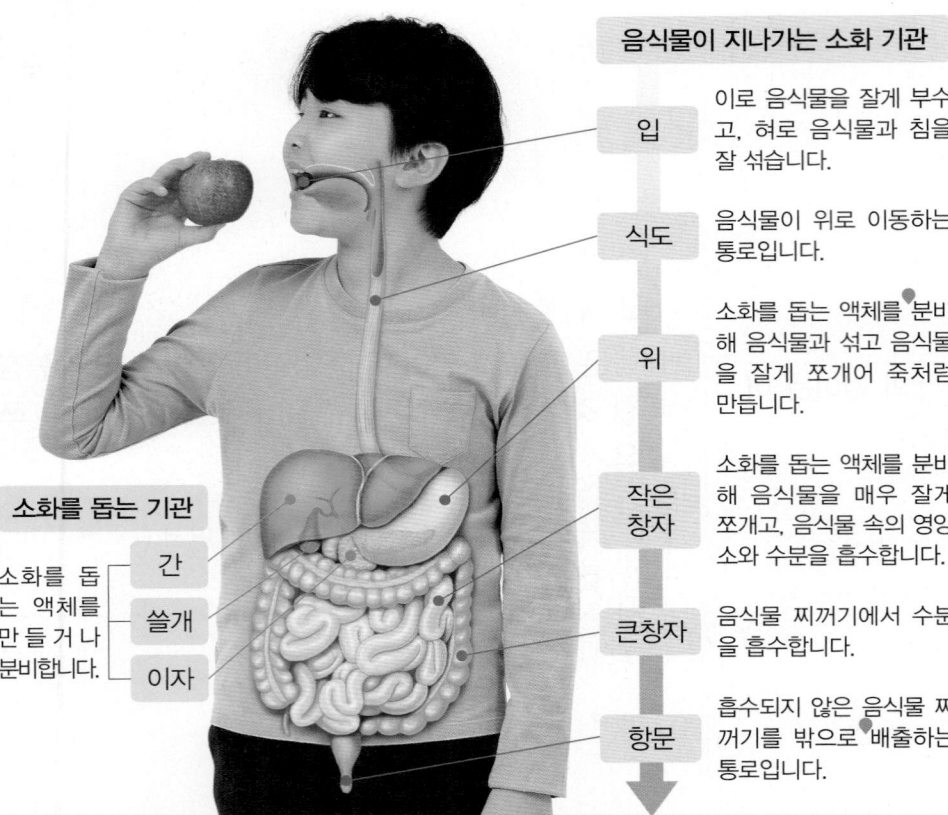

음식물이 지나가는 소화 기관

- **입** 이로 음식물을 잘게 부수고, 혀로 음식물과 침을 잘 섞습니다.
- **식도** 음식물이 위로 이동하는 통로입니다.
- **위** 소화를 돕는 액체를 분비해 음식물과 섞고 음식물을 잘게 쪼개어 죽처럼 만듭니다.
- **작은창자** 소화를 돕는 액체를 분비해 음식물을 매우 잘게 쪼개고, 음식물 속의 영양소와 수분을 흡수합니다.
- **큰창자** 음식물 찌꺼기에서 수분을 흡수합니다.
- **항문** 흡수되지 않은 음식물 찌꺼기를 밖으로 배출하는 통로입니다.

소화를 돕는 기관

소화를 돕는 액체를 만들거나 분비합니다. — 간, 쓸개, 이자

(3) 음식물이 소화되는 과정

① 우리가 먹은 음식물은 입 → 식도 → 위 → 작은창자 → 큰창자 → 항문을 순서대로 지나갑니다.

② 지나가는 동안 음식물은 점점 잘게 쪼개지고 분해되어 영양소와 수분이 몸속으로 흡수되고, 나머지는 항문을 통해 몸 밖으로 배출됩니다.

③ 이 과정에서 간, 쓸개, 이자는 음식물이 이동하는 통로는 아니지만, 소화를 도와주는 역할을 합니다.

④ 음식물을 꼭꼭 씹어 먹어야 하는 까닭: 입과 위는 음식물을 잘게 부수는 일을 하는데, 음식물을 꼭꼭 씹어 먹으면 위에서 음식물을 잘게 부수는 데 도움이 되어 소화가 잘되기 때문입니다.

음식을 먹고 시간이 지나면 배가 고픈 까닭

먹은 음식물이 소화되기 때문입니다.

소화 기관의 위치와 생김새

입	식도를 통해 위와 연결됨.
식도	긴 관 모양이고, 입과 위를 연결함.
위	작은 주머니 모양이고, 식도와 작은창자를 연결함.
작은창자	꼬불꼬불한 관 모양으로 배의 가운데에 있음.
큰창자	굵은 관 모양으로 작은창자를 감싸고 있음.
항문	큰창자와 연결되어 있음.

용어 사전

- **영양소** 단백질, 탄수화물 등과 같이 성장을 돕고 생활에 필요한 에너지를 공급하는 영양분이 들어 있는 물질.
- **분비** 세포가 침이나 소화액, 호르몬 등의 물질을 세포 밖으로 배출함.
- **배출** 안에서 밖으로 밀어 내보냄.

2 우리 몸의 호흡 기관

(1) 호흡과 호흡 기관
① 숨을 쉬어야 하는 까닭: 우리 몸은 산소를 이용하여 에너지를 만들고, 산소가 공급되지 못하면 뇌를 비롯한 다른 모든 신체 기관들이 제대로 기능을 할 수 없기 때문입니다.
② 호흡: 숨을 들이마시고 내쉬는 활동입니다.
③ 호흡 기관: 호흡에 관여하는 기관을 호흡 기관이라고 합니다.

(2) 호흡 기관의 구조와 기능

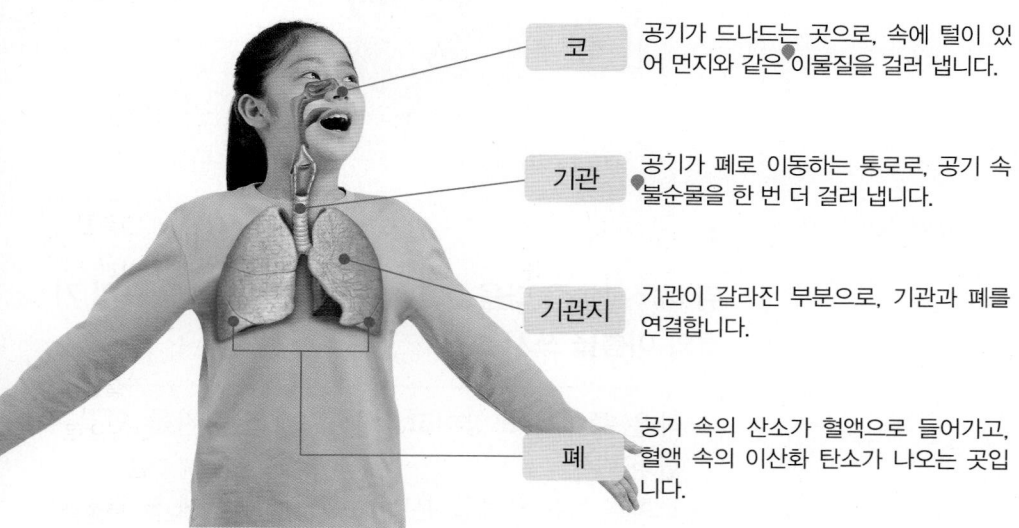

코 — 공기가 드나드는 곳으로, 속에 털이 있어 먼지와 같은 이물질을 걸러 냅니다.

기관 — 공기가 폐로 이동하는 통로로, 공기 속 불순물을 한 번 더 걸러 냅니다.

기관지 — 기관이 갈라진 부분으로, 기관과 폐를 연결합니다.

폐 — 공기 속의 산소가 혈액으로 들어가고, 혈액 속의 이산화 탄소가 나오는 곳입니다.

➕ **호흡 기관의 위치와 생김새**

코	얼굴 가운데에 세모 모양으로 튀어나와 있고, 구멍이 두 개 있음.
기관	목에서 가슴 부분에 걸쳐 있고, 굵은 관 모양이며 코와 연결되어 있음.
기관지	나뭇가지처럼 생겼고, 기관에서 갈라져 폐와 연결되어 있음.
폐	• 가슴 부위에 좌우 한 쌍이 있으며, 주머니 모양임. • 갈비뼈로 둘러싸여 있음.

4 단원

(3) 숨을 쉴 때 우리 몸의 변화

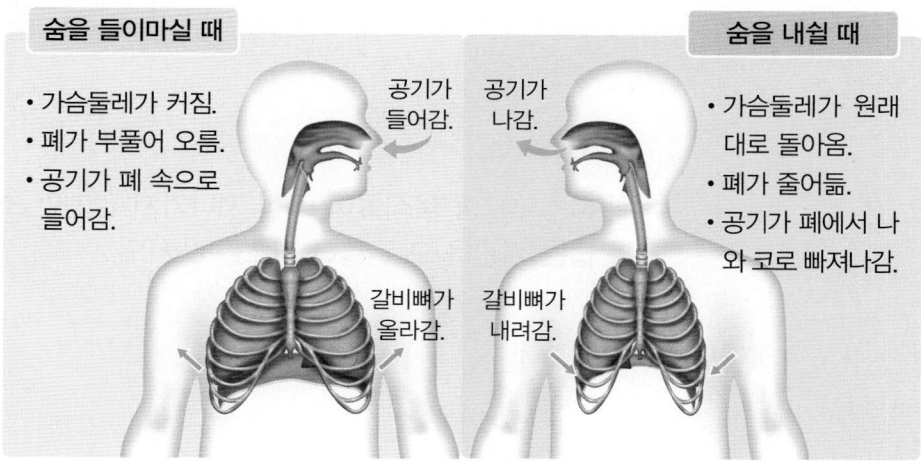

숨을 들이마실 때
• 가슴둘레가 커짐.
• 폐가 부풀어 오름.
• 공기가 폐 속으로 들어감.

공기가 들어감.

갈비뼈가 올라감.

숨을 내쉴 때
• 가슴둘레가 원래대로 돌아옴.
• 폐가 줄어듦.
• 공기가 폐에서 나와 코로 빠져나감.

공기가 나감.

갈비뼈가 내려감.

➕ **우리 몸에 들어온 산소의 사용**

• 몸을 움직이거나 몸속 기관이 일을 하는 데 사용됩니다.
• 활동에 필요한 에너지를 만드는 데 사용됩니다.
• 그 결과 이산화 탄소가 생깁니다.

(4) 숨을 쉴 때 공기의 이동 경로
① 숨을 들이마실 때 코로 들어온 공기는 기관과 기관지를 거쳐 폐로 들어갑니다.
② 폐에서 공기 속의 산소는 혈액으로 들어가고, 혈액 속의 이산화 탄소는 폐로 나옵니다.
③ 숨을 내쉴 때 폐 속의 공기는 기관지, 기관, 코를 거쳐 몸 밖으로 나갑니다.

숨을 들이마실 때	코	➡	기관	➡	기관지	➡	폐
숨을 내쉴 때	폐	➡	기관지	➡	기관	➡	코

용어사전

● **이물질** 정상적이 아닌 다른 물질.
● **불순물** 순수한 물질 속에 섞여 있는 깨끗하지 못한 성분의 물질.

기본 개념 문제

1

음식물 속에 들어 있는 영양소를 흡수할 수 있도록 먹은 음식물을 잘게 쪼개고 분해하는 과정을 (   )(이)라고 합니다.

2

입으로 먹은 음식물은 (   )을/를 지나 위로 이동합니다.

3

큰창자는 음식물 찌꺼기에서 (   )을/를 흡수합니다.

4

숨을 들이마시고 내쉬는 활동을 (   )(이)라고 합니다.

5

호흡 기관 중 가슴 양쪽에 한 개씩 있으며, 갈비뼈로 둘러싸여 있는 것은 (   )입니다.

[6-7] 다음은 우리 몸의 소화 기관을 나타낸 것입니다. 물음에 답하시오.

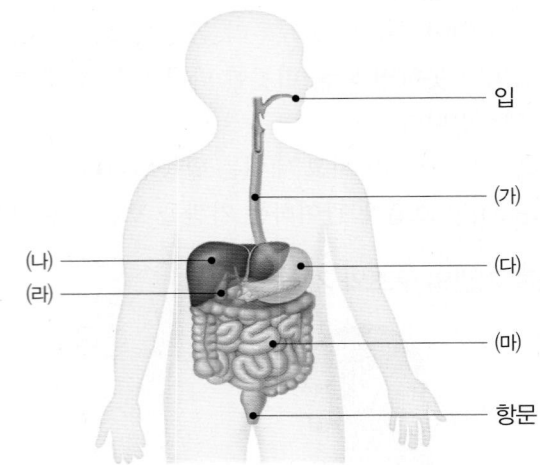

6 ➕ 9종 공통

위 ㈎∼㈏ 중 다음 설명에 해당하는 소화 기관의 기호와 이름을 쓰시오.

> • 작은 주머니 모양이고, 식도와 작은창자를 연결한다.
> • 소화를 돕는 액체를 분비해 음식물을 잘게 쪼갠다.

(   )

7 ➕ 9종 공통

위 ㈎∼㈏ 중 음식물이 직접 지나가지 않지만 소화를 돕는 기관을 모두 골라 기호를 쓰시오.

(   )

8 ➕ 9종 공통

우리가 먹은 음식물이 지나가는 소화 기관을 순서대로 나타낸 것입니다. 빈칸에 들어갈 소화 기관의 이름을 각각 쓰시오.

입 ➡ 식도 ➡ ㉠ ➡ 작은창자 ➡ ㉡ ➡ 항문

㉠ (   ), ㉡ (   )

9 ➕ 9종 공통

소화 기관이 하는 일을 <u>잘못</u> 설명한 것은 어느 것입니까? (   )

① 큰창자는 음식물 찌꺼기 속의 수분을 흡수한다.
② 식도는 입에서 삼킨 음식물을 큰창자로 이동시킨다.
③ 항문은 흡수되지 않은 음식물 찌꺼기를 몸 밖으로 배출한다.
④ 입은 음식물을 이로 잘게 부수고, 혀로 음식물과 침을 섞어 물러지게 한다.
⑤ 작은창자는 소화를 돕는 액체를 내보내어 음식물을 잘게 분해하고, 영양소를 흡수한다.

10 서술형 ➕ 9종 공통

숨을 들이마실 때 공기가 지나가는 이동 경로에 대해 설명하시오.

_____

_____

11 ➕ 9종 공통

다음은 호흡 과정 중 폐에서 일어나는 기체 교환을 설명한 것입니다. (   ) 안에 들어갈 기체의 이름을 각각 쓰시오.

| 폐에서 공기 속의 (㉠   )은/는 혈액으로 들어가고, 혈액 속의 (㉡   )은/는 폐로 나온다. |

㉠ (   ), ㉡ (   )

[12-13] 오른쪽은 우리 몸의 호흡 기관을 나타낸 것입니다. 물음에 답하시오.

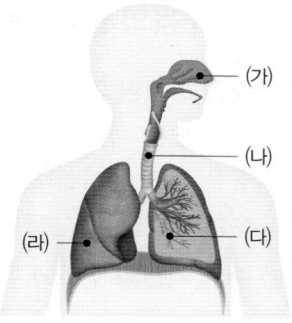

12 ➕ 9종 공통

위 (가)~(라)의 이름을 찾아 선으로 이으시오.

(가) •		• ㉠ 코
(나) •		• ㉡ 폐
(다) •		• ㉢ 기관
(라) •		• ㉣ 기관지

13 ➕ 9종 공통

위 (다)에 대한 설명으로 옳은 것에 ○표 하시오.

(1) 공기가 드나드는 곳으로, 얼굴에 있다.   (   )
(2) 굵은 관 모양이고, 코와 기관지를 연결한다.
(   )
(3) 나뭇가지처럼 생겼고, 기관과 폐를 연결한다.
(   )

14 ➕ 9종 공통

숨을 내쉴 때의 몸의 변화를 설명한 것을 찾아 기호를 쓰시오.

㉠	㉡
• 갈비뼈가 올라간다. • 가슴둘레가 커진다.	• 갈비뼈가 내려간다. • 가슴둘레가 원래대로 돌아간다.

(   )

3 우리 몸의 순환 기관, 배설 기관

1 우리 몸의 순환 기관

(1) 순환과 순환 기관

① 혈액 순환: 혈액이 소화 기관에서 흡수한 영양소와 호흡 기관에서 흡수한 산소 등을 싣고 온몸을 도는 것을 혈액 순환이라고 합니다.

② 순환 기관: 혈액 순환에 관여하는 심장과 혈관을 순환 기관이라고 합니다.

(2) 순환 기관의 구조와 기능

혈관
- 온몸에 복잡하게 퍼져 있고, 긴 관 모양입니다.
- 굵기가 굵은 것부터 매우 가는 것까지 여러 가지입니다.
- 혈액이 이동하는 통로입니다.

심장
- 가슴 가운데에서 약간 왼쪽으로 치우쳐 있습니다.
- 자신의 주먹만 한 크기로, 둥근 주머니 모양입니다.
- 펌프 작용으로 혈액을 온몸으로 순환시킵니다.

(3) 순환 기관 모형실험 하기

탐구 과정

주입기를 붉은 색소 물이 담긴 수조에 넣고, 펌프를 빠르게 또는 느리게 누르면서 물이 어떻게 이동하는지 관찰합니다.

탐구 결과

❶ 펌프를 빠르게 또는 느리게 누를 때 물의 이동
- 주입기의 펌프를 빠르게 누르면 붉은 색소 물이 이동하는 빠르기가 빨라지고, 물의 이동량이 많아집니다.
- 주입기의 펌프를 느리게 누르면 붉은 색소 물이 이동하는 빠르기가 느려지고, 물의 이동량이 적어집니다.

❷ 모형실험의 각 부분과 우리 몸 비교하기

펌프

관

붉은 색소 물

모형실험	붉은 색소 물	주입기의 펌프	주입기의 관
우리 몸	혈액	심장	혈관

(4) 혈액 순환 과정

① 심장은 쉬지 않고 오므라들었다 부풀었다 펌프 작용을 반복하면서 혈관을 통해 혈액을 온몸으로 순환시킵니다.

② 혈액은 온몸을 순환하면서 산소와 영양소를 전달하고, 몸속에서 생긴 이산화 탄소와 노폐물이 몸 밖으로 배출되도록 운반합니다.

➕ 혈액의 이동과 하는 일
- 혈액의 이동: 심장의 펌프 작용으로 심장에서 나온 혈액은 혈관을 따라 온몸을 돌고, 다시 심장으로 돌아오는 과정을 반복합니다.
- 혈액이 하는 일: 혈액은 산소와 영양소를 온몸으로 운반하고, 몸에서 생긴 이산화 탄소와 노폐물 등을 운반합니다.

➕ 심폐 소생술이 중요한 까닭
- 심폐 소생술: 심장과 폐의 활동이 멈추어 호흡이 정지되었을 때 실시하는 응급 처치를 말합니다.
- 심장 박동이 멈춰서 몸에 산소와 영양소를 공급하지 못하면 우리 몸이 제 기능을 할 수 없기 때문에 빠른 시간 안에 심폐 소생술을 하는 것이 중요합니다.

용어 사전

● **펌프** 압력을 이용해 액체를 이동시키는 기계.

2 우리 몸의 배설 기관

(1) 배설과 배설 기관
① 노폐물을 몸 밖으로 내보내야 하는 까닭: 우리 몸에서 영양소가 쓰이면서 몸에 필요 없는 노폐물이 만들어지는데, 노폐물은 우리 몸에 해로워 몸에 쌓이면 질병에 걸리기 때문입니다.
② 배설: 혈액 속의 노폐물을 오줌으로 만들어 몸 밖으로 내보내는 것을 배설이라고 합니다.
③ 배설 기관: 배설에 관여하는 콩팥, 오줌관, 방광, 요도 등을 배설 기관이라고 합니다.

(2) 배설 기관의 구조와 기능

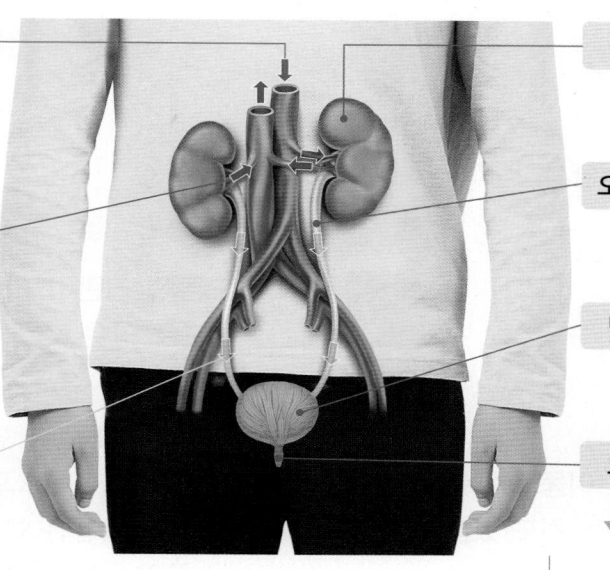

노폐물이 많은 혈액
온몸을 돌아 노폐물이 많아진 혈액이 콩팥으로 운반됩니다.

노폐물을 걸러 낸 혈액
콩팥에서 노폐물이 걸러진 깨끗한 혈액이 다시 온몸을 순환합니다.

노폐물을 포함한 오줌

콩팥 혈액 속의 노폐물을 걸러 내어 오줌을 만듭니다.

오줌관 콩팥에서 걸러진 오줌이 이동하는 통로입니다.

방광 오줌을 저장했다가 몸 밖으로 내보냅니다.

요도 오줌이 몸 밖으로 나가는 통로입니다.

(3) 우리 몸에서 노폐물을 걸러 내어 몸 밖으로 내보내는 과정
① 콩팥은 혈액에 있는 노폐물을 걸러 내어 오줌을 만들고, 오줌은 방광으로 모입니다.
② 방광은 오줌을 저장해 두었다가 몸 밖으로 내보냅니다.
③ 콩팥에서 노폐물이 걸러져 깨끗해진 혈액은 다시 혈관을 통해 순환합니다.

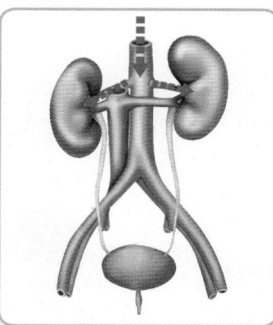

노폐물이 많아진 혈액이 콩팥으로 운반되면 콩팥은 혈액에 있는 노폐물을 걸러 내어 오줌을 만듭니다.

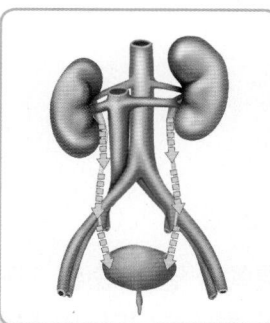

콩팥에서 만들어진 오줌은 방광으로 모였다가 양이 차면 요도를 거쳐 몸 밖으로 나갑니다.

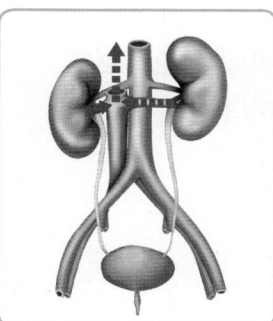

콩팥에서 노폐물이 걸러져 깨끗해진 혈액은 다시 심장과 혈관을 통해 온몸을 순환합니다.

➕ 배설 기관의 위치와 생김새

콩팥	허리의 등쪽 좌우에 한 개씩 있으며, 강낭콩 모양임.
오줌관	콩팥에 연결되어 있으며, 긴 관 모양임.
방광	오줌관에 연결되어 있으며, 작은 공 모양임.
요도	방광에 연결되어 있으며, 관 모양임.

용어사전
● 걸러 낸 버리고 필요한 것만 골라낸.

3 우리 몸의 순환 기관, 배설 기관

기본 개념 문제

1

우리 몸에 필요한 물질과 몸에서 생긴 노폐물을 혈액을 통해 운반하는 과정을 (   ) (이)라고 합니다.

2

순환 기관 중 하나인 (   )은/는 펌프 작용으로 혈액을 온몸으로 순환시킵니다.

3

(   )은/는 혈액이 이동하는 통로로, 굵기가 굵은 것도 있고 매우 가는 것도 있습니다.

4

(   )은/는 혈액 속의 노폐물을 오줌으로 만들어 몸 밖으로 내보내는 과정입니다.

5

오줌을 보관했다가 몸 밖으로 내보내는 배설 기관은 (   )입니다.

6 ➕ 9종 공통

순환 기관이 <u>아닌</u> 것을 보기 에서 두 가지 골라 기호를 쓰시오.

> 보기 ●
> ㉠ 위   ㉡ 혈관   ㉢ 식도   ㉣ 심장

(   )

7 ➕ 9종 공통

오른쪽 기관이 하는 일에 대한 설명으로 옳은 것은 어느 것입니까?

(   )

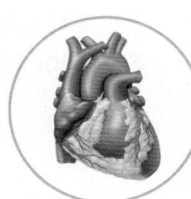

① 노폐물을 저장한다.
② 혈액을 온몸으로 순환시킨다.
③ 소화를 돕는 액체를 분비한다.
④ 몸의 형태를 유지하고 지지한다.
⑤ 음식물 찌꺼기 속의 수분을 흡수한다.

8 ➕ 9종 공통

오른쪽과 같이 순환 기관 모형실험을 하였습니다. 이 모형에서 우리 몸의 심장과 혈관에 해당하는 것은 각각 무엇인지 쓰시오.

펌프

관

붉은 색소 물

(1) 심장: (   )
(2) 혈관: (   )

9 ➕ 9종 공통

순환 기관에 대해 **잘못** 설명한 사람의 이름을 쓰시오.

- 지용: 혈액은 영양소와 산소를 운반해.
- 미연: 온몸에 퍼져 있는 혈관의 굵기는 일정해.
- 장욱: 혈액은 몸속에서 생긴 이산화 탄소와 노폐물을 운반해.
- 소희: 심장에서 나간 혈액은 온몸을 돌고 다시 심장으로 돌아와.

( )

10 ➕ 9종 공통

보기 의 배설 기관 중 다음 설명에 해당하는 것을 찾아 각각 이름을 쓰시오.

보기
콩팥, 요도, 방광, 오줌관

(1) 오줌이 몸 밖으로 나가는 통로이다.
( )

(2) 강낭콩 모양으로 허리의 등쪽에 두 개가 있다.
( )

11 ➕ 9종 공통

위 **10**번 보기 의 배설 기관을 우리 몸에서 노폐물을 걸러 내어 몸 밖으로 내보내는 과정에 관여하는 순서에 맞게 나열하시오.

( ) → ( ) → ( ) → ( )

[12-13] 다음은 배설 기관으로 들어가는 혈액과 배설 기관에서 나가는 혈액의 이동을 화살표로 나타낸 그림입니다. 물음에 답하시오.

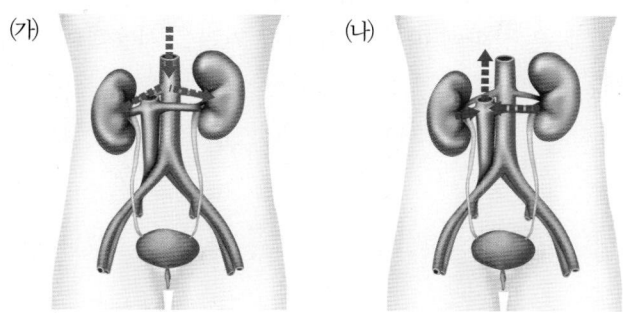

(가)　　　　　　(나)

12 ➕ 9종 공통

위 (가)와 (나) 중 노폐물이 많이 포함된 혈액의 이동을 나타낸 것은 무엇인지 기호를 쓰시오.

( )

13 서술형 ➕ 9종 공통

위 **12**번 답과 같이 콩팥을 통과하기 전과 후의 혈액 속에 포함된 노폐물의 양이 다른 까닭을 콩팥이 하는 일과 관련지어 쓰시오.

_____

_____

14 ➕ 9종 공통

우리 몸에서 다음과 같은 일에 관여하는 기관끼리 옳게 짝 지은 것은 어느 것입니까? ( )

혈액에 있는 노폐물을 몸 밖으로 내보낸다.

① 위, 항문
② 코, 기관
③ 콩팥, 방광
④ 심장, 큰창자
⑤ 작은창자, 식도

4 감각 기관과 자극의 전달, 운동할 때 몸에 나타나는 변화

1 감각 기관과 자극의 전달

(1) 감각 기관
① 감각 기관: 주변의 다양한 자극을 받아들이는 기관을 감각 기관이라고 합니다.
② 우리 몸은 상황에 따라 여러 감각 기관을 사용하여 자극을 받아들입니다.
③ 감각 기관의 종류

눈	귀	코	혀	피부
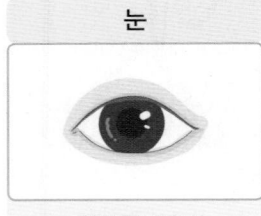	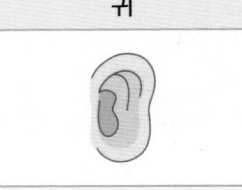	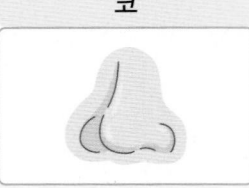	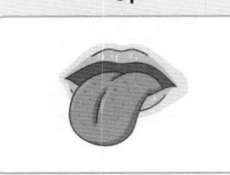	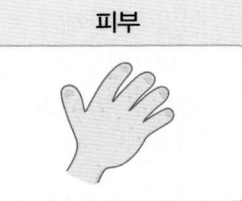
물체를 봅니다.	소리를 듣습니다.	냄새를 맡습니다.	맛을 봅니다.	차가움, 뜨거움, 아픔, 촉감 등을 느낍니다.

(2) 자극이 전달되어 반응하는 과정
① 감각 기관이 받아들인 자극은 신경계를 통해 전달됩니다.
② 신경계는 전달받은 자극을 해석하여 행동을 결정해 운동 기관으로 전달하고, 운동 기관은 전달받은 대로 행동합니다.

❶ 감각 기관
자극을 받아들입니다.

➡

❷ 자극을 전달하는 신경계
자극은 신경을 통해 뇌로 전달됩니다.

⬇

❸ 행동을 결정하는 신경계(뇌)
뇌에서 자극을 해석하고 판단하여 명령을 내립니다.

⬇

❺ 운동 기관
전달된 명령에 따라 반응합니다.

⬅

❹ 명령을 전달하는 신경계
뇌의 명령은 신경을 통해 운동 기관으로 전달됩니다.

뇌

신경

➕ 자극과 반응
· 자극: 우리 활동에 영향을 주는 환경 또는 그 변화
· 반응: 자극에 대한 우리 몸의 여러 가지 변화나 행동

➕ 신경계
· 감각 기관에서 받아들인 자극을 전달하고, 해석·판단하며 명령을 운동 기관 등으로 전달하는 기관들을 신경계라고 합니다.
· 신경계는 온몸에 퍼져 있습니다.

아이스크림을 먹을 때 자극을 받아들여 반응하는 과정

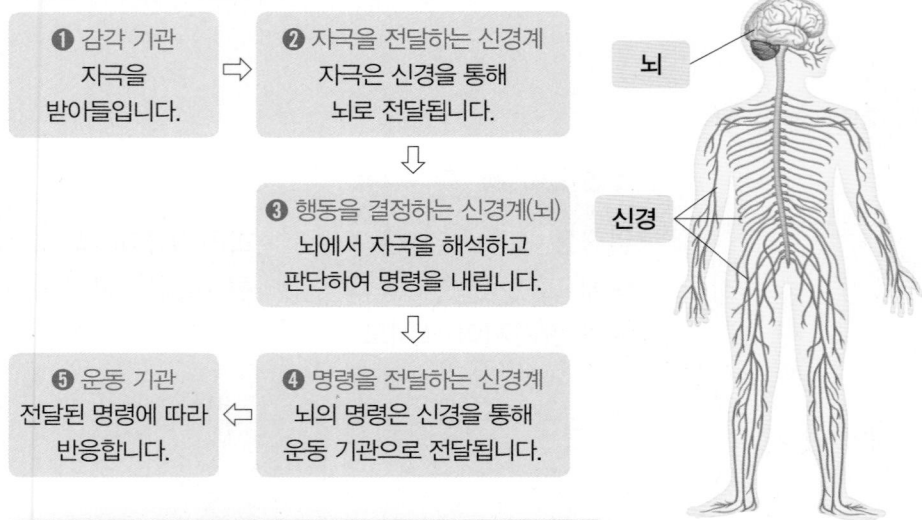

감각 기관	행동을 결정하는 신경계(뇌)	운동 기관
아이스크림이 보이네.	아이스크림을 지금 먹을까, 나중에 먹을까? 맛있어 보이는데 지금 먹어야겠다.	아이스크림을 먹자.
감각 기관(눈)으로 아이스크림을 봄.	자극을 전달하는 신경계를 통해 자극 전달 ➡ / 명령을 전달하는 신경계를 통해 명령 전달 ➡	운동 기관(손)으로 아이스크림을 들어올림.

용어 사전
● **감각** 신체 기관을 통하여 안팎의 자극을 느끼거나 알아차림. 시각, 청각, 후각, 미각, 촉각 등을 포함함.
● **해석** 내용을 판단하고 이해하는 일.

2 운동할 때 몸에 나타나는 변화

(1) 운동하기 전과 후의 체온과 1분 동안 맥박 수 측정하기

탐구 과정

❶ 운동하기 전 체온과 1분 동안 맥박 수를 측정합니다.

❷ 1분 동안 팔 벌려 뛰기를 한 직후 체온과 1분 동안 맥박 수를 측정합니다.

❸ 5분 동안 휴식을 취하고 체온과 1분 동안 맥박 수를 측정합니다.

탐구 결과

[표로 나타내기]

구분	평상시	운동 직후	5분 휴식 후
체온(℃)	36.7	36.9	36.6
1분 동안 맥박 수(회)	65	104	69

[그래프로 나타내기]

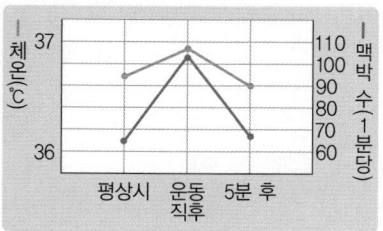

➡ 운동을 하면 체온이 올라가고 맥박이 빨라집니다. 운동이 끝나고 시간이 지나면 체온이 내려가고 맥박이 느려져 운동 전 상태로 돌아갑니다.

(2) 운동할 때 몸에 나타나는 변화

① 운동을 하면 근육에서 에너지를 많이 내면서 열이 나므로 체온이 올라가고 땀이 납니다.

② 운동을 하면 산소와 영양소를 많이 이용하기 때문에 산소와 영양소를 빨리 공급하도록 심장이 빨리 뛰어 맥박이 빨라지고 호흡도 빨라집니다.

(3) 몸을 움직이기 위해 각 기관이 하는 일

① 우리 몸을 이루는 여러 가지 기관은 서로 영향을 주고받으며 일합니다.

② 그래서 우리가 건강하게 생활하려면 모든 기관이 조화를 이루며 제 기능을 잘 수행해야 합니다.

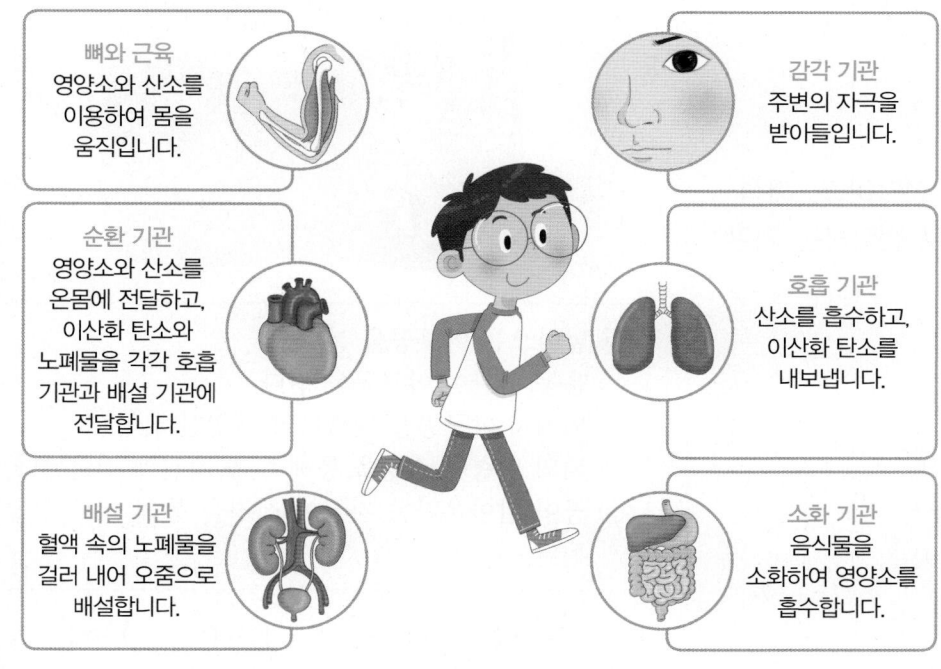

뼈와 근육 영양소와 산소를 이용하여 몸을 움직입니다.

감각 기관 주변의 자극을 받아들입니다.

순환 기관 영양소와 산소를 온몸에 전달하고, 이산화 탄소와 노폐물을 각각 호흡 기관과 배설 기관에 전달합니다.

호흡 기관 산소를 흡수하고, 이산화 탄소를 내보냅니다.

배설 기관 혈액 속의 노폐물을 걸러 내어 오줌으로 배설합니다.

소화 기관 음식물을 소화하여 영양소를 흡수합니다.

➕ 맥박 수 측정하기

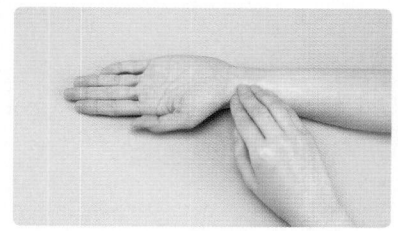

맥박은 심장이 뛰는 것이 혈관에 전달되어 나타납니다. 손가락으로 손목을 살짝 누르면 맥박을 느낄 수 있습니다.

4 단원

➕ 건강한 생활 습관

· 규칙적으로 운동하기
· 하루에 20분 정도 햇볕 쬐기
· 물을 충분히 마시기
· 일찍 자고 일찍 일어나기
· 음식을 골고루 먹기
· 식사 후에는 양치하기
· 손을 깨끗이 자주 씻기

용어 사전

● **맥박** 심장의 운동에 따라 일어나는 동맥의 주기적인 움직임.

● **조화** 서로 잘 어울림.

4 감각 기관과 자극의 전달, 운동할 때 몸에 나타나는 변화

기본 개념 문제

1

눈, 귀, 코, 혀, 피부와 같이 주변의 다양한 자극을 받아들이는 기관을 ( )(이)라고 합니다.

2

감각 기관 중 귀는 ( )을/를 들을 수 있고, 코는 ( )을/를 맡을 수 있습니다.

3

친구의 목소리를 듣고 뒤를 돌아보는 상황에서 자극과 반응을 구분하면 친구의 목소리를 듣는 것은 ( )이고, 뒤를 돌아보는 것은 ( ) 입니다.

4

감각 기관에서 받아들인 자극을 전달하고, 해석·판단하며 명령을 운동 기관 등으로 전달하는 기관들을 ( )(이)라고 합니다.

5

운동을 하면 맥박과 호흡이 ( ).

6 ➕ 9종 공통

보기 는 우리 몸의 감각 기관의 종류를 나타낸 것입니다. 각 상황에서 자극을 받아들인 감각 기관을 보기 에서 찾아 각각 기호를 쓰시오.

보기
㉠ 눈   ㉡ 코   ㉢ 혀   ㉣ 귀   ㉤ 피부

(1) 맛있는 음식 냄새가 났다. ( )
(2) 얼음을 만졌더니 차가웠다. ( )
(3) 아이스크림에서 단맛이 났다. ( )
(4) 피구 공이 날아오는 것을 보았다. ( )
(5) 친구가 나를 부르는 소리를 들었다. ( )

7 ➕ 9종 공통

다음과 같이 날아오는 야구공을 보고 야구방망이로 치는 반응이 일어날 때 자극을 받아들여 반응하기까지의 과정을 순서에 맞게 기호를 쓰시오.

㉠ 날아오는 야구공을 본다.
㉡ 운동 기관이 야구공을 친다.
㉢ 뇌에서 야구공을 치겠다고 결정한다.
㉣ 뇌의 명령이 신경을 통해 운동 기관에 전달된다.
㉤ 공이 날아온다는 자극이 신경을 통해 뇌로 전달된다.

( ) → ( ) → ( ) → ( ) → ( )

● 정답과 풀이 14쪽

8 ● 9종 공통

몸을 움직이기 위해 다음과 같은 일을 하는 기관을 보기 에서 골라 기호를 쓰시오.

우리 몸에 필요한 산소를 공급하고,
이산화 탄소를 몸 밖으로 내보낸다.

보기 •
ㄱ 소화 기관   ㄴ 배설 기관   ㄷ 호흡 기관

(   )

9 ● 9종 공통

다음을 비교하여 ○ 안에 >, =, <로 나타내시오.

평상시 필요한
산소와 영양소의 양

운동할 때 필요한
산소와 영양소의 양

10 ● 9종 공통

다음 재준이의 일기를 읽고, 운동할 때 몸에서 나타나는 변화를 <u>잘못</u> 쓴 부분을 찾아 기호를 쓰시오.

체육 시간에 줄넘기를 했다. 신나게 뛰었더니 ㄱ 체온이 낮아지고, ㄴ 땀이 났다. ㄷ 호흡이 빨라지고, ㄹ 심장도 빨리 뛰었다. 힘들었지만 운동을 해서 더 건강해진 느낌이었다.

(   )

[11-12] 다음은 평상시와 운동 직후, 운동하고 5분 휴식 후에 체온과 1분 동안 맥박 수를 측정하여 나타낸 그래프입니다. 물음에 답하시오.

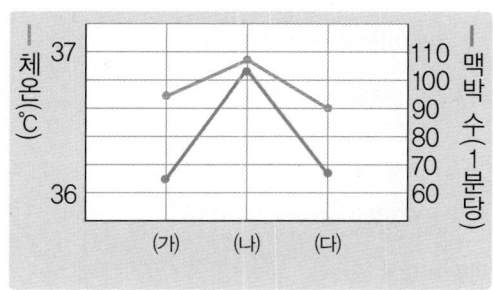

11 ● 9종 공통

위 (가)~(다) 중 운동 직후에 측정한 체온과 맥박 수는 어느 것인지 기호를 쓰시오.

(   )

12 서술형 ● 9종 공통

위 11번 답을 통해 알 수 있는 운동할 때 체온과 맥박의 변화를 설명하시오.

_____

_____

13 ● 9종 공통

건강한 생활 습관으로 옳지 <u>않은</u> 것은 어느 것입니까?

(   )

① 손을 자주 씻는다.
② 규칙적으로 운동을 한다.
③ 일찍 자고 일찍 일어난다.
④ 식사 후에는 양치를 한다.
⑤ 물은 하루에 한 컵만 마신다.

4
단원

4 우리 몸의 구조와 기능

★ 팔이 펴지고 구부러지는 원리

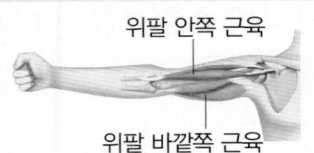

▲ 팔이 펴질 때

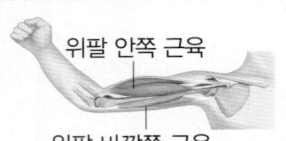

▲ 팔이 구부러질 때

근육이 줄어들거나 늘어나면서 뼈를 움직여 팔이 움직입니다.

1. 뼈와 근육

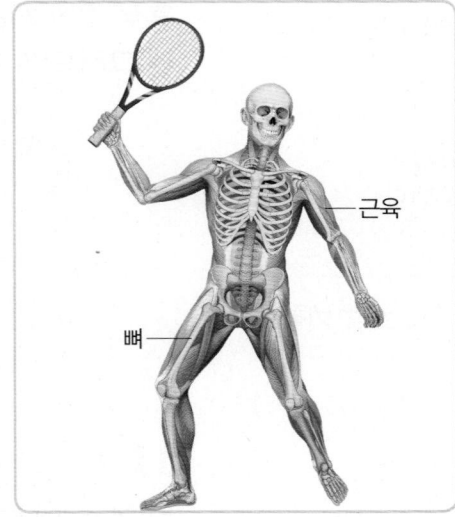

- 운동 기관: 몸속 기관 중에서 뼈와 근육처럼 움직임에 관여하는 기관

- **❶**[　　　　]가 하는 일: 우리 몸의 형태를 만들고 몸을 지탱하며, 심장, 폐, 뇌 등 몸속 기관을 보호합니다.

- 근육이 하는 일: 근육은 뼈에 연결되어 있으며, 근육의 길이가 줄어들거나 늘어나면서 뼈를 움직이게 합니다.

2. 소화 기관

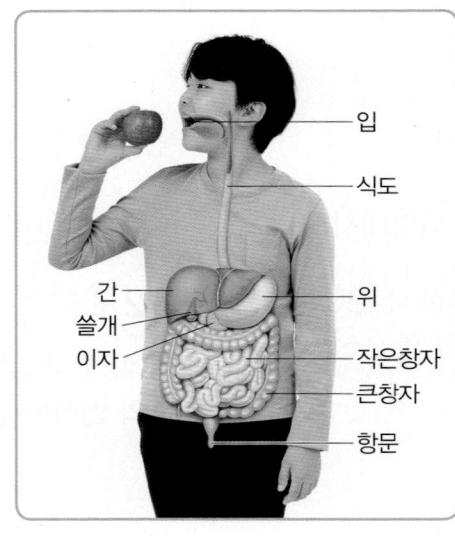

- 소화 기관: 음식물 속에 들어 있는 영양소를 흡수할 수 있도록 음식물을 잘게 쪼개고 분해하는 과정에 관여하는 기관

- 음식물은 입 → 식도 → 위 → **❷**[　　　　] → 큰창자 → 항문 순서로 지나갑니다.

- 간, 쓸개, 이자는 음식물이 이동하는 통로는 아니지만, 소화를 도와주는 역할을 합니다.

3. 호흡 기관

★ 폐에서의 기체 교환

폐에서 공기 속의 산소는 혈액으로 들어가고, 혈액 속의 이산화 탄소는 폐로 나옵니다.

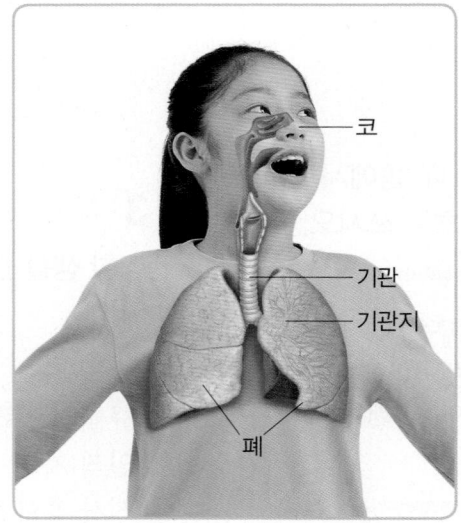

- 호흡 기관: 숨을 들이마시고 내쉬는 활동에 관여하는 코, 기관, 기관지, 폐

- 숨을 들이마실 때 공기의 이동: 코 → 기관 → 기관지 → 폐

- 숨을 내쉴 때 공기의 이동: 폐 → 기관지 → 기관 → 코

4. 순환 기관

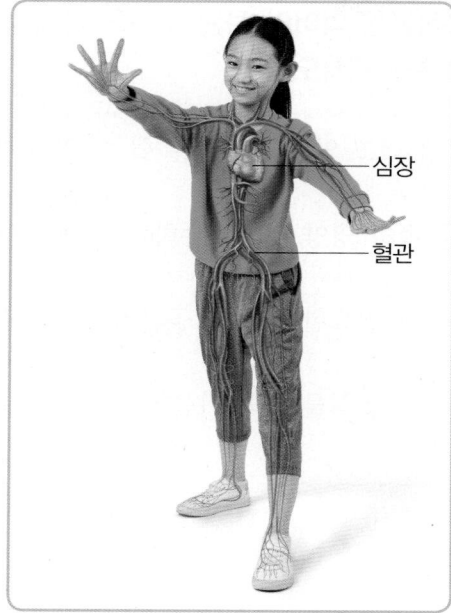

- **순환 기관:** 혈액이 소화 기관에서 흡수한 영양소와 호흡 기관에서 흡수한 산소 등을 싣고 온몸을 도는 혈액 순환에 관여하는 기관

- **심장이 하는 일:** 쉬지 않고 오므라들었다 부풀었다 펌프 작용을 반복하면서 ❸ [   ]을 통해 혈액을 온몸으로 순환시킵니다.

- **혈액이 하는 일:** 온몸을 순환하면서 ❹ [   ]와 영양소를 전달하고, 몸속에서 생긴 이산화 탄소와 노폐물이 몸 밖으로 배출되도록 운반합니다.

심장: 심장, 혈관

★ **심장의 위치와 생김새**

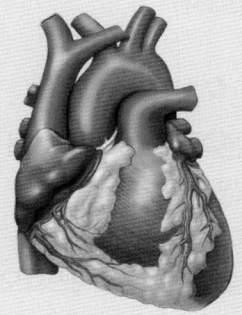

- 가슴 가운데에서 약간 왼쪽으로 치우쳐 있습니다.
- 자신의 주먹만 한 크기로, 둥근 주머니 모양입니다.

5. 배설 기관

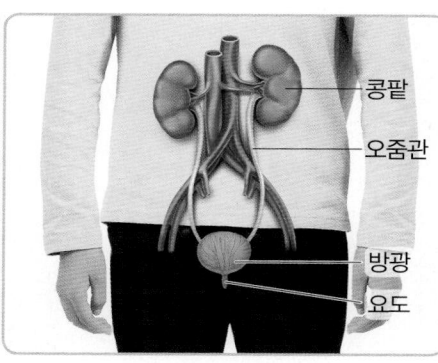

콩팥, 오줌관, 방광, 요도

- **배설 기관:** 혈액 속의 노폐물을 오줌으로 만들어 몸 밖으로 내보내는 배설에 관여하는 기관

- **콩팥이 하는 일:** 혈액에 있는 노폐물을 걸러 내어 오줌을 만듭니다.

- **방광이 하는 일:** 오줌을 저장해 두었다가 몸 밖으로 내보냅니다.

6. 자극의 전달과 반응

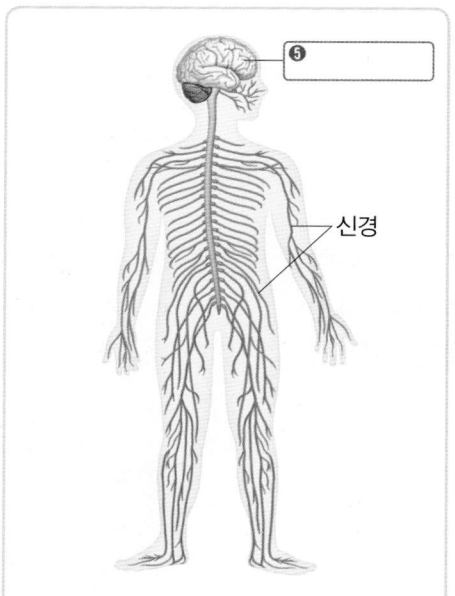

❺ [   ]

신경

- **자극이 전달되어 반응하는 과정**

❶ 감각 기관: 자극을 받아들임.

❷ 자극을 전달하는 신경계: 자극은 신경을 통해 뇌로 전달됨.

❸ 행동을 결정하는 신경계: 뇌에서 자극을 해석하고 판단하여 명령을 내림.

❹ 명령을 전달하는 신경계: 뇌의 명령은 신경을 통해 운동 기관으로 전달됨.

❺ 운동 기관: 전달된 명령에 따라 반응함.

★ **감각 기관의 종류**

- 눈: 물체를 봅니다.
- 귀: 소리를 듣습니다.
- 코: 냄새를 맡습니다.
- 혀: 맛을 봅니다.
- 피부: 차가움, 뜨거움, 아픔, 촉감 등을 느낍니다.

1 ⊕ 9종 공통

오른쪽 우리 몸의 뼈 중 좌우로 12쌍의 뼈가 활처럼 휘어져 안쪽에 공간을 만드는 뼈를 골라 기호와 이름을 쓰시오.

(   )

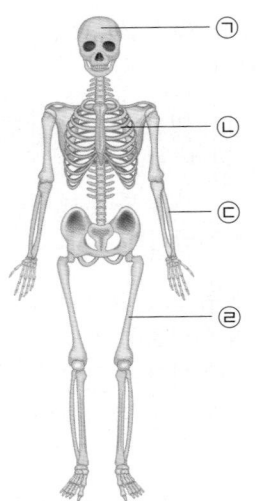

2 ⊕ 9종 공통

다음 뼈와 근육 모형에 대한 설명으로 옳지 <u>않은</u> 것은 어느 것입니까? (   )

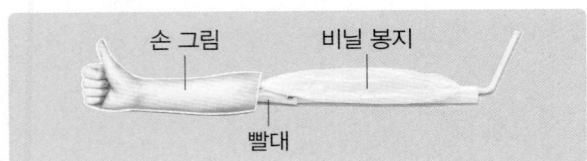

① 빨대는 뼈 역할을 한다.
② 비닐봉지는 근육 역할을 한다.
③ 비닐봉지에 공기를 불어 넣으면 손 그림이 위로 올라간다.
④ 비닐봉지에 공기를 불어 넣으면 비닐봉지가 부풀어 오른다.
⑤ 비닐봉지에 공기를 불어 넣으면 비닐봉지의 길이가 길어진다.

3 서술형 ⊕ 9종 공통

우리 몸이 움직이는 원리를 뼈와 근육이 하는 일과 관련지어 쓰시오.

_____

_____

4 ⊕ 9종 공통

우리가 매일 음식물을 먹어야 하는 까닭을 가장 옳게 말한 사람의 이름을 쓰시오.

- 진용: 음식물을 먹고 있는 동안에는 쉴 수 있기 때문이야.
- 주희: 음식물 속의 영양소를 흡수하기 위해서 먹는 거야.
- 대성: 우리 몸에 필요한 산소를 공급하기 위해서 먹는 거야.
- 나리: 숨을 쉴 때 음식물 속의 이산화 탄소가 필요하기 때문이야.

(   )

5 ⊕ 9종 공통

오른쪽은 우리 몸의 소화 기관을 나타낸 것입니다. 각 기관의 이름을 쓰시오.

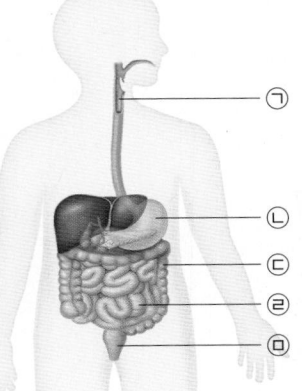

㉠ (   )
㉡ (   )
㉢ (   )
㉣ (   )
㉤ (   )

6 ● 9종 공통

우리 몸의 호흡 기관에 대한 설명으로 옳지 <u>않은</u> 것은 어느 것입니까? (   )

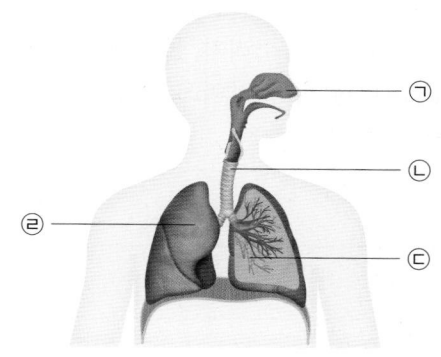

① ㉠은 공기가 드나드는 곳으로, 구멍이 두 개 있다.
② ㉡은 굵은 관 모양이고, 공기의 불순물을 걸러 낸다.
③ ㉢은 여러 갈래로 갈라져 있고, ㉡과 ㉣을 연결한다.
④ ㉣은 갈비뼈로 둘러싸여 있으며, 좌우 한 쌍이 있다.
⑤ 숨을 들이마시면 공기가 ㉣ → ㉢ → ㉡ → ㉠ 순서로 이동한다.

7 서술형 ● 9종 공통

위 **6**번의 ㉣ 기관의 이름을 쓰고, 하는 일은 무엇인지 쓰시오.

(1) ㉣ 기관의 이름: (   )
(2) ㉣ 기관이 하는 일

_____

_____

[8-9] 오른쪽은 우리 몸의 순환 기관을 나타낸 것입니다. 물음에 답하시오.

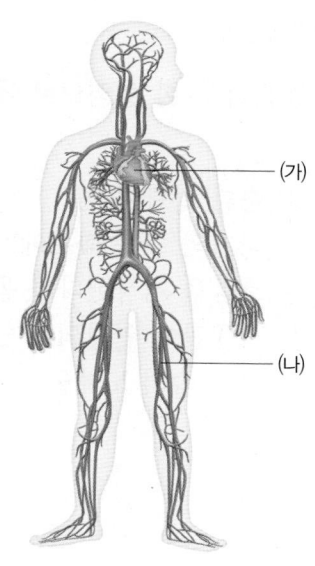

8 ● 9종 공통

각 설명에 해당하는 순환 기관을 찾아 기호를 쓰시오.

(1) 펌프 작용을 하여 혈액을 온몸으로 순환시킨다.
  (   )
(2) 온몸에 복잡하게 퍼져 있으며, 혈액이 이동하는 통로이다.   (   )

9 ● 9종 공통

보기 중 위 순환 기관을 통해 온몸을 순환하는 혈액이 하는 일로 옳지 <u>않은</u> 것을 찾아 기호를 쓰시오.

┌─ 보기 ●────────────────────────┐
│ ㉠ 산소와 영양소를 온몸으로 운반한다.   │
│ ㉡ 몸에서 생긴 이산화 탄소와 노폐물을 운반한다. │
│ ㉢ 외부의 자극을 받아들이고, 그 자극을 전달한다. │
└──────────────────────────────┘

(   )

10 ● 9종 공통

혈액 속의 노폐물을 오줌으로 만들어 몸 밖으로 내보내는 과정을 무엇이라고 하는지 쓰시오.

(   )

11 ⊕ 9종 공통

방광에 대한 설명으로 옳은 것을 두 가지 고르시오.
( )

① 순환 기관이다.
② 허리의 등쪽 좌우에 한 개씩 있다.
③ 오줌을 저장했다가 몸 밖으로 내보낸다.
④ 오줌관에 연결되어 있으며, 작은 공 모양이다.
⑤ 혈액 속의 노폐물을 걸러 내어 오줌을 만든다.

12 ⊕ 9종 공통

오른쪽은 우리 몸의 어떤 부분을 나타
낸 것입니까? ( )

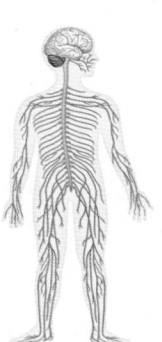

① 신경계
② 순환 기관
③ 소화 기관
④ 배설 기관
⑤ 운동 기관

13 ⊕ 9종 공통

다음은 자극이 전달되어 반응하는 과정을 나타낸 것
입니다. 빈칸에 들어갈 알맞은 기관을 각각 쓰시오.

(㉠)

↓

자극을 전달하는 신경계

↓

행동을 결정하는 신경계

↓

명령을 전달하는 신경계

↓

(㉡)

㉠ ( ), ㉡ ( )

14 서술형 ⊕ 9종 공통

다음과 같은 상황에서 자극과 반응을 구분하여 각각
두 가지씩 쓰시오.

> 친구가 나를 부르는 소리가 들려 뒤를 돌아보았더
> 니 축구공이 나를 향해 날아오고 있는 것을 보고 빠
> 르게 옆으로 피했다.

(1) 자극: _____

_____

(2) 반응: _____

_____

15 ⊕ 9종 공통

운동할 때 몸에서 나타나는 변화를 보기 에서 모두
골라 기호를 쓰시오.

> 보기 ●
> ㉠ 땀이 난다.
> ㉡ 호흡이 빨라진다.
> ㉢ 체온이 낮아진다.
> ㉣ 심장이 빠르게 뛴다.
> ㉤ 맥박 수가 감소한다.
> ㉥ 혈액 순환이 빨라진다.

( )

1 ➕ 9종 공통

우리 몸의 근육에 대한 설명으로 옳은 것을 두 가지 고르시오. (   )

① 뼈에 연결되어 있다.
② 얼굴에는 근육이 없다.
③ 모든 근육은 생김새가 같다.
④ 근육의 길이는 변하지 않는다.
⑤ 단단한 근육도 있고, 부드러운 근육도 있다.

2 ➕ 9종 공통

다음에서 설명하는 뼈는 어느 것인지 보기 에서 골라 기호를 쓰시오.

- 몸을 지지한다.
- 짧은뼈 여러 개가 세로로 이어져 기둥을 이룬다.

보기 ●
㉠ 팔뼈   ㉡ 머리뼈   ㉢ 척추뼈   ㉣ 갈비뼈

(   )

3 ➕ 9종 공통

다음은 팔이 펴져 있을 때 뼈와 근육의 모습입니다. 팔이 구부러지는 원리로 빈칸에 들어갈 알맞은 말을 골라 각각 쓰시오.

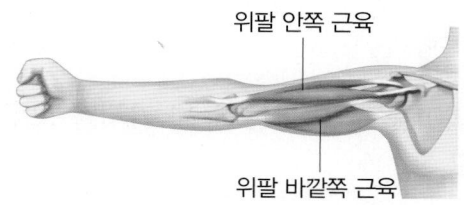

위팔 안쪽 근육
위팔 바깥쪽 근육

위팔 ㉠ (안쪽, 바깥쪽) 근육의 길이가 줄어들고, 위팔 ㉡ (안쪽, 바깥쪽) 근육의 길이가 늘어나면 아래팔뼈가 올라가 팔이 구부러진다.

㉠ (   ), ㉡ (   )

4 ➕ 9종 공통

간, 쓸개, 이자에 대한 설명으로 옳은 것을 보기 에서 골라 기호를 쓰시오.

보기 ●
㉠ 음식물이 직접 이동하는 통로이다.
㉡ 음식물 찌꺼기를 몸 밖으로 배출한다.
㉢ 음식물 속의 영양소와 수분을 흡수한다.
㉣ 소화를 돕는 액체를 만들거나 분비한다.

(   )

5 서술형 ➕ 9종 공통

다음은 음식물이 소화되면서 지나가는 소화 기관을 순서대로 나타낸 것입니다. 빈칸에 들어갈 소화 기관의 이름을 쓰고, 그 기관이 하는 일은 무엇인지 쓰시오.

입 → 식도 → 위 → (   ) → 큰창자 → 항문

(1) 이름: (   )

(2) 하는 일: _____

_____

4 단원

6 ⊕ 9종 공통

호흡 기관에 해당하지 <u>않는</u> 기관은 어느 것입니까?

( )

① 코 　　　　　② 폐
③ 식도 　　　　 ④ 기관
⑤ 기관지

[8-9] 오른쪽은 순환 기관이 하는 일을 알아보기 위한 모형실험입니다. 물음에 답하시오.

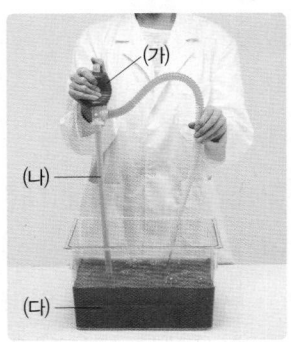

8 ⊕ 9종 공통

위 (가)~(다) 중 우리 몸의 혈관 역할을 하는 부분으로 알맞은 것을 골라 기호를 쓰시오.

( )

9 ⊕ 9종 공통

다음은 위 실험 결과를 정리한 것입니다. 빈칸에 들어갈 알맞은 말을 쓰시오.

> 주입기의 펌프 작용으로 붉은 색소 물이 관을 통해 이동하듯이 심장의 펌프 작용으로 심장에서 나온 ( )이/가 혈관을 통해 온몸으로 이동한다.

( )

7 ⊕ 9종 공통

다음 호흡 기관의 모습을 보고, 각 설명에 해당하는 기관을 찾아 기호를 쓰시오.

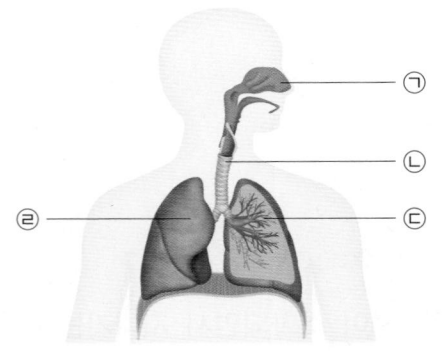

(1) 굵은 관 모양이며, 공기가 지나가는 통로이다.
( )
(2) 나뭇가지처럼 생겼으며, 폐까지 연결되어 있다.
( )
(3) 주머니 모양이며, 산소를 받아들이고 이산화 탄소를 내보낸다. ( )
(4) 공기가 드나드는 구멍이 두 개 있고, 속에 털이 있어 이물질을 걸러 낸다. ( )

10 서술형 ⊕ 9종 공통

배설의 의미를 보기 의 용어 세 가지를 모두 포함하여 쓰시오.

> 보기
>
> 혈액, 노폐물, 오줌

_____

_____

11 9종 공통

각 배설 기관이 하는 일을 찾아 선으로 이으시오.

(1)	요도 •	• ㉠	오줌이 이동하는 통로이다.
(2)	콩팥 •	• ㉡	오줌을 만든다.
(3)	방광 •	• ㉢	오줌이 몸 밖으로 나가는 통로이다.
(4)	오줌관 •	• ㉣	오줌이 모이는 곳이다.

12 9종 공통

다음 중 감각 기관이 아닌 것은 어느 것입니까? ( )

① 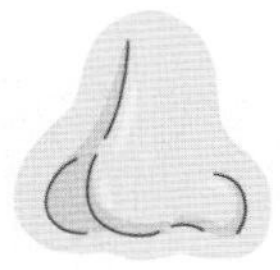
▲ 코

② 
▲ 눈

③ 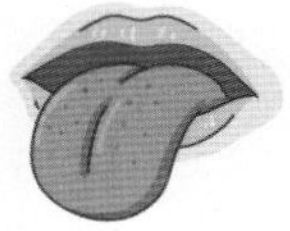
▲ 혀

④ 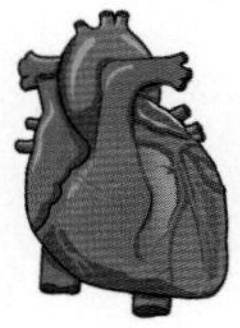
▲ 심장

13 9종 공통

자극에 대한 반응 과정을 설명한 것으로 옳은 것에 ○표 하시오.

(1) 운동 기관은 자극을 받아들인다. ( )

(2) 신경계는 자극을 전달하고, 행동을 결정한다. ( )

(3) 감각 기관은 운동 기관에서 전달받은 명령을 실행한다. ( )

14 서술형 9종 공통

다음은 운동을 하기 전과 후의 체온과 1분 동안 맥박 수를 측정한 결과입니다. 이 결과를 보고 알 수 있는 운동할 때 우리 몸에서 일어나는 변화 두 가지를 쓰시오.

구분	평상시	운동 직후
체온(℃)	36.7	36.9
1분 동안 맥박 수(회)	65	104

15 9종 공통

위 14번 답과 같은 변화가 나타나는 까닭을 잘못 말한 사람의 이름을 쓰시오.

- 은하: 운동할 때 근육을 움직이는 데 더 많은 에너지를 쓰기 때문이야.
- 도영: 운동을 하면 평상시보다 산소와 영양소가 더 많이 필요하기 때문이야.
- 준기: 운동할 때 평상시보다 산소와 영양소를 천천히 공급해도 되기 때문이야.

( )

4 단원

평가 주제	뼈와 근육이 하는 일
평가 목표	뼈와 근육 모형을 통해 뼈와 근육의 관계와 하는 일을 알 수 있다.

[1-3] (가)는 빨대와 비닐봉지를 이용하여 만든 뼈와 근육 모형이고, (나)는 팔이 펴져 있을 때 뼈와 근육을 나타낸 것입니다. 물음에 답하시오.

(가) 손 그림   비닐봉지   주름 빨대   (나)   위팔 안쪽 근육

빨대

위팔 아래쪽 근육

▲ 뼈와 근육 모형   ▲ 팔이 펴져 있을 때 뼈와 근육

1 위 (가)에서 주름 빨대로 비닐봉지에 공기를 불어 넣으면 나타나는 결과를 비닐봉지의 변화와 관련지어 쓰시오.

_____

_____

도움 비닐봉지에 공기를 불어 넣으면 뼈 모형과 손 그림이 어떻게 움직이는지 생각해 봅니다.

2 위 **1**번 답을 통해 알 수 있는 (나)와 같이 펴져 있는 팔이 구부러지는 원리는 무엇인지 쓰시오.

_____

_____

도움 뼈와 근육 모형에서 빨대는 뼈, 비닐봉지는 근육 역할을 합니다.

3 위 **2**번 답을 참고하여 몸이 움직이는 원리를 근육이 하는 일과 관련지어 쓰시오.

_____

_____

도움 뼈는 스스로 움직이는 것이 아닙니다.

평가 주제	소화 기관과 호흡 기관의 종류와 기능
평가 목표	소화 기관과 호흡 기관이 하는 일을 설명할 수 있다.

[1-2] 다음은 우리 몸의 소화 기관과 호흡 기관을 나타낸 것입니다. 물음에 답하시오.

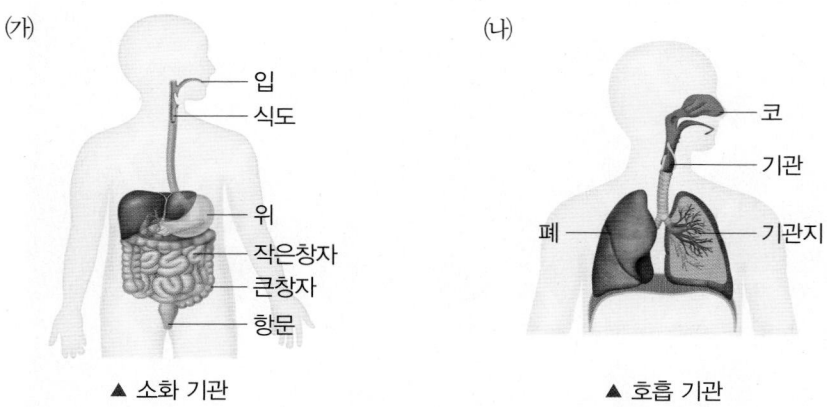

(가)
입
식도
위
작은창자
큰창자
항문
▲ 소화 기관

(나)
코
기관
폐
기관지
▲ 호흡 기관

1 다음은 위 (가)의 소화 기관이 하는 일을 음식물이 소화되는 과정 순서대로 나타낸 것입니다. 빈칸에 들어갈 알맞은 말을 쓰시오.

> **도움** 음식물이 소화 기관을 지나가는 동안 점점 잘게 쪼개지고 분해되어 영양소와 수분이 몸속으로 흡수되고, 나머지는 항문을 통해 몸 밖으로 배출됩니다.

입	이로 음식물을 잘게 부수고, 혀로 음식물과 침을 잘 섞습니다.
식도	음식물이 위로 이동하는 통로입니다.
위	소화를 돕는 액체를 분비해 음식물과 섞고 음식물을 잘게 쪼개어 죽처럼 만듭니다.
작은창자	(1)
큰창자	(2)
항문	흡수되지 않은 음식물 찌꺼기를 밖으로 배출하는 통로입니다.

2 위 (나)의 폐에서 일어나는 산소와 이산화 탄소의 이동에 대해 설명하시오.

> **도움** 우리 몸은 에너지를 만들기 위해 산소를 사용하고, 그 결과 생긴 이산화 탄소는 몸 밖으로 내보냅니다.

_____

_____

4
단원

미로를 따라 길을 찾아보세요.

● 정답 17쪽

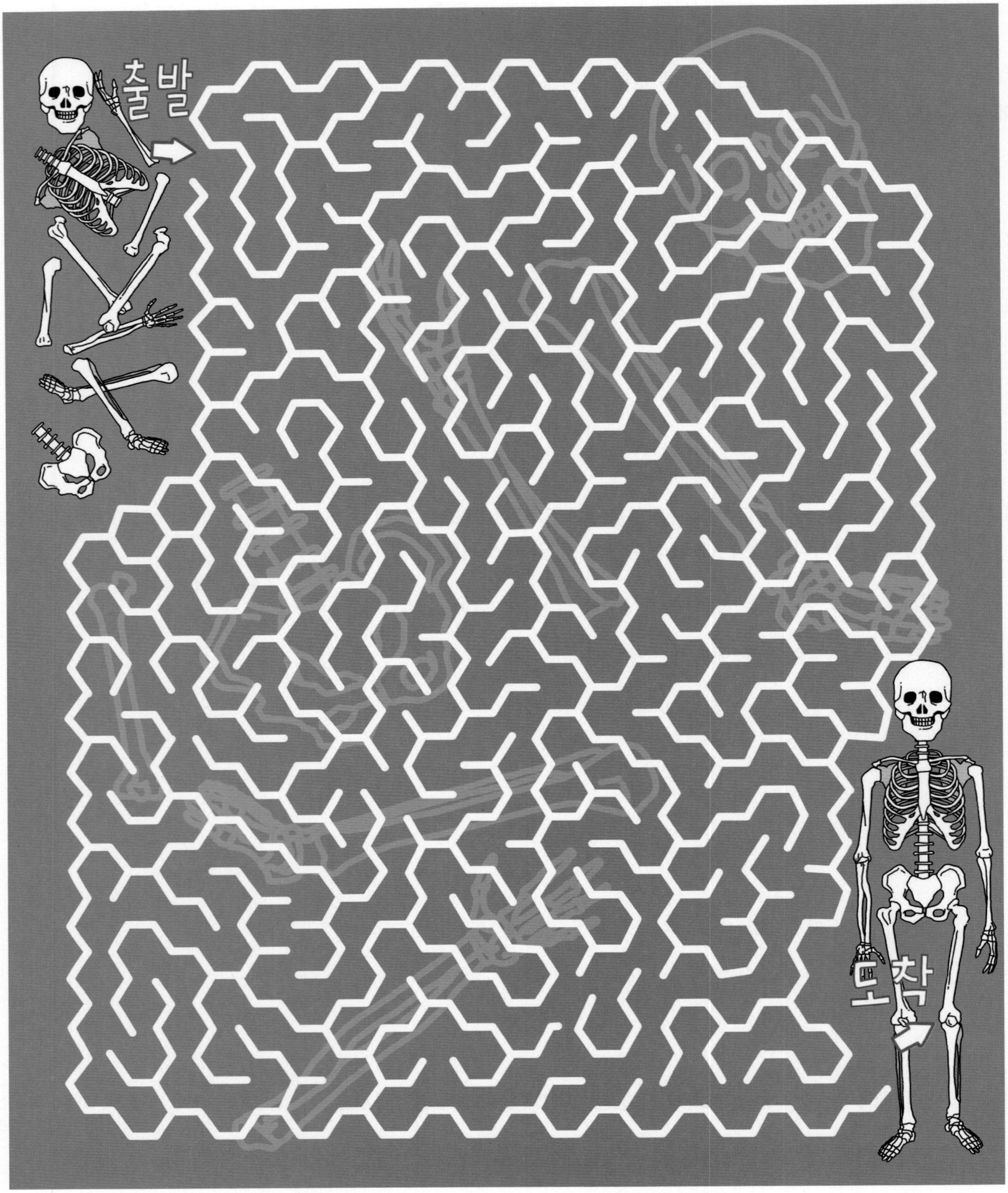

출발

도착

5

에너지와 생활

▶ 학습 내용과 교과서별 해당 쪽수를 확인해 보세요.

학습 내용	백점 쪽수	교과서별 쪽수				
		동아출판	비상교과서	아이스크림 미디어	지학사	천재교과서
1 에너지의 필요성, 여러 가지 에너지의 형태	110~113	94~97	110~113	110~113	98~101	106~109
2 다른 형태로 바뀌는 에너지, 효율적인 에너지 활용 방법	114~117	98~99	114~117	114~119	102~105	110~115

1 에너지의 필요성, 여러 가지 에너지의 형태

1 에너지의 필요성

(1) 에너지가 필요한 상황

휴대 전화로 전화를 걸거나 사진을 찍고, 음악을 듣기 위해 에너지가 필요합니다.

강아지가 살아 움직이는 데 에너지가 필요합니다.

자동차가 움직이거나 자동차의 에어컨, 히터 등을 작동하기 위해 에너지가 필요합니다.

식물이 자라고, 꽃을 피우고, 열매를 맺기 위해 에너지가 필요합니다.

(2) 에너지가 필요한 까닭

① 나무, 꽃과 같은 식물이나 사람, 강아지와 같은 동물이 살아가는 데 에너지가 필요하기 때문입니다.

② 우리가 생활에서 유용하게 사용하는 기계를 작동할 때 에너지가 필요하기 때문입니다.

(3) 에너지를 얻는 방법

광합성으로 에너지를 얻는 옥수수

식물을 먹어 에너지를 얻는 참새

물고기를 먹어 에너지를 얻는 수달

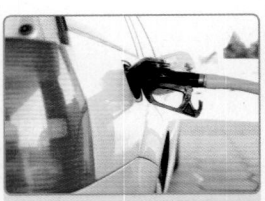

석유에서 에너지를 얻는 자동차

전기를 공급받아 에너지를 얻는 휴대 전화

	에너지를 얻는 방법	에너지의 이용
식물	식물은 햇빛을 받아 광합성을 하여 만든 양분에서 에너지를 얻습니다.	성장, 번식, 생명 유지 등에 에너지를 이용합니다.
동물	동물은 다른 생물을 먹어 에너지를 얻습니다.	움직이고 숨을 쉬는 등의 생명 활동에 에너지를 이용합니다.
기계	기계는 석유, 석탄이나 전기 등에서 에너지를 얻습니다.	자동차는 달리는 데, 전등은 빛을 내는 등 기계가 작동하는 데 에너지를 이용합니다.

➕ 에너지가 공급되지 않는다면?

• 집에서 사용하는 가전제품을 사용할 수 없을 것입니다.
• 밤에는 전등을 켤 수 없어 활동하는 데 어려움이 있을 것입니다.
• 기계들이 작동하지 못하고 멈추게 되어 생활에 많은 불편이 있을 것입니다.
• 사람을 비롯한 동물과 식물이 더 이상 살아가지 못할 것입니다.

➕ 광합성

식물은 빛을 이용하여 이산화 탄소와 물로 양분을 만드는데, 이것을 광합성이라고 합니다.

용어 사전

• **에너지** 물체가 일을 할 수 있는 능력.
• **히터** 난방 장치의 하나로, 주로 가스나 전기를 이용하여 공기를 데워 실내 온도를 높이는 장치.
• **번식** 생물이 자기 자손의 수를 유지하고 늘려 나가는 여러 활동.

2 여러 가지 에너지의 형태

(1) 에너지의 형태

① 에너지는 물질과 달리 눈에 보이지 않고 만질 수도 없지만 우리 생활 곳곳에 존재합니다.

② 에너지의 형태에는 열에너지, 전기 에너지, 빛에너지, 화학 에너지, 운동 에너지, 위치 에너지 등이 있습니다.

③ 자연과 일상생활의 다양한 곳에서 상황에 따라 여러 가지 형태의 에너지를 이용합니다.

열에너지
열이 가진 에너지로, 주변을 따뜻하게 하거나 음식을 익힐 때 필요합니다.

전기 에너지
전기에 의한 에너지로, 전기 기구나 전기 자동차를 움직이는 데 필요합니다.

빛에너지
빛이 가진 에너지로, 어두운 곳을 밝히고 식물이 광합성을 하는 데 필요합니다.

화학 에너지
연료나 음식물, 생물체에 저장된 에너지로, 생물이 살아가고 기계를 움직이는 데 필요합니다.

운동 에너지
움직이는 물체가 가진 에너지로, 달리는 자동차나 날아오는 공 등은 운동 에너지를 가지고 있습니다.

위치 에너지
높은 곳에 있는 물체가 가진 에너지로, 댐이나 폭포의 높은 곳에 있는 물은 낮은 곳에 있는 물보다 위치 에너지가 더 큽니다.

(2) 교실에서 찾을 수 있는 에너지의 형태

위치 에너지
높은 곳에 있는 행성 모형

화학 에너지
광합성을 하여 자라는 식물

전기 에너지
전기로 작동하는 TV, 컴퓨터, 전등

빛에너지
전등에서 나오는 빛이나 햇빛

운동 에너지
움직이고 있는 아이

열에너지
보온 물통 안의 따뜻한 물

➕ 6학년 2학기 『과학』 각 단원에서 학습한 내용과 관련된 에너지 형태

단원	내용	에너지 형태
전기의 이용	전지	화학 에너지, 전기 에너지
	전구	빛에너지, 열에너지
계절의 변화	태양	빛에너지, 열에너지
	지구의 공전	운동 에너지
연소와 소화	연소	빛에너지, 열에너지
	성냥	화학 에너지
우리 몸의 구조와 기능	달리기	운동 에너지
	소화	화학 에너지

5 단원

용어 사전

● **댐** 전기를 일으키거나 식수, 농사, 공업에 사용할 목적으로 강물이나 바닷물을 막아 쌓은 둑.

● **보온** 주위의 온도에 관계없이 일정한 온도를 유지함.

1 에너지의 필요성, 여러 가지 에너지의 형태

기본 개념 문제

1

(　　　　　)은/는 물체가 일을 할 수 있는 능력으로, 식물이나 동물이 살아가거나 기계를 작동할 때 필요합니다.

2

식물은 햇빛을 받아 (　　　　　)을/를 하여 만든 양분에서 에너지를 얻습니다.

3

주변을 따뜻하게 하거나 음식을 익힐 때 주로 사용하는 에너지 형태는 (　　　　　　　)입니다.

4

움직이는 물체가 가진 에너지로, 뛰는 강아지나 날아가는 새는 (　　　　　　)을/를 가지고 있습니다.

5

(　　　　　　)은/는 높은 곳에 있는 물체가 가진 에너지 형태입니다.

6 ➕ 9종 공통

식물이 에너지를 얻는 방법에는 '식물', 동물이 에너지를 얻는 방법에는 '동물'이라고 쓰시오.

(1) 다른 생물을 먹어 에너지를 얻는다.

(　　　　　　　　　)

(2) 햇빛을 이용하여 이산화 탄소와 물로 만든 양분으로 에너지를 얻는다.　(　　　　　　　)

7 ➕ 9종 공통

에너지에 대한 설명으로 옳지 <u>않은</u> 것은 어느 것입니까? (　　　)

① 토끼는 풀을 먹어 에너지를 얻는다.
② 생물이 아닌 기계는 에너지가 없어도 작동한다.
③ 동물은 움직이고 숨을 쉬는 데에 에너지가 필요하다.
④ 식물은 꽃을 피우고, 열매를 맺기 위해 에너지가 필요하다.
⑤ 에너지는 눈에 보이지 않지만 우리 생활 곳곳에 존재한다.

8 ➕ 9종 공통

에너지를 얻는 방법이 옥수수와 비슷한 것은 어느 것입니까? (　　　)

①
▲ 소

②
▲ 느티나무

③
▲ 자동차

④
▲ 다람쥐

9 서술형 동아, 금성, 김영사, 미래엔, 비상, 천재교과서

집에서 생활하면서 전기나 연료를 사용할 수 없게 되었을 때 발생할 수 있는 어려움을 두 가지 쓰시오.

_____

_____

_____

10 ➕9종 공통

오른쪽 불이 켜진 전등과 관련된 에너지의 형태를 보기 에서 두 가지 골라 기호를 쓰시오.

보기
㉠ 빛에너지   ㉡ 운동 에너지   ㉢ 전기 에너지

(   )

11 ➕9종 공통

각 상황과 가장 관련 있는 에너지 형태를 찾아 선으로 이으시오.

(1)
충전하는 휴대 전화

· ㉠ 위치 에너지

(2)
높은 곳에서
움직이는 낙하산

· ㉡ 전기 에너지

12 ➕9종 공통

다음에서 설명하는 에너지의 형태는 어느 것입니까?
(   )

물체의 온도를 높여 주거나,
음식을 익혀 주는 에너지이다.

① 열에너지   ② 빛에너지
③ 운동 에너지   ④ 화학 에너지
⑤ 위치 에너지

13 ➕9종 공통

다음과 같이 다리미로 옷을 다리는 상황에 이용되는 에너지에 대해 잘못 말한 사람의 이름을 쓰시오.

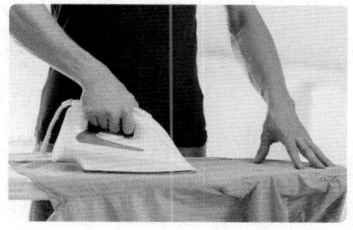

· 영일: 뜨거운 다리미는 열에너지를 가지고 있어.
· 예리: 다리미가 작동하려면 위치 에너지가 필요해.
· 지후: 전기 에너지를 공급받아야 다리미를 사용할 수 있어.

(   )

14 ➕9종 공통

다음 폭포의 ㉠ 위치에 있는 물과 ㉡ 위치에 있는 물 중 위치 에너지가 더 큰 것의 기호를 쓰시오.

(   )

5 단원

2 다른 형태로 바뀌는 에너지, 효율적인 에너지 활용 방법

1 다른 형태로 바뀌는 에너지

(1) 롤러코스터의 각 구간에서 에너지 형태가 바뀌는 과정

2구간
열차가 위에서 아래로 내려올 때:
위치 에너지 → 운동 에너지

1구간
처음 열차를 위로 끌어 올릴 때:
전기 에너지 → 운동 에너지, 위치 에너지

3구간
열차가 아래에서 위로 올라갈 때:
운동 에너지 → 위치 에너지

① 1구간: 열차가 전기 에너지를 이용해 천천히 움직여 위로 높이 올라가게 되는데, 이때 전기 에너지는 운동 에너지와 위치 에너지로 바뀝니다.

② 2구간: 높이 올라가 있던 열차가 내려오게 되는데, 이때 위치 에너지가 운동 에너지로 바뀝니다.

③ 3구간: 열차가 아래에서 위로 올라가므로 운동 에너지가 위치 에너지로 바뀝니다.

(2) 에너지 전환

① 에너지 전환: 한 에너지는 다른 에너지로 형태가 바뀔 수 있는데, 이처럼 에너지 형태가 바뀌는 것을 에너지 전환이라고 합니다.

② 우리는 에너지를 전환하여 생활에서 필요한 여러 가지 형태의 에너지를 얻습니다.

(3) 일상생활 속에서 에너지 형태가 바뀌는 예

폭포에서 물이 떨어질 때는 위치 에너지가 운동 에너지로 바뀝니다.

달리는 사람은 음식을 먹어 얻은 화학 에너지가 운동 에너지로 바뀝니다.

모닥불은 나무에 불을 붙인 것으로, 화학 에너지가 빛에너지와 열에너지로 바뀝니다.

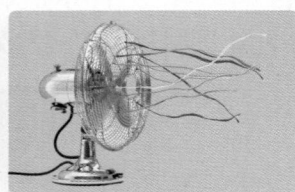

선풍기는 전기 에너지가 운동 에너지로 바뀌어 선풍기 날개가 돌아갑니다.

낙하 놀이 기구는 위로 올라가면서 전기 에너지가 위치 에너지로 바뀌고, 아래로 내려오면서 위치 에너지가 운동 에너지로 바뀝니다.

손전등의 각 부분과 관련된 에너지의 형태

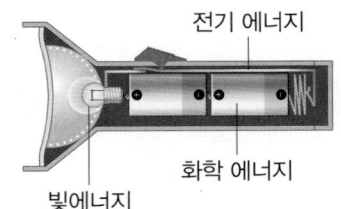

전기 에너지

화학 에너지

빛에너지

손전등을 작동하면 전지의 화학 에너지가 전기 에너지로 바뀝니다. 전기 에너지는 전구에서 빛에너지로 바뀝니다.

반딧불이의 에너지 전환

식물은 광합성을 통해 태양의 빛에너지를 화학 에너지로 전환하고, 작은 동물은 식물을 먹어 화학 에너지를 얻습니다. 반딧불이는 작은 동물을 먹어서 화학 에너지를 얻고, 이를 다시 빛에너지로 전환하여 배 부분에서 빛을 냅니다.

용어 사전

● **구간** 어떤 지점과 다른 지점과의 사이.

● **낙하** 높은 곳에서 낮은 곳으로 떨어짐.

(4) 생활 속 에너지 전환 과정: 우리가 생활 속에서 이용하는 대부분의 에너지는 태양에서 온 에너지 형태가 전환된 것입니다.

풍력 발전기의 전기 에너지

바람의 운동 에너지

태양에서 온 에너지의 전환 과정

전기 자동차의 운동 에너지

사람의 운동 에너지

식물의 화학 에너지

태양 전지의 전기 에너지

가로등의 빛에너지

2 효율적인 에너지 활용 방법

(1) 에너지를 효율적으로 이용해야 하는 까닭: 우리가 이용하는 에너지를 얻으려면 석유나, 석탄과 같은 에너지 자원이 필요한데 자원의 양이 한정되어 있기 때문입니다.

(2) 전기 기구나 건축물에서 에너지를 효율적으로 이용하는 예

① 발광 다이오드(LED)등처럼 에너지 효율이 높은 전기 기구를 사용합니다.

② 건물을 지을 때 단열이 잘되는 이중창과 단열재를 이용하면 에너지를 효율적으로 이용할 수 있습니다.

건물의 벽 안에 스타이로폼 등의 단열재를 넣기도 해.

▲ 발광 다이오드(LED)등 　▲ 이중창 　▲ 단열재

(3) 식물이나 동물이 에너지를 효율적으로 이용하는 예

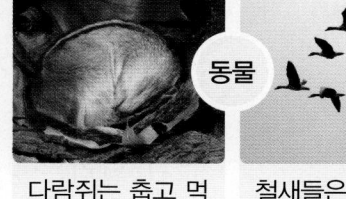

식물

동물

목련의 겨울눈은 바깥쪽이 껍질과 털로 되어 있어서 손실되는 열에너지를 줄입니다.	대부분의 나무는 추운 겨울을 준비하기 위해 가을에 낙엽을 떨어뜨립니다.	다람쥐는 춥고 먹이가 부족한 겨울이 오면 겨울잠을 자면서 에너지 소비를 줄입니다.	철새들은 먼 거리를 날아갈 때 바람을 이용하여 에너지 효율을 높입니다.

➕ **형광등과 발광 다이오드(LED)등의 에너지 효율 비교**

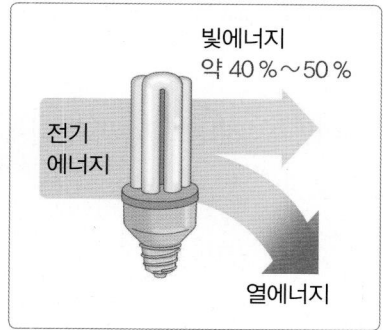

빛에너지 약 40 %~50 %

전기 에너지

열에너지

▲ 형광등

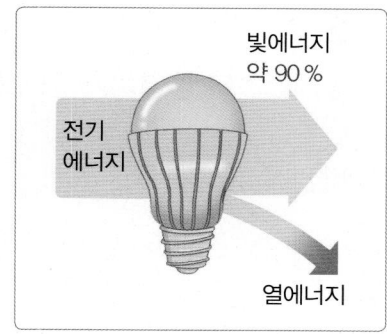

빛에너지 약 90 %

전기 에너지

열에너지

▲ 발광 다이오드(LED)등

• 전구의 종류에 따라 전기 에너지를 빛에너지로 전환하는 정도가 다릅니다.
• 발광 다이오드(LED)등은 형광등에 비해 전기 에너지가 빛에너지로 전환되는 양이 많고 열에너지로 손실되는 양이 적습니다. → 형광등 대신 발광 다이오드(LED)등을 사용하면 에너지를 효율적으로 이용할 수 있습니다.

5 단원

용어사전

● **효율** 들인 힘에 대하여 얻어진 결과의 정도.
● **단열** 두 물질 사이에서 열의 이동을 줄이는 것.
● **겨울눈** 늦여름부터 가을 사이에 생겨 겨울을 넘기고 이듬해 봄에 자라는 싹.

2 다른 형태로 바뀌는 에너지, 효율적인 에너지 활용 방법

기본 개념 문제

1

어떤 형태의 에너지가 다른 형태의 에너지로 바뀌는 것을 ( )(이)라고 합니다.

2

롤러코스터의 열차가 위에서 아래로 내려올 때는 ( ) 에너지가 ( ) 에너지로 바뀝니다.

3

우리가 생활 속에서 이용하는 대부분의 에너지는 ( )에서 온 에너지 형태가 전환된 것입니다.

4

발광 다이오드(LED)등은 형광등에 비해 전기 에너지가 ( )에너지로 전환되는 양이 많고, ( )에너지로 손실되는 양이 적습니다.

5

다람쥐, 곰, 뱀이 겨울에 ( )을/를 자는 것은 환경에 적응하여 에너지를 효율적으로 이용하는 예입니다.

[6-7] 다음은 롤러코스터의 열차가 움직이는 모습을 나타낸 것입니다. 물음에 답하시오.

2구간
열차가 위에서 아래로 내려올 때

1구간
처음 열차를 위로 끌어 올릴 때

3구간
열차가 아래에서 위로 올라갈 때

6 동아, 금성, 김영사, 미래엔, 아이스크림, 천재교과서

위 롤러코스터의 1~3구간 중 열차의 전기 에너지가 위치 에너지와 운동 에너지 형태로 바뀌는 구간을 골라 쓰시오.

( )

7 동아, 금성, 김영사, 미래엔, 아이스크림, 천재교과서

위 롤러코스터에서 움직이는 열차의 에너지 전환에 대한 설명으로 옳지 <u>않은</u> 것을 보기 에서 골라 기호를 쓰시오.

보기 •
㉠ 1~3구간에서 모두 에너지 전환이 일어난다.
㉡ 2구간에서 열차는 운동 에너지가 위치 에너지로 형태가 바뀐다.
㉢ 3구간에서 열차는 아래에서 위로 올라가므로 운동 에너지가 위치 에너지로 형태가 바뀐다.

( )

8 ➕ 9종 공통

전기 에너지가 운동 에너지로 전환되는 예는 어느 것입니까? ( )

① 달리는 강아지
② 돌아가는 선풍기
③ 시소를 타는 아이
④ 어두운 곳을 밝히는 가로등
⑤ 미끄럼틀을 타고 내려오는 아이

9 + 9종 공통

오른쪽과 같이 나무를 이용하여 모닥불을 피울 때 일어나는 에너지 전환 과정으로 옳은 것을 두 가지 고르시오. ( )

① 빛에너지 → 운동 에너지
② 열에너지 → 위치 에너지
③ 화학 에너지 → 열에너지
④ 화학 에너지 → 빛에너지
⑤ 화학 에너지 → 전기 에너지

10 + 9종 공통

전기 기구들이 작동할 때 전기 에너지가 주로 열에너지로 전환되는 예는 어느 것입니까? ( )

① ▲ 다리미
② ▲ 믹서기
③ ▲ 세탁기
④ ▲ 선풍기

11 + 9종 공통

태양에서 온 에너지의 전환 과정 중 하나를 나타낸 것입니다. 빈칸에 들어갈 알맞은 말을 쓰시오.

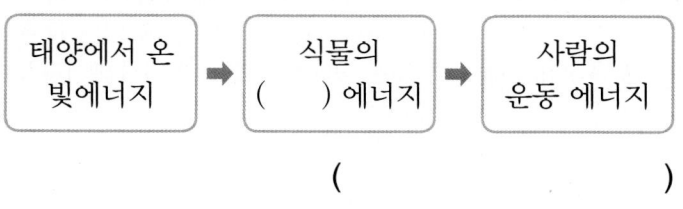

태양에서 온 빛에너지 → 식물의 ( ) 에너지 → 사람의 운동 에너지

( )

12 + 9종 공통

다음 ( ) 안에 공통으로 들어갈 알맞은 말은 무엇인지 쓰시오.

> 우리가 이용하는 에너지를 얻으려면 석유나 석탄과 같은 에너지 ( )이/가 필요한데 ( )의 양이 한정되어 있기 때문에 에너지를 효율적으로 이용해야 한다.

( )

13 + 9종 공통

에너지를 효율적으로 이용하는 방법에 대해 <u>잘못</u> 말한 사람의 이름을 쓰시오.

> • 민지: 집의 창문을 이중창으로 설치하면 열에너지 손실을 줄일 수 있어.
> • 성현: 형광등처럼 에너지 효율 등급이 낮은 제품을 사용하면 에너지를 효율적으로 이용할 수 있어.
> • 서율: 건물의 벽에 단열재를 사용하면 겨울에는 따뜻하고, 여름에는 시원한 실내를 만들 수 있어.

( )

14 서술형 + 9종 공통

식물이나 동물이 에너지를 효율적으로 이용하는 예를 한 가지 쓰시오.

_____

_____

_____

5 단원

5 에너지와 생활

1. 에너지의 필요성

(1) 에너지가 필요한 까닭

① 식물과 동물이 살아가는 데 에너지가 필요하기 때문입니다.

② 우리가 생활에서 유용하게 사용하는 기계를 작동할 때 에너지가 필요하기 때문입니다.

(2) 에너지를 얻는 방법

식물	햇빛을 받아 ❶ [＿＿＿＿＿]을 하여 만든 양분에서 에너지를 얻음.
동물	다른 생물을 먹어 에너지를 얻음.
기계	석유, 석탄이나 전기 등에서 에너지를 얻음.

2. 에너지의 형태

★ 에너지를 얻는 방법

▲ 광합성으로 에너지를 얻는 옥수수

▲ 물고기를 먹어 에너지를 얻는 수달

▲ 석유에서 에너지를 얻는 자동차

열에너지

• 열이 가진 에너지
• 주변을 따뜻하게 하거나 음식을 익힐 때 필요함.

전기 에너지

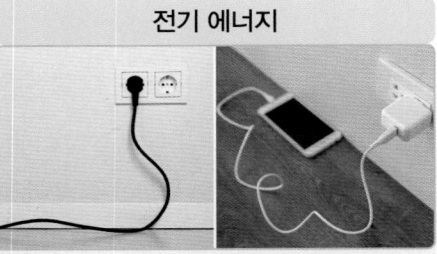

• 전기에 의한 에너지
• 전기 기구나 전기 자동차를 움직이는 데 필요함.

빛에너지

• 빛이 가진 에너지
• 어두운 곳을 밝히고 식물이 광합성을 하는 데 필요함.

❷ [＿＿＿＿＿] 에너지

• 움직이는 물체가 가진 에너지
• 달리는 자동차나 날아오는 공 등은 운동 에너지를 가지고 있음.

화학 에너지

• 연료나 음식물, 생물체에 저장되어 있는 에너지
• 생물이 살아가고 기계를 움직이는 데 필요함.

❸ [＿＿＿＿＿] 에너지

• 높은 곳에 있는 물체가 가진 에너지
• 댐이나 폭포의 높은 곳에 있는 물은 낮은 곳에 있는 물보다 위치 에너지가 더 큼.

3. 다른 형태로 바뀌는 에너지

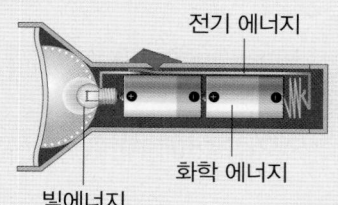

전지의 화학 에너지 → 전기 에너지 → 빛에너지

(1) 에너지 전환

① 한 에너지는 다른 에너지로 형태가 바뀔 수 있는데, 이처럼 에너지 형태가 바뀌는 것을 [❹   ]이라고 합니다.

② 우리는 에너지를 전환하여 생활에서 필요한 여러 가지 형태의 에너지를 얻습니다.

(2) 에너지 형태가 바뀌는 예

① 롤러코스터의 각 구간에서 에너지 전환

1구간	전기 에너지 → 운동 에너지, 위치 에너지
2구간	위치 에너지 → 운동 에너지
3구간	운동 에너지 → 위치 에너지

② 일상생활 속 에너지 전환

폭포	모닥불	선풍기
	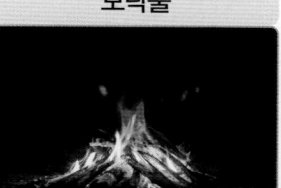	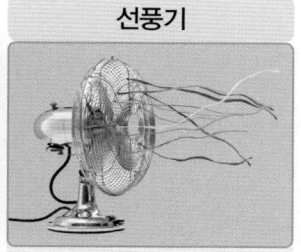
위치 에너지 → 운동 에너지	화학 에너지 → 빛에너지, 열에너지	전기 에너지 → 운동 에너지

4. 효율적인 에너지 활용 방법

(1) 에너지를 효율적으로 이용해야 하는 까닭: 우리가 이용하는 에너지를 얻으려면 석유나 석탄과 같은 에너지 자원이 필요한데 자원의 양이 한정되어 있기 때문입니다.

(2) 에너지를 효율적으로 이용하는 예

전기 기구나 건축물	• 발광 다이오드(LED)등처럼 에너지 효율이 높은 전기 기구를 사용합니다. • 건물을 지을 때 단열이 잘되는 이중창과 단열재를 이용합니다.
식물	• 목련의 [❺]은 바깥쪽이 껍질과 털로 되어 있어서 손실되는 열에너지를 줄입니다. • 대부분의 나무는 추운 겨울을 준비하기 위해 가을에 낙엽을 떨어뜨립니다.
동물	• 다람쥐는 춥고 먹이가 부족한 겨울이 오면 [❻]을 자면서 에너지 소비를 줄입니다. • 철새들은 먼 거리를 날아갈 때 바람을 이용하여 에너지 효율을 높입니다.

▲ 단열이 잘되는 이중창

▲ 식물의 겨울눈

▲ 겨울잠을 자는 다람쥐

5 단원

5. 에너지와 생활

1 ⊕ 9종 공통

다음은 무엇에 대한 설명인지 쓰시오.

> • 물체가 일을 할 수 있는 능력을 말한다.
> • 식물과 동물이 살아가는 데 필요하다.
> • 자동차, 휴대 전화 등과 같은 기계를 작동하는 데 필요하다.

(   )

2 ⊕ 9종 공통

에너지를 얻는 방법이 비슷한 것끼리 옳게 짝 지은 것은 어느 것입니까? (   )

① 개 – 장미   ② 소 – 냉장고
③ 국화 – 옥수수   ④ 사람 – 민들레
⑤ 자동차 – 해바라기

3 서술형 ⊕ 9종 공통

다음과 같은 식물이 에너지를 얻는 방법은 무엇인지 쓰시오.

_____

_____

4 ⊕ 9종 공통

교실에서 찾을 수 있는 에너지의 형태를 찾아 선으로 이으시오.

(1) 높은 곳에 매달려 있는 행성 모형   •   • ㉠ 열에너지

(2) 보온 물통 안의 따뜻한 물   •   • ㉡ 운동 에너지

(3) 걸어가는 아이   •   • ㉢ 위치 에너지

5 ⊕ 9종 공통

다음 중 에너지의 형태가 나머지 셋과 다른 하나는 어느 것입니까? (   )

①
▲ 전등

②
▲ 가로등

③
▲ 촛불

④
▲ 굴러가는 공

6 ⊕ 9종 공통

다음은 에너지 형태를 설명한 것입니다. ( ) 안에 들어갈 알맞은 말을 각각 쓰시오.

> 주위를 밝게 비추는 에너지는 (㉠)에너지이고, 움직이는 물체가 가지고 있는 에너지는 (㉡) 에너지이다.

㉠ (   ), ㉡ (   )

7 ⊕ 9종 공통

높은 곳에 있을수록 커지는 에너지는 어느 것입니까?
(   )

① 열에너지   ② 빛에너지
③ 운동 에너지   ④ 화학 에너지
⑤ 위치 에너지

8 서술형 ⊕ 9종 공통

에너지 전환이란 무엇인지 쓰시오.

_____

_____

9 ⊕ 9종 공통

다음과 같이 손전등을 작동할 때 에너지의 형태가 어떻게 바뀌는지 ( ) 안에 들어갈 알맞은 말을 옳게 짝 지은 것은 어느 것입니까? (   )

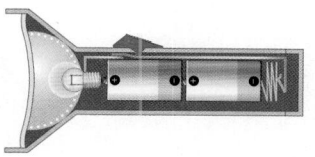

> 손전등을 작동하면 전지의 (㉠) 에너지가 (㉡) 에너지로 바뀐다. (㉡) 에너지는 전구에서 (㉢)에너지로 바뀐다.

	㉠	㉡	㉢
①	빛	전기	화학
②	화학	전기	빛
③	빛	화학	전기
④	화학	빛	전기
⑤	전기	화학	빛

10 ⊕ 9종 공통

다음은 선풍기에서 주로 나타나는 에너지 전환 과정입니다. ( ) 안에 들어갈 에너지 형태로 옳은 것은 어느 것입니까? (   )

> 전기 에너지 → (   )

① 빛에너지   ② 화학 에너지
③ 태양 에너지   ④ 위치 에너지
⑤ 운동 에너지

5 단원

11 서술형 　동아, 금성, 김영사, 미래엔, 아이스크림, 천재교과서

다음 롤러코스터의 2구간에서 열차의 에너지 전환 과정을 보기 와 같이 설명하시오.

보기

1구간에서 처음 열차가 출발할 때 전기 에너지를 이용해 위로 올라가게 되는데, 이때 전기 에너지는 운동 에너지와 위치 에너지로 바뀝니다.

---

12 ➕ 9종 공통

다음은 우리가 이용하는 에너지가 어디에서 온 것인지에 대한 설명입니다. (　) 안에 들어갈 알맞은 말은 어느 것입니까? (　　　)

자연 현상이나 일상생활에서 이용하는 대부분의 에너지는 (　　　)에서 온 에너지 형태가 전환된 것이다.

① 물　　　　　　② 달
③ 땅　　　　　　④ 바다
⑤ 태양

---

13 ➕ 9종 공통

에너지를 효율적으로 이용해야 하는 까닭으로 옳은 것을 보기 에서 골라 기호를 쓰시오.

보기

㉠ 석유, 석탄과 같은 에너지 자원의 양이 한정되어 있기 때문이다.
㉡ 에너지를 효율적으로 이용하면 낭비되는 에너지가 더 많아지기 때문이다.
㉢ 에너지를 효율적으로 이용하면 에너지를 생산할 필요가 없어지기 때문이다.

(　　　　　　　　)

---

14 ➕ 9종 공통

다음은 같은 시간 동안 사용한 ㉠~㉢ 전등의 에너지 양을 비교한 것입니다. 세 전등 빛의 밝기가 같을 때 에너지 효율이 가장 높은 전등을 골라 기호를 쓰시오.

구분	비교 결과
이용한 전기 에너지의 양	㉠ 전등 > ㉡ 전등 > ㉢ 전등

(　　　　　　　　)

---

15 ➕ 9종 공통

우리 주변에서 에너지를 효율적으로 이용하는 예로 옳은 것을 모두 골라 기호를 쓰시오.

㉠ 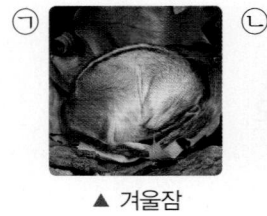　　㉡ 　　㉢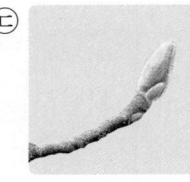
▲ 겨울잠　　　▲ 형광등　　　▲ 겨울눈

(　　　　　　　　)

[1-3] 다음은 에너지를 얻는 방법에 따라 생물을 분류한 것입니다. 물음에 답하시오.

(가)

▲ 토끼

(나)

▲ 당근

▲ 사자

▲ 감자

▲ 봉선화 ▲ 민들레

1 ➕ 9종 공통

위 (가)와 (나) 중 잘못된 무리로 분류한 생물을 찾아 이름을 쓰시오.

( )

2 ➕ 9종 공통

위 (나) 무리의 생물이 에너지를 얻는 방법으로 옳은 것을 보기 에서 골라 기호를 쓰시오.

보기
㉠ 다른 생물을 먹어 에너지를 얻는다.
㉡ 움직이지 않는 생물이기 때문에 에너지를 얻지 않아도 된다.
㉢ 빛을 이용하여 이산화 탄소와 물로 양분을 만들어 에너지를 얻는다.

( )

3 ➕ 9종 공통

위 **2**번 답과 같은 작용을 무엇이라고 하는지 쓰시오.

( )

[4-5] 다음은 여러 가지 형태의 에너지를 가진 물체를 나타낸 것입니다. 물음에 답하시오.

(가)

▲ 끓고 있는 물

(나)

▲ 석탄

(다)

▲ 높은 댐에 저장된 물

(라)

▲ 바람으로 돌아가는 바람개비

4 ➕ 9종 공통

위 (가)~(라) 중 각 에너지 형태와 가장 관련 있는 것을 골라 기호를 쓰시오.

(1) 위치 에너지 ( )
(2) 운동 에너지 ( )
(3) 화학 에너지 ( )
(4) 열에너지 ( )

5 서술형 ➕ 9종 공통

우리 주변에서 위 (다)와 같은 형태의 에너지를 가지고 있는 물체를 찾아 두 가지 쓰시오.

5 단원

6 ➕ 9종 공통

다양한 에너지의 형태에 대해 <u>잘못</u> 설명한 사람의 이름을 쓰시오.

- 민석: 운동 에너지는 움직이는 물체가 가진 에너지를 말해.
- 연진: 화학 에너지는 연료나 음식물, 생물체에 저장된 에너지야.
- 재중: 높은 곳에 있는 물체보다 낮은 곳에 있는 물체의 위치 에너지가 더 커.

(   )

7 ➕ 9종 공통

굴러가는 축구공이 가진 에너지와 같은 형태의 에너지를 가지고 있는 것은 어느 것입니까? (   )

① 컵에 들어 있는 물
② 주차장에 멈춰 있는 자동차
③ 책상 위에 올려져 있는 연필
④ 하늘 위를 날고 있는 독수리
⑤ 교실 벽에 붙어 있는 게시판

8 서술형 ➕ 9종 공통

우리가 집에서 열에너지를 이용하는 경우를 두 가지 쓰시오.

_____

_____

9 ➕ 9종 공통

다음 전기 기구는 전기 에너지를 주로 어떤 에너지로 전환하는지 보기 에서 골라 각각 기호를 쓰시오.

보기
ㄱ 빛에너지   ㄴ 위치 에너지
ㄷ 열에너지   ㄹ 운동 에너지

(1)
▲ 전기 주전자

(2)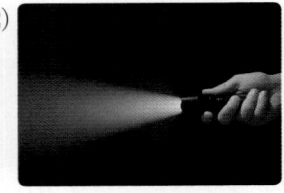
▲ 손전등

(   )   (   )

10 ➕ 9종 공통

각 상황에서 일어나는 에너지 전환 과정을 찾아 선으로 이으시오.

(1) 불이 켜진 전등 • • ㄱ 전기 에너지 → 빛에너지

(2) 미끄럼틀을 타고 내려오는 아이 • • ㄴ 화학 에너지 → 열에너지, 빛에너지

(3) 타고 있는 모닥불 • • ㄷ 위치 에너지 → 운동 에너지

(4) 뜨거운 전기다리미 • • ㄹ 전기 에너지 → 열에너지

11 ✚ 9종 공통

다음은 태양으로부터 공급된 에너지가 전환되는 예를 나타난 것입니다. ( ) 안에 들어갈 알맞은 말을 각각 쓰시오.

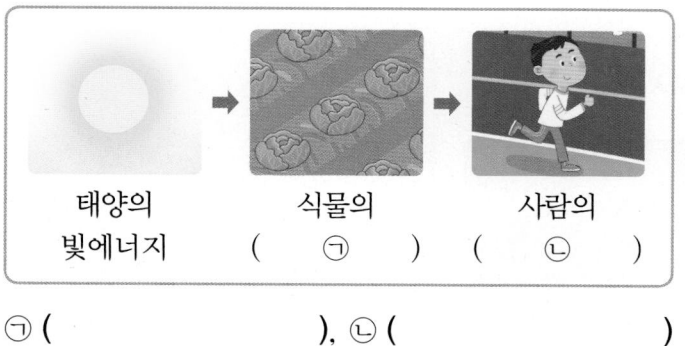

| 태양의 빛에너지 | → | 식물의 (㉠) | → | 사람의 (㉡) |

㉠ (   ), ㉡ (   )

12 ✚ 9종 공통

다음 건축물이나 전기 기구 중 에너지를 효율적으로 활용하는 예로 옳지 <u>않은</u> 것은 어느 것입니까?

(   )

①
▲ 이중창

②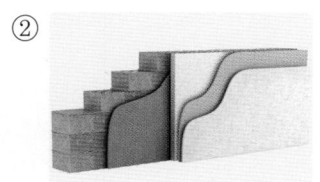
▲ 단열재

③
▲ 형광등

④
▲ 발광 다이오드등

13 ✚ 9종 공통

식물이나 동물이 에너지를 효율적으로 이용하는 예를 <u>잘못</u> 설명한 것에 ×표 하시오.

⑴ 겨울을 준비하기 위해 나무는 가을에 낙엽을 떨어뜨린다. (   )

⑵ 철새들이 먼 거리를 날아갈 때 바람을 이용해 V자 대형을 유지한다. (   )

⑶ 식물의 겨울눈은 바깥쪽이 얇은 껍질로 되어 있어서 손실되는 열에너지가 많다. (   )

14 서술형 ✚ 9종 공통

에너지를 효율적으로 이용해야 하는 까닭을 쓰시오.

_____

_____

15 ✚ 9종 공통

에너지를 효율적으로 이용하는 전등으로 옳은 것을 보기 에서 두 가지 골라 기호를 쓰시오.

보기
㉠ 전기 에너지를 대부분 열에너지로 전환하는 전등
㉡ 전기 에너지를 대부분 빛에너지로 전환하는 전등
㉢ 같은 밝기의 빛을 내는 데 가장 적은 전기 에너지를 이용하는 전등

(   )

5 단원

평가 주제	에너지를 얻는 방법
평가 목표	식물, 동물, 기계가 에너지를 얻는 방법을 설명할 수 있다.

[1-3] 다음 식물, 동물, 자동차의 사진을 보고 물음에 답하시오.

(가)   (나)   (다)

▲ 식물   ▲ 동물   ▲ 자동차

1 위 (가)와 같은 식물이 에너지를 얻는 방법은 무엇인지 쓰시오.

_____

_____

도움 식물이 잘 자라려면 햇빛과 물이 필요합니다.

2 위 (나)와 같은 동물이 에너지를 얻는 방법은 무엇인지 쓰시오.

_____

_____

도움 동물은 스스로 양분을 만들 수 없습니다.

3 위 (다)와 같은 기계가 에너지를 얻는 방법은 무엇인지 쓰시오.

_____

_____

도움 기계가 작동하려면 에너지가 필요합니다.

5. 에너지와 생활

● 정답과 풀이 20쪽

평가 주제	에너지를 효율적으로 이용하는 방법
평가 목표	에너지를 효율적으로 이용하는 예를 설명할 수 있다.

[1-3] 다음은 전구의 종류에 따라 전기 에너지를 빛에너지로 전환하는 정도를 나타낸 것입니다. 물음에 답하시오.

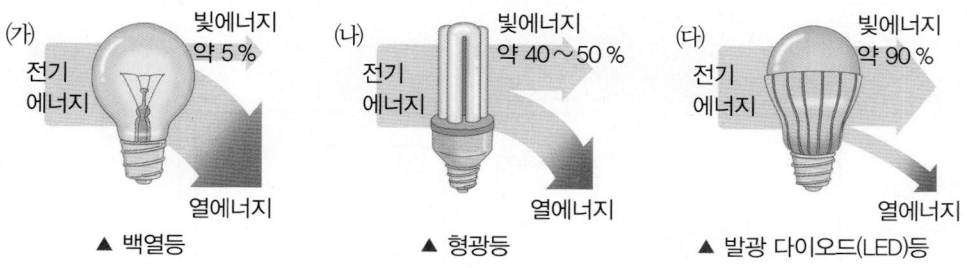

(가) 전기 에너지 → 빛에너지 약 5 % / 열에너지 ▲ 백열등

(나) 전기 에너지 → 빛에너지 약 40~50 % / 열에너지 ▲ 형광등

(다) 전기 에너지 → 빛에너지 약 90 % / 열에너지 ▲ 발광 다이오드(LED)등

1 위 (가)~(다) 중 에너지 효율이 가장 높은 전구는 어느 것인지 기호를 쓰고, 그렇게 생각한 까닭을 쓰시오.

(1) 에너지 효율이 가장 높은 전구: (　　　　　　　　　)

(2) 그렇게 생각한 까닭

_____

_____

> **도움** 에너지가 전환될 때 손실되는 에너지를 줄이면 에너지를 효율적으로 이용할 수 있습니다.

2 위 1번 답과 같이 에너지를 효율적으로 이용하는 식물의 예를 한 가지 쓰시오.

_____

_____

> **도움** 식물은 빛을 이용하여 에너지를 얻기 때문에 겨울에는 광합성 효율이 떨어집니다.

3 위 1번 답과 같이 에너지를 효율적으로 이용하는 동물의 예를 한 가지 쓰시오.

_____

_____

> **도움** 겨울에는 춥고 동물들의 먹이가 부족해집니다.

5 단원

숨은 그림을 찾아보세요.

● 정답 20쪽

동아출판 초등 무료 스마트러닝

동아출판 초등 **무료 스마트러닝**으로
초등 전 과목 · 전 영역을 쉽고 재미있게!

백점수학 5-1 동영상 학습
개념 강의, 문제풀이 전략 강의

과목별 · 영역별 특화 강의

전 과목 개념 강의

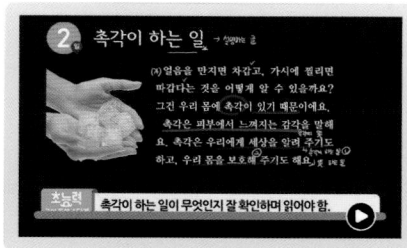
국어 독해 지문 분석 강의

구구단 송

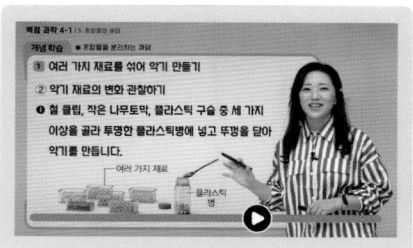
그림으로 이해하는 비주얼씽킹 강의

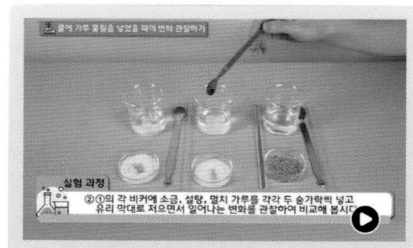
과학 실험 동영상 강의

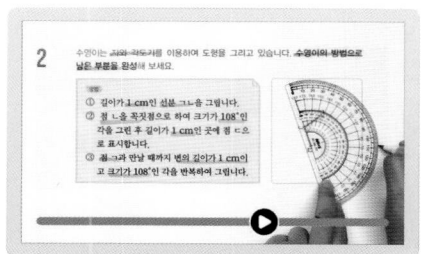
과목별 문제 풀이 강의

서비스 제공 교재 백점 시리즈 | 큐브 | 빠작 초등 국어 | 초능력 | 초고필 | 하이탑 초등 과학

강의가 더해진, **교과서 맞춤 학습**

백점

과학 6·2

평가북

- 묻고 답하기
- 단원 평가
- 수행 평가

동아출판

평가북 구성과 특징

1 **단원별 개념 정리**가 있습니다.
- **묻고 답하기**: 단원의 핵심 내용을 묻고 답하기로 빠르게 정리할 수 있습니다.

2 **단원별 다양한 평가**가 있습니다.
- **단원 평가, 수행 평가**: 다양한 유형의 문제를 풀어봄으로써 수시로 실시되는 학교 시험을 완벽하게 대비할 수 있습니다.

백점

BOOK 2 평가북

과학 6·2

✏️ 빈칸에 알맞은 답을 쓰세요.

1 철, 구리, 유리, 알루미늄 중 전기가 잘 흐르지 않는 물질은 어느 것입니까?

2 전기 회로에 전기 에너지를 공급하고, 볼록 튀어나온 부분이 (+)극, 반대쪽이 (−)극인 전기 부품은 무엇입니까?

3 발광 다이오드에 불이 켜지게 하려면 발광 다이오드의 긴 다리를 전지의 어느 극에 연결해야 합니까?

4 전기 회로에서 전지 한 개를 연결했을 때와 전지 두 개를 연결했을 때, 전구의 밝기가 더 밝은 경우는 언제입니까?

5 전기 회로에서 전구 두 개 이상을 한 줄로 연결하는 방법을 무엇이라고 합니까?

6 전구의 직렬연결과 전구의 병렬연결 중 에너지 소비가 더 큰 전구의 연결 방법은 어느 것입니까?

7 여러 개의 전구가 직렬로 연결되어 있을 때 전구 한 개의 불이 꺼지면 나머지 전구의 불은 어떻게 됩니까?

8 전기 회로에 센 전기가 흐르면 순식간에 녹아 전기 회로를 끊어지게 해 사고를 예방하는 전기 안전 장치는 무엇입니까?

9 영구 자석과 전자석 중 극을 바꿀 수 있는 것은 어느 것입니까?

10 막대자석과 전자석 중 전기가 흐를 때만 자석의 성질이 나타나는 것은 어느 것입니까?

✏️ 빈칸에 알맞은 답을 쓰세요.

1 전구의 구조에서 꼭지, 꼭지쇠, 필라멘트 중 전구에 전기를 공급했을 때 빛이 나는 부분은 어느 것입니까?

2 열거나 닫아서 전기가 흐르는 길을 연결하거나 끊는 전기 부품은 무엇입니까?

3 전구를 전선에 연결할 수 있도록 전구를 끼워서 사용하는 전기 부품은 무엇입니까?

4 여러 가지 전기 부품을 연결하여 전기가 흐르도록 한 것을 무엇이라고 합니까?

5 전기 회로에서 전구 두 개 이상을 여러 개의 줄에 나누어 한 개씩 연결하는 방법을 무엇이라고 합니까?

6 전구의 직렬연결과 전구의 병렬연결 중 전구의 밝기가 더 밝은 전구의 연결 방법은 어느 것입니까?

7 플러그를 안전하게 뽑으려면 플러그의 어느 부분을 잡고 뽑아야 합니까?

8 신체의 일부에 전기가 통해 순간적으로 충격을 받는 것을 무엇이라고 합니까?

9 전기가 흐르는 전선 주위에 자석의 성질이 나타나는 것을 이용해 만든 자석을 무엇이라고 합니까?

10 전자석에서 일렬로 연결한 전지의 개수가 많을수록 전자석의 세기는 어떻게 됩니까?

1 ⊕ 9종 공통

㉠~㉢ 중 전구에 불이 켜지지 않는 것의 기호를 쓰시오.

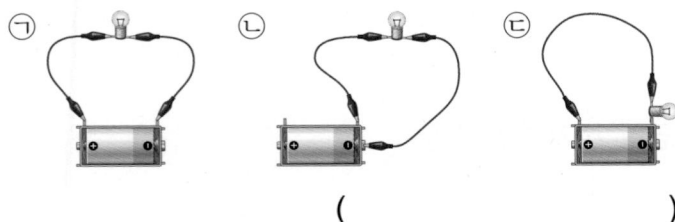

(   )

2 서술형 ⊕ 9종 공통

위 **1번** 답의 전구에 불이 켜지게 하려면 어떻게 해야 하는지 쓰시오.

_____

_____

3 동아, 금성, 비상, 아이스크림, 지학사, 천재교과서, 천재교육

다음에서 설명하는 전기 부품의 이름을 쓰시오.

전지를 전선에 쉽게 연결할 수 있도록 전지를 넣어 사용하는 전기 부품이다.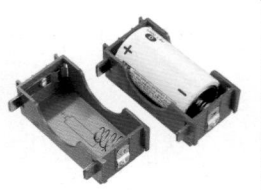

(   )

4 ⊕ 9종 공통

다음과 같이 전지, 전선, 전구를 연결했을 때에 대한 설명으로 옳은 것은 어느 것입니까? (   )

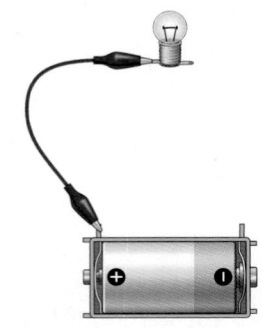

① 전기가 흐르고 있다.
② 전구에 불이 켜진다.
③ 전구가 전지의 (−)극에만 연결되어 있다.
④ 전구가 전지의 (+)극에만 연결되어 있다.
⑤ 전구가 전지의 (+)극과 (−)극에 각각 연결되어 있다.

5 금성, 미래엔, 아이스크림, 지학사, 천재교육

다음 물체 중 전기가 잘 흐르는 물질로 만든 것은 어느 것입니까? (   )

① 책   ② 철 못
③ 유리병   ④ 고무풍선

6 서술형 금성, 천재교과서

두 전기 회로의 스위치를 닫았을 때 전구의 밝기를 비교하여 쓰시오.

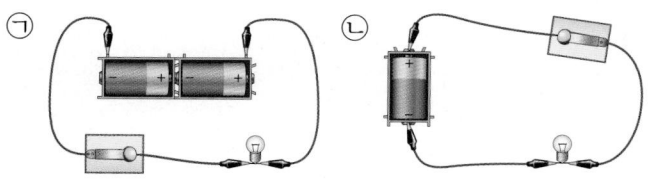

_____

_____

[7-8] 오른쪽 전기 회로를 보고, 물음에 답하시오.

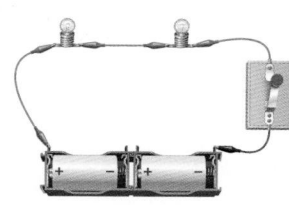

7 ➕ 9종 공통

위 전기 회로에서 전구의 연결 방법은 무엇인지 쓰시오.

전구의 (   )

8 동아, 금성, 미래엔, 비상, 지학사, 천재교과서

위 전기 회로에 대한 설명으로 옳은 것을 보기 에서 찾아 기호를 쓰시오.

보기
○ 전구 두 개가 여러 개의 줄에 나누어 한 개씩 연결되어 있다.
○ 두 개의 전구 중 한 개를 빼내고 스위치를 닫으면 나머지 전구에 불이 켜지지 않는다.
○ 두 개의 전구 중 한 개를 빼내고 스위치를 닫으면 나머지 전구의 밝기가 더 밝아진다.

(   )

9 ➕ 9종 공통

다음 전기 회로 중 스위치를 닫았을 때 전구의 밝기가 비슷한 것끼리 분류하여 기호를 쓰시오.

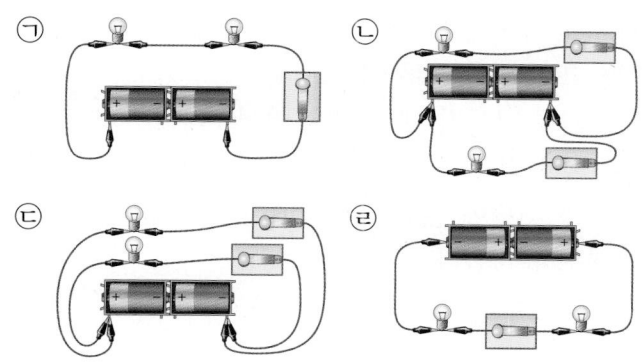

(1) 전구의 밝기가 더 밝은 것:

(   )

(2) 전구의 밝기가 더 어두운 것:

(   )

10 ➕ 9종 공통

오른쪽과 같은 장식용 나무의 전구를 병렬로만 연결했을 때의 문제점을 옳게 말한 사람의 이름을 쓰시오.

• 태양: 전구를 병렬로만 연결하면 전선이 많이 소비돼.
• 은별: 전기 에너지를 적게 소모해서 에너지를 절약할 수 있어.
• 우주: 전구 하나가 고장이 났을 때 전체 전구의 불이 꺼지게 돼.

(   )

11 + 9종 공통

전기를 절약하는 방법으로 옳은 것은 어느 것입니까? ( )

① 외출할 때 전등을 켜둔다.
② 냉장고의 문을 자주 여닫는다.
③ 냉방기를 작동할 때 창문을 열어둔다.
④ 세탁물을 적당한 양만큼 모아서 한꺼번에 세탁한다.
⑤ 밥은 한꺼번에 많은 양을 하고, 전기밥솥을 보온 상태로 유지한다.

12 서술형 + 9종 공통

다음 전기를 안전하게 사용하지 않는 모습을 보고, 각 상황에서 전기를 안전하게 사용하는 방법은 각각 무엇인지 쓰시오.

(1)  _____

(2)  _____

13 동아, 금성, 미래엔, 비상, 아이스크림, 지학사, 천재교육

다음 전기 안전 장치의 특징에 알맞게 선으로 이으시오.

(1) 퓨즈 •

(2) 콘센트 안전 덮개 •

(3) 과전류 차단 장치 •

• ㉠ 콘센트에 먼지가 쌓이지 않도록 함.

• ㉡ 전기 회로에 센 전기가 흐르면 순식간에 녹아 전기 회로가 끊어짐.

• ㉢ 센 전기가 흐르면 자동으로 스위치를 열어 전기가 흐르는 것을 막음.

[14-15] 다음은 전자석의 양 끝에 나침반을 놓고 스위치를 닫았을 때 나침반 바늘이 움직인 모습입니다. 물음에 답하시오.

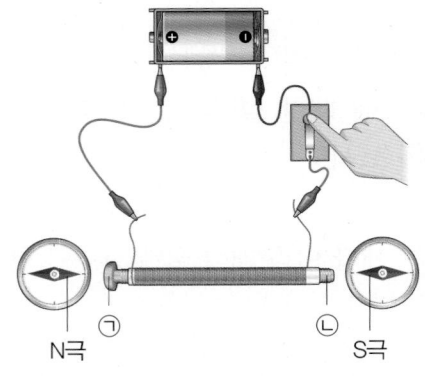

㉠ N극   ㉡ S극

14 + 9종 공통

위 전자석의 ㉠과 ㉡ 중 S극을 골라 기호를 쓰시오.

( )

15 ➕ 9종 공통

앞의 전자석에서 전지의 극을 반대로 하고 스위치를 닫았을 때의 결과로 옳은 것은 어느 것입니까?

(   )

① 전자석의 세기가 달라진다.
② ㉠은 N극, ㉡은 S극이 된다.
③ ㉠은 S극, ㉡은 N극이 된다.
④ 전기 회로에 전기가 흐르지 않는다.
⑤ 나침반 바늘이 가리키는 방향은 바뀌지 않는다.

16 ➕ 9종 공통

다음은 막대자석과 전자석의 성질을 정리한 표입니다. ㉠~㉡ 중 옳지 않은 것을 골라 기호를 쓰시오.

구분	막대자석	전자석
자석의 성질	㉠ 항상 자석의 성질을 가짐.	㉡ 전기가 흐를 때만 자석의 성질이 나타남.
자석의 세기	㉢ 자석의 세기가 일정함.	㉣ 전지의 방향을 다르게 하여 전자석의 세기를 조절할 수 있음.
자석의 극	㉤ 자석의 극이 정해져 있음.	㉥ 전지의 극을 바꾸어 연결하면 전자석의 극을 바꿀 수 있음.

(   )

17 서술형 ➕ 9종 공통

위 **16**번 답의 잘못된 내용을 옳게 고쳐 쓰시오.

_____

_____

18 ➕ 9종 공통

우리 생활에서 전자석을 이용하는 예로 옳은 것은 어느 것입니까? (   )

① 망치   ② 나침반
③ 자석 다트   ④ 자석 드라이버
⑤ 자기 부상 열차

19 ➕ 9종 공통

다음은 영구 자석과 전자석의 공통점을 정리한 것입니다. 빈칸에 들어갈 알맞은 말을 쓰시오.

• (   )(으)로 된 물체를 끌어당긴다.
• N극과 S극이 있고, 극 부분이 자석의 세기가 크다.

(   )

20 ➕ 9종 공통

다음은 두 전자석에 철이 든 빵 끈을 가까이 가져갔을 때의 결과입니다. ㉠과 ㉡ 중 전자석의 세기가 더 큰 것의 기호를 쓰시오.

전자석	전자석에 붙은 빵 끈의 개수
㉠	10개
㉡	23개

(   )

1 동아, 금성, 비상, 아이스크림, 지학사, 천재교과서, 천재교육

다음 전기 부품의 이름을 각각 쓰시오.

(1)    (2)

(   ) (   )

2 동아, 금성, 비상, 아이스크림, 지학사, 천재교과서, 천재교육

다음에서 설명하는 전기 부품은 어느 것입니까?
(   )

전기 부품을 서로 연결하여 전기가 흐르는 통로 역할을 한다.

① 전지
② 스위치
③ 전지 끼우개
④ 발광 다이오드
⑤ 집게 달린 전선

3 서술형 ⊕ 9종 공통

다음과 같이 전기 회로를 꾸몄을 때, 전구에 불이 켜지게 하려면 어떻게 해야 하는지 쓰시오.

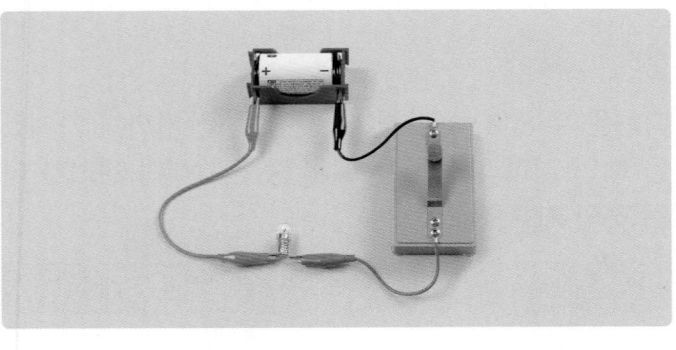

4 ⊕ 9종 공통

오른쪽과 같이 전지, 전선, 전구를 연결한 모습에 대해 잘못 말한 사람의 이름을 쓰시오.

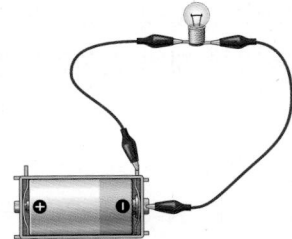

- 진주: 전구에 불이 켜지지 않아.
- 희철: 전구가 전지의 (+)극과 (−)극에 각각 연결되어 있어.
- 도영: 전구의 꼭지와 꼭지쇠가 모두 전지의 (−)극에 연결되어 있어.

(   )

5 ⊕ 9종 공통

전구에 불이 켜지는 조건을 잘못 설명한 것을 보기에서 골라 기호를 쓰시오.

보기
㉠ 전지, 전구, 전선이 끊긴 곳이 없게 연결해야 한다.
㉡ 전구를 전지의 (+)극과 (−)극에 각각 연결해야 한다.
㉢ 전기 부품에서 전기가 잘 통하지 않는 부분끼리 연결해야 한다.

(   )

6 금성, 천재교과서

다음과 같이 전지, 전구, 전선을 연결했더니 전구에 불이 켜지지 않았습니다. 그 까닭으로 옳은 것은 어느 것입니까? (   )

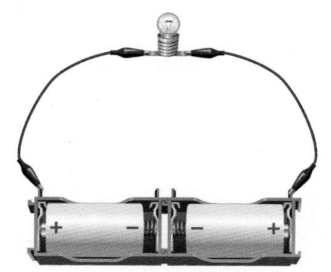

① 스위치를 연결하지 않았기 때문이다.
② 전지 두 개를 일렬로 연결했기 때문이다.
③ 전지 두 개를 다른 극끼리 연결했기 때문이다.
④ 전지 두 개를 같은 극끼리 연결했기 때문이다.
⑤ 전지 두 개를 다른 줄에 나누어 한 개씩 연결했기 때문이다.

7 금성, 천재교과서

전기 회로에서 전지의 수에 따른 전구의 밝기를 비교하는 실험을 할 때 다르게 해야 할 조건으로 옳은 것을 보기 에서 골라 기호를 쓰시오.

┌─ 보기 ●──────────────────────┐
│ ㉠ 전지의 수   ㉡ 전구의 수   │
│ ㉢ 전지의 종류   ㉣ 전구의 종류   │
│ ㉤ 전선의 종류   ㉥ 전선의 길이   │
└──────────────────────────────┘

(   )

[8-10] 다음 전기 회로를 보고, 물음에 답하시오.

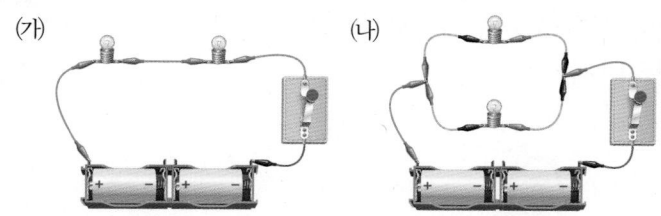

8 ➕ 9종 공통

다음 (   ) 안에 들어갈 알맞은 말을 각각 쓰시오.

┌──────────────────────────────┐
│ ⑺와 같이 전구 두 개를 한 줄로 연결하는 방법을 │
│ 전구의 (㉠   )연결이라고 하고, ⑷와 같이 전 │
│ 구 두 개를 두 줄로 나누어 연결하는 방법을 전구의 │
│ (㉡   )연결이라고 한다.   │
└──────────────────────────────┘

㉠ (   ), ㉡ (   )

9 ➕ 9종 공통

위 ⑺와 ⑷ 중 스위치를 닫았을 때 전구의 밝기가 더 밝은 것은 어느 것인지 기호를 쓰시오.

(   )

10 서술형 동아, 금성, 미래엔, 비상, 지학사, 천재교과서

위 ⑺와 ⑷에서 각각 전구 끼우개에 연결된 전구 한 개씩을 빼내고 스위치를 닫았을 때 나머지 전구는 어떻게 되는지 비교하여 쓰시오.

_____

_____

11 ⊕ 9종 공통

일상생활에서 전기를 사용하는 기구가 <u>아닌</u> 것은 어느 것입니까? (   )

①
▲ 소화기

②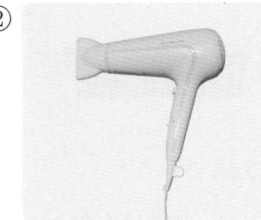
▲ 머리 말리개

③
▲ 전등

④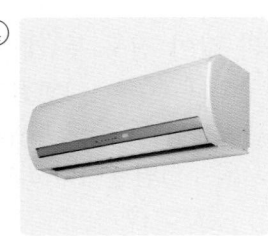
▲ 에어컨

12 ⊕ 9종 공통

전기를 낭비한 사람을 모두 찾아 이름을 쓰시오.

- 수혁: 외출할 때 전등을 모두 껐어.
- 미정: 냉장고 문을 자주 열지 않았어.
- 진우: 창문을 열어 놓고 에어컨을 틀었어.
- 혜리: 전기 기구를 사용하기 편리하도록 플러그를 항상 콘센트에 꽂아 두었어.

(   )

13 ⊕ 9종 공통

전기 안전 장치 중 콘센트 안전 덮개에 대한 설명으로 옳은 것에 ○표 하시오.

⑴ 콘센트에 먼지나 물이 들어가는 것을 막는다.

(   )

⑵ 원하는 시간이 되면 자동으로 전원이 차단된다.

(   )

⑶ 센 전기가 흐르면 순식간에 녹아 전기 회로를 끊어지게 한다.

(   )

14 서술형 ⊕ 9종 공통

전기를 절약해야 하는 까닭을 한 가지 쓰시오.

_____

_____

_____

[15-16] 다음과 같이 볼트에 에나멜선을 감아 전기 회로에 연결하였습니다. 물음에 답하시오.

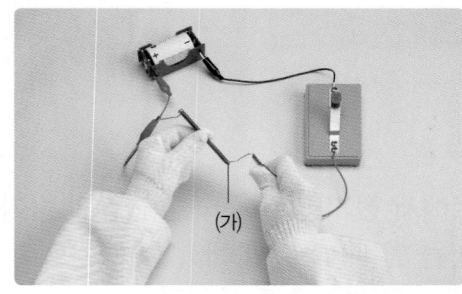
(가)

15 ⊕ 9종 공통

위와 같이 전기가 흐르는 전선 주위에 자석의 성질이 나타나는 것을 이용해 만든 자석을 무엇이라고 하는지 쓰시오.

(   )

16 ⊕ 9종 공통

앞의 (가) 부분에 철이 든 빵 끈을 가까이 가져갔을 때의 결과에 알맞게 선으로 이으시오.

(1) 스위치를 닫았을 때 ·

· ㉠

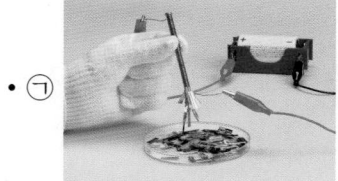
▲ 빵 끈이 달라붙음.

(2) 스위치를 열었을 때 ·

· ㉡

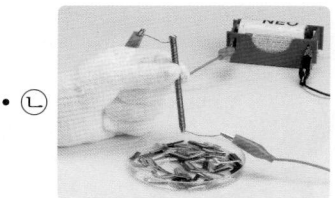
▲ 빵 끈이 달라붙지 않음.

17 서술형 ⊕ 9종 공통

전자석의 특징을 한 가지 쓰시오.

_____

_____

18 ⊕ 9종 공통

전자석의 극을 바꿀 수 있는 방법으로 옳은 것은 어느 것입니까? ( )

① 전지 두 개를 일렬로 연결한다.
② 전지의 방향을 바꾸어 연결한다.
③ 전자석에 나침반을 가까이 한다.
④ 전자석에 에나멜선을 더 많이 감는다.
⑤ 전자석에 철이 든 빵 끈을 가까이 한다.

19 ⊕ 9종 공통

다음과 같이 전기 회로를 연결하여 만든 전자석의 끝부분 ㉠에 붙을 수 있는 물체로 옳은 것을 보기 에서 모두 골라 쓰시오.

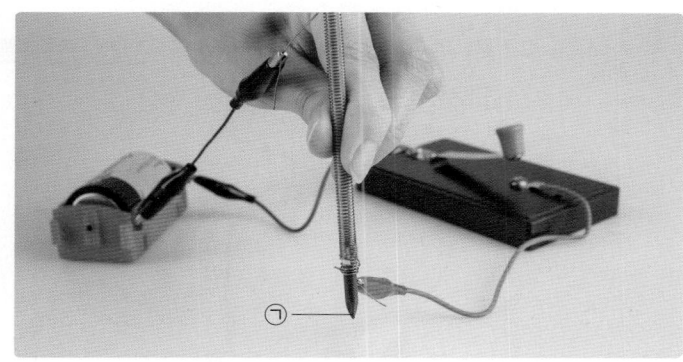

보기 ●
철 클립, 연필, 지우개, 철 못, 유리구슬

( )

20 ⊕ 9종 공통

다음은 무엇에 대한 설명인지 쓰시오.

전자석의 성질을 이용하여 열차를 레일 위에 띄워 빠르게 이동할 수 있다.

( )

평가 주제	전구에 불이 켜지는 조건
평가 목표	전지, 전구, 전선을 연결하여 전구에 불이 켜지는 조건을 설명할 수 있다.

[1-3] 다음과 같이 전지, 전선, 전구를 연결하여 전구에 불이 켜지는지 관찰하였습니다. 물음에 답하시오.

(가) 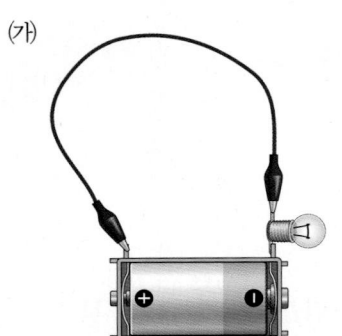   (나) 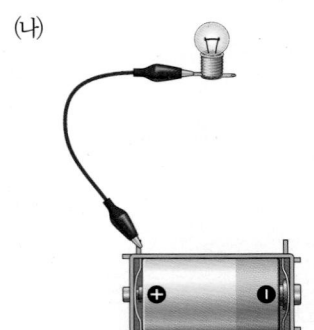   (다)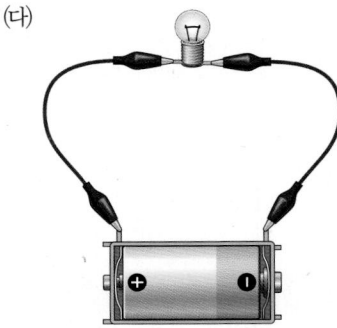

1 위 (가)~(다) 중 전구에 불이 켜지지 않는 것을 골라 기호를 쓰시오.

( )

2 위 1번 답의 전구에 불이 켜지지 않는 까닭은 무엇인지 쓰시오.

_____

_____

3 위 1번 답의 전구에 불이 켜지게 하려면 어떻게 해야 하는지 쓰시오.

_____

_____

평가 주제	전자석의 성질 알아보기
평가 목표	전자석의 성질을 영구 자석과 비교하여 설명할 수 있다.

[1-3] 오른쪽과 같이 전자석을 만들어 전자석의 양쪽 끝에 나침반을 놓았습니다. 물음에 답하시오.

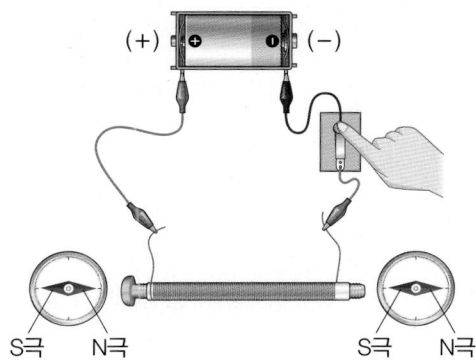

1 위 전자석에 연결된 전지의 방향을 반대로 연결하고 스위치를 닫았을 때 나침반 바늘이 가리키는 방향을 그리시오.

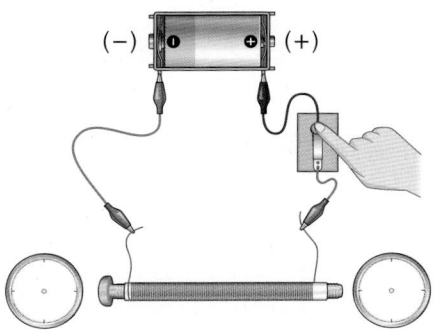

2 위 실험 결과로 알 수 있는 전자석의 성질을 쓰시오.

_____

_____

3 위 2번 답을 통해 알 수 있는 전자석의 성질을 영구 자석과 비교하여 쓰시오.

_____

_____

✏ 빈칸에 알맞은 답을 쓰세요.

1 태양이 지표면과 이루는 각을 무엇이라고 합니까?

2 하루 동안 태양 고도가 높아질수록 그림자 길이는 어떻게 됩니까?

3 하루 동안 태양 고도가 가장 높은 시각과 기온이 가장 높은 시각은 약 몇 시간 차이가 납니까?

4 태양의 남중 고도가 가장 낮은 계절은 언제입니까?

5 태양의 남중 고도가 높을수록 낮의 길이는 어떻게 됩니까?

6 낮의 길이가 가장 짧은 계절은 언제입니까?

7 여름과 겨울 중 일정한 면적의 지표면에 도달하는 태양 에너지의 양이 더 많은 계절은 언제입니까?

8 지구가 태양을 중심으로 일 년에 한 바퀴씩 회전하는 것을 무엇이라고 합니까?

9 지구의 자전축은 공전 궤도면에 대해 수직입니까, 기울어져 있습니까?

10 지구가 태양 주위를 공전하지 않는다면 계절이 변합니까, 변하지 않습니까?

✏️ 빈칸에 알맞은 답을 쓰세요.

1 하루 중 태양이 정남쪽에 위치했을 때의 고도를 무엇이라고 합니까?

2 하루 동안의 그림자 길이 그래프와 기온 그래프 중 태양 고도 그래프와 모양이 비슷한 그래프는 어느 것입니까?

3 태양의 남중 고도가 가장 높은 계절은 언제입니까?

4 밤의 길이가 가장 짧은 계절은 언제입니까?

5 월평균 기온이 가장 낮은 계절은 언제입니까?

6 태양의 남중 고도가 높을수록 일정한 면적의 지표면에 도달하는 태양 에너지의 양은 어떻게 됩니까?

7 일정한 면적의 지표면에 도달하는 태양 에너지의 양이 많아지면 기온은 어떻게 됩니까?

8 지구가 공전하며 그린 길이 이루는 평면을 무엇이라고 합니까?

9 우리나라가 여름일 때, 남반구에 있는 뉴질랜드의 계절은 무엇입니까?

10 지구의 자전축이 공전 궤도면에 대해 수직인 채 공전한다면 계절이 변합니까, 변하지 않습니까?

1 ⊕ 9종 공통

태양 고도를 측정하는 방법을 옳게 나타낸 것은 어느 것입니까? (   )

①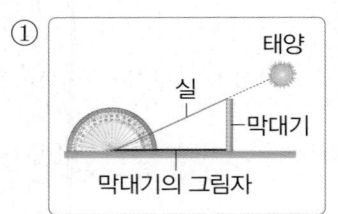

②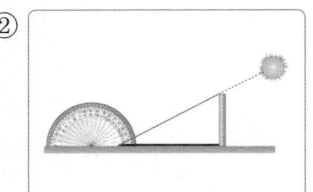

③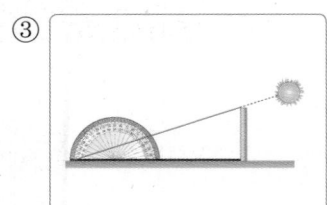

④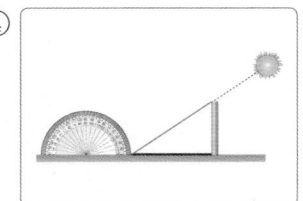

2 ⊕ 9종 공통

어느 날 오전 8시와 오전 11시에 태양 고도를 측정한 모습입니다. 측정 시각에 알맞게 선으로 이으시오.

(1) 오전 8시 •

• ㉠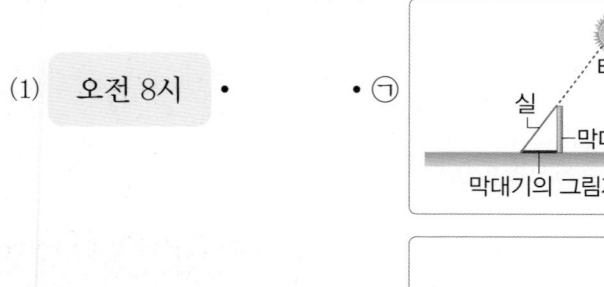

(2) 오전 11시 •

• ㉡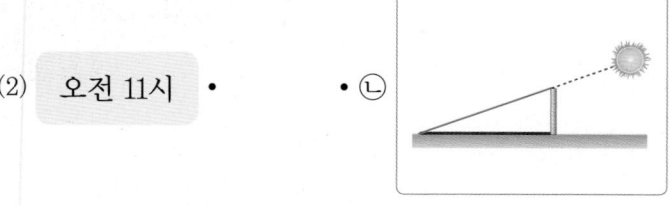

3 ⊕ 9종 공통

하루 동안 그림자 길이 변화를 나타낸 그래프의 모양으로 옳은 것은 어느 것입니까? (   )

①

②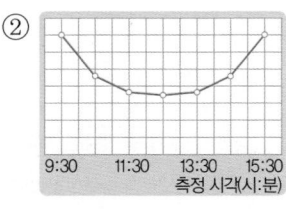

③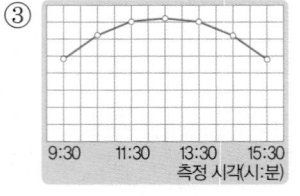

④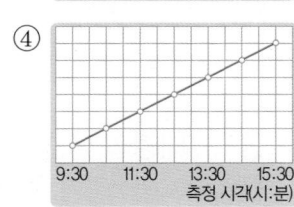

4 서술형 ⊕ 9종 공통

태양 고도와 그림자 길이는 어떤 관계가 있는지 태양 고도가 높아질 때와 낮아질 때로 구분하여 쓰시오.

_____

_____

5 ⊕ 9종 공통

오후 3시에 나무의 그림자가 오른쪽과 같았을 때, 한 시간 뒤의 그림자 길이는 어떻게 될지 골라 ○표 하시오.

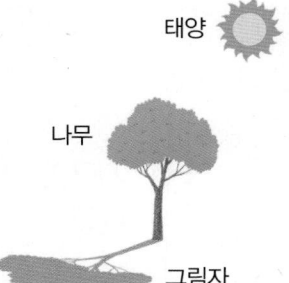

(1) 짧아진다.   (   )

(2) 길어진다.   (   )

(3) 그대로이다.   (   )

[6-8] 다음은 우리나라에서 하루 동안 측정한 태양 고도와 기온을 나타낸 그래프입니다. 물음에 답하시오.

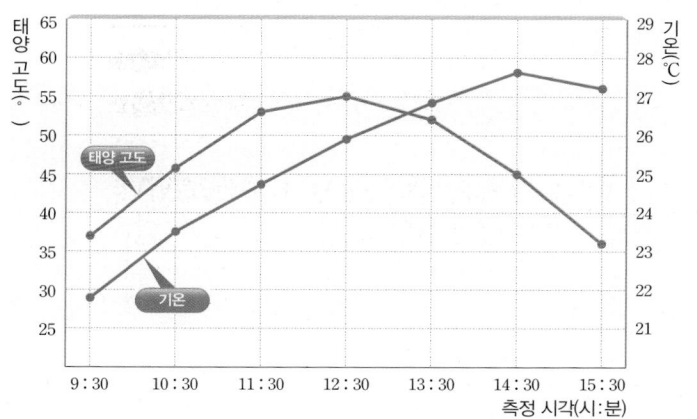

6 ✚ 9종 공통

위 그래프에 대한 설명으로 옳은 것을 두 가지 고르시오. (   )

① 태양 고도와 기온은 관련이 없다.
② 기온은 14시 30분경에 가장 높다.
③ 태양 고도가 가장 높은 시각에 기온도 가장 높다.
④ 태양이 떠오르기 시작한 시각은 낮 12시 30분경이다.
⑤ 오전에는 태양 고도가 높아질수록 기온도 높아진다.

7 ✚ 9종 공통

위 그래프를 보고 태양 고도가 가장 높은 시각과 기온이 가장 높은 시각을 각각 쓰시오.

(1) 태양 고도가 가장 높은 시각
(   )

(2) 기온이 가장 높은 시각
(   )

8 ✚ 9종 공통

앞 **7**번 답과 같이 태양 고도가 가장 높은 시각과 기온이 가장 높은 시각에 차이가 나는 까닭으로 옳은 것을 보기 에서 골라 기호를 쓰시오.

> **보기**
> ㉠ 태양 고도가 높을수록 기온이 낮아지기 때문이다.
> ㉡ 지표면이 데워져 공기의 온도가 높아지는 데 시간이 걸리기 때문이다.
> ㉢ 태양 고도가 높을수록 지표면이 받는 태양 에너지의 양이 적어지기 때문이다.

(   )

9 ✚ 9종 공통

다음은 계절에 따라 태양이 남중하였을 때의 모습입니다. 겨울에 해당하는 모습에 ○표 하시오.

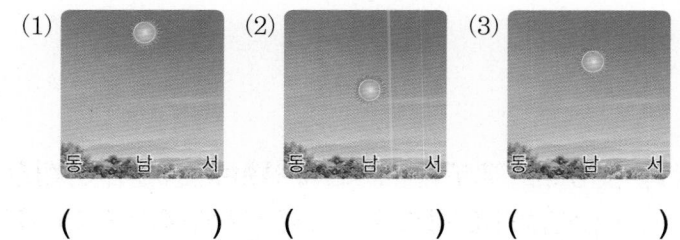

(1)   (2)   (3)

(   )   (   )   (   )

10 ✚ 9종 공통

낮의 길이가 가장 긴 계절과 낮의 길이가 가장 짧은 계절을 순서대로 옳게 짝 지은 것은 어느 것입니까?
(   )

① 봄, 여름
② 봄, 겨울
③ 여름, 겨울
④ 가을, 겨울
⑤ 겨울, 여름

[11-13] 다음은 전등을 태양 전지판에 비추며 태양 전지판에 연결된 소리 발생기에서 나는 소리 크기를 비교하는 실험입니다. 물음에 답하시오.

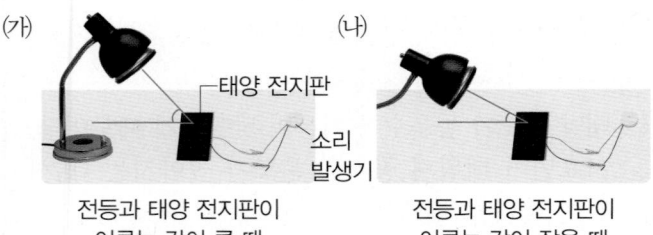

전등과 태양 전지판이
이루는 각이 클 때

전등과 태양 전지판이
이루는 각이 작을 때

11 ⊕ 9종 공통

위 실험에서 소리 발생기에서 나는 소리 크기를 비교하여 알아보려고 하는 것은 무엇인지 보기 에서 골라 기호를 쓰시오.

> 보기
> ㉠ 계절에 따른 낮의 길이 변화
> ㉡ 하루 동안 태양 고도에 따른 그림자의 길이 변화
> ㉢ 태양의 남중 고도에 따른 태양 에너지의 양 변화

( )

12 ⊕ 9종 공통

위 실험 결과에 알맞게 선으로 이으시오.

(가) •   • ㉠ 크고 분명한 소리

(나) •   • ㉡ 작고 희미한 소리

13 ⊕ 9종 공통

위 (가)와 (나) 중 여름에 해당하는 경우의 기호를 쓰시오.

( )

14 서술형 ⊕ 9종 공통

다음은 계절별 태양의 위치 변화를 나타낸 것입니다. ㉠~㉢일 때 각각의 계절을 쓰고, 계절에 따라 태양의 남중 고도는 어떻게 달라지는지 쓰시오.

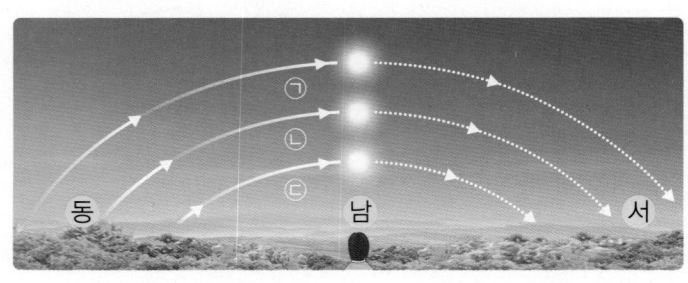

15 ⊕ 9종 공통

다음은 월평균 기온을 나타낸 그래프입니다. 월평균 기온이 가장 높은 달은 언제인지 쓰시오.

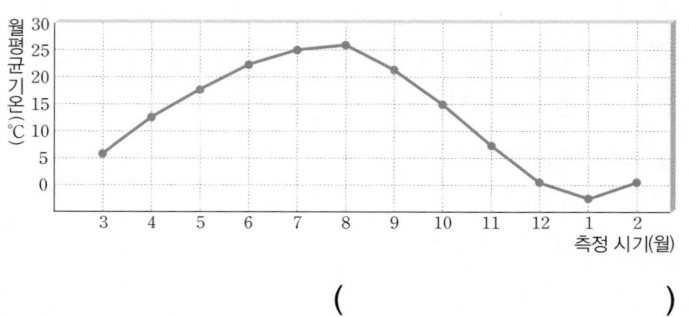

( )

[16-19] 다음은 지구본의 우리나라에 태양 고도 측정기를 붙인 뒤 전등을 중심으로 회전시키며 태양의 남중 고도를 측정하는 실험입니다. 물음에 답하시오.

(가)

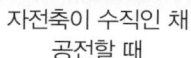
자전축이 수직인 채 공전할 때

(나)
자전축이 기울어진 채 공전할 때

16 ➕ 9종 공통

위 (가)에서 지구가 ㉠ 위치에 있을 때 태양의 남중 고도가 52°였다면 ㉡ 위치에 있을 때 태양의 남중 고도는 몇 °일지 쓰시오.

( )

17 서술형 ➕ 9종 공통

위 (가)와 (나) 중 계절의 변화가 나타나지 않는 것을 골라 기호를 쓰고, 그 까닭을 쓰시오.

(1) 계절의 변화가 나타나지 않는 것: ( )

(2) 계절의 변화가 나타나지 않는 까닭

_____

_____

18 ➕ 9종 공통

위 실험에 대한 설명으로 옳지 않은 것은 어느 것입니까? ( )

① 계절의 변화가 생기는 까닭을 알아보는 실험이다.

② 다르게 해야 할 조건은 지구본의 자전축 기울기이다.

③ 실제 지구에서 일어나는 현상을 나타내는 것은 (나)이다.

④ (나)에서는 지구본의 위치에 따라 태양의 남중 고도가 달라진다.

⑤ (가)에서는 지구본의 위치에 따라 전등으로부터 우리나라에 도달하는 에너지의 양이 달라진다.

19 ➕ 9종 공통

앞 실험을 통해 알 수 있는 사실로 옳은 것에 ○표 하시오.

(1) 태양과 지구 사이에 끌어당기는 힘이 작용하기 때문에 계절이 변한다. ( )

(2) 지구의 자전축이 공전 궤도면에 대해 수직인 채 공전하기 때문에 계절이 변한다. ( )

(3) 지구의 자전축이 공전 궤도면에 대해 기울어진 채 공전하기 때문에 계절이 변한다. ( )

20 김영사, 미래엔, 아이스크림, 지학사, 천재교과서

지구가 태양 주위를 공전할 때 계절에 따른 지구의 위치를 나타낸 것입니다. 지구가 ㉠, ㉡의 위치에 있을 때 남반구에서의 계절을 각각 쓰시오.

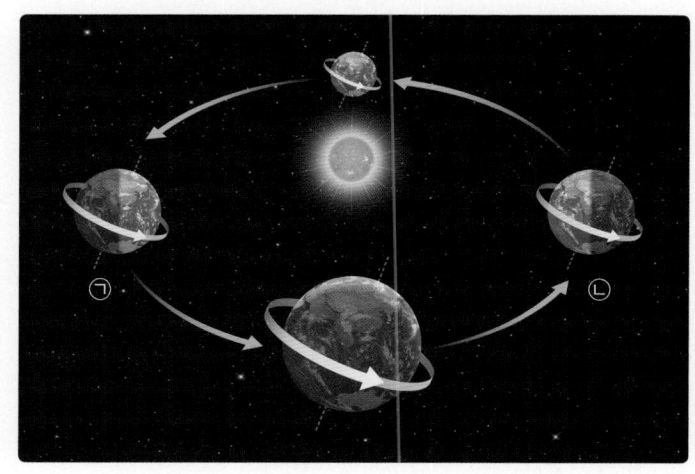

㉠ ( ), ㉡ ( )

1 ⊕ 9종 공통

다음과 같이 장치하여 측정한 ㉠은 무엇인지 쓰시오.

실을 막대기의 그림자 끝에 맞춘 뒤, 그림자와 실이 이루는 각 ㉠을 측정한다.

실 / 태양 / 막대기 / ㉠ / 막대기의 그림자

( )

2 금성, 천재교과서

높이가 다른 나무의 그림자를 이용하여 태양 고도를 측정하려고 합니다. 작은 나무의 그림자를 이용해 측정한 태양 고도가 39°였을 때, 같은 시각에 큰 나무의 그림자를 이용해 측정한 태양 고도는 몇 °인지 쓰시오.

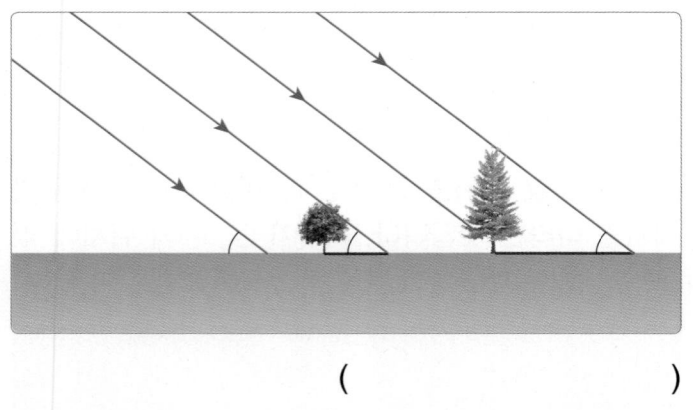

( )

3 ⊕ 9종 공통

하루 동안 태양 고도가 가장 높은 때 태양이 위치하는 방향은 어느 방향입니까? (   )

① 동쪽　　　　　　② 서쪽
③ 북쪽　　　　　　④ 남쪽
⑤ 북동쪽

4 서술형 ⊕ 9종 공통

태양의 남중 고도란 무엇인지 쓰시오.

_____

_____

5 ⊕ 9종 공통

다음 하루 동안 태양 고도와 그림자 길이를 측정하여 나타낸 그래프에 대한 설명으로 옳은 것은 어느 것입니까? (   )

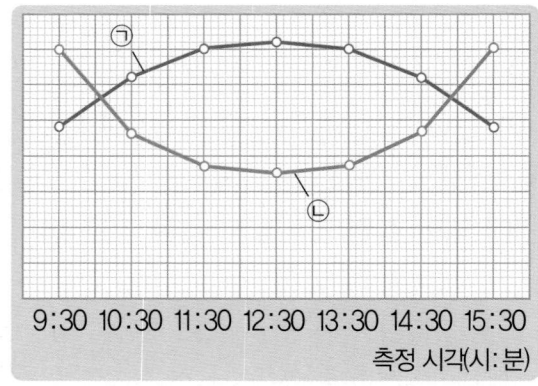

9:30 10:30 11:30 12:30 13:30 14:30 15:30
측정 시각(시 : 분)

① 태양 고도는 오전에 점점 낮아진다.
② 낮 12시 30분경에 그림자 길이가 가장 길다.
③ 태양 고도가 높아지면 그림자 길이는 짧아진다.
④ ㉠은 하루 동안 그림자 길이를 측정한 그래프이다.
⑤ ㉡은 하루 동안 태양이 지표면과 이루는 각을 측정한 그래프이다.

6 ➕ 9종 공통

하루 동안 기온의 변화를 나타낸 그래프는 어느 것입니까? (   )

①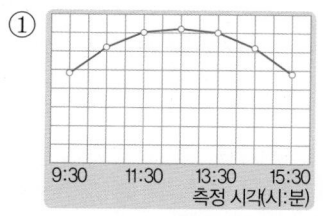
②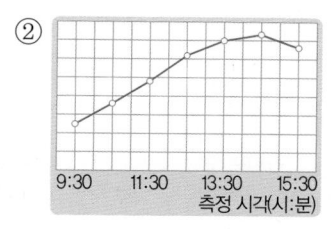
③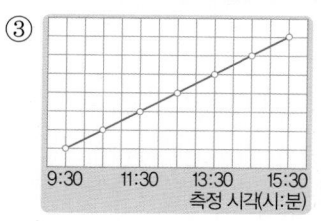
④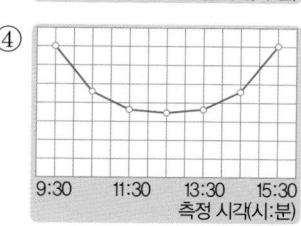

7 서술형 ➕ 9종 공통

다음은 월별 태양의 남중 고도와 월평균 기온을 나타낸 그래프입니다. 태양의 남중 고도는 6월경에 가장 높지만 월평균 기온은 8월경에 가장 높은 까닭은 무엇인지 쓰시오.

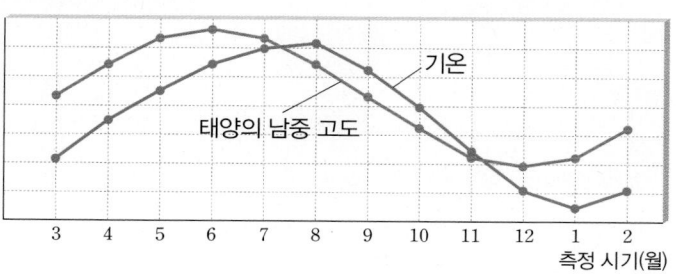

_____

_____

[8-9] 다음은 월별 낮의 길이를 나타낸 그래프입니다. 물음에 답하시오.

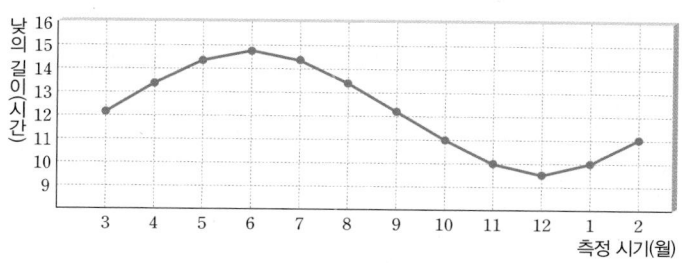

8 ➕ 9종 공통

위 그래프에 대한 설명으로 옳은 것에 ◯표 하시오.

(1) 3월에 낮의 길이가 가장 길다.   (   )
(2) 12월에 낮의 길이가 가장 짧다.   (   )
(3) 10월에 낮의 길이가 15시간이다.   (   )

9 ➕ 9종 공통

위 그래프와 모양이 가장 비슷한 그래프를 보기 에서 골라 기호를 쓰시오.

보기 ●
　㉠ 월별 밤의 길이 그래프
　㉡ 월별 그림자의 길이 그래프
　㉢ 월별 태양의 남중 고도 그래프

(   )

10 ➕ 9종 공통

다음 설명에 해당하는 계절은 언제인지 쓰시오.

• 기온이 가장 높다.
• 태양의 남중 고도가 가장 높다.
• 낮의 길이가 가장 길고, 밤의 길이는 가장 짧다.

(   )

[11-12] 다음은 계절별 태양의 위치 변화를 나타낸 것입니다. 물음에 답하시오.

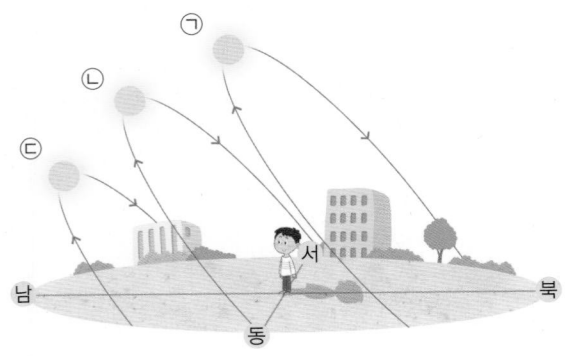

11 ➕ 9종 공통

위 ㉠~㉢ 중 낮의 길이가 가장 짧은 계절에 해당하는 태양의 위치 변화는 어느 것인지 기호를 쓰시오.

( )

12 ➕ 9종 공통

위 ㉠~㉢ 중 월평균 기온이 가장 높은 계절에 해당하는 태양의 위치 변화는 어느 것인지 기호를 쓰시오.

( )

13 서술형 ➕ 9종 공통

오른쪽과 같이 태양 전지판에 소리 발생기를 연결하고 전등을 켠 후 소리 발생기에서 나는 소리 크기를 관찰하였습니다. 소리 발생기에서 나는 소리 크기를 작게 하려면 ㉠을 어떻게 해야 하는지 쓰시오.

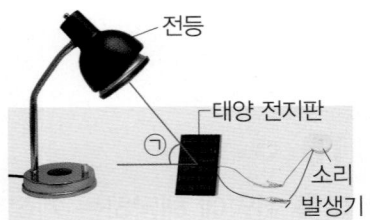

_____

_____

14 ➕ 9종 공통

여름철과 겨울철 태양의 남중 고도와 태양 에너지의 양은 어떤 관계가 있는지 선으로 이으시오.

(1) 여름철 •

• ㉠ 태양의 남중 고도가 높음.

• ㉡ 태양의 남중 고도가 낮음.

• ㉢ 면적당 지표면에 도달하는 태양 에너지의 양이 많음.

(2) 겨울철 •

• ㉣ 면적당 지표면에 도달하는 태양 에너지의 양이 적음.

15 ➕ 9종 공통

지구본의 자전축을 공전 궤도면에 대해 수직으로 하여 전등 주위를 공전시키면서 측정한 태양의 남중 고도가 다음과 같았습니다. 지구본의 위치가 (나)일 때 태양의 남중 고도는 얼마일지 쓰시오.

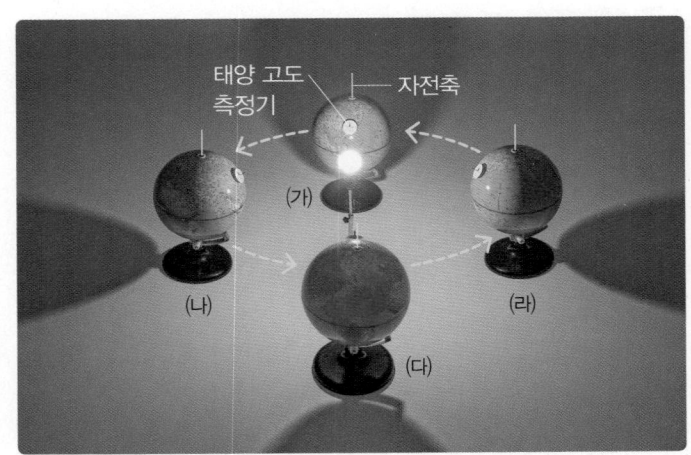

지구본의 위치	(가)	(나)	(다)	(라)
태양의 남중 고도(°)	52		52	52

( )

16 ✚ 9종 공통

지구가 태양 주위를 공전하면서 지구의 위치가 ㉠일 때 북반구의 계절은 언제인지 쓰시오.

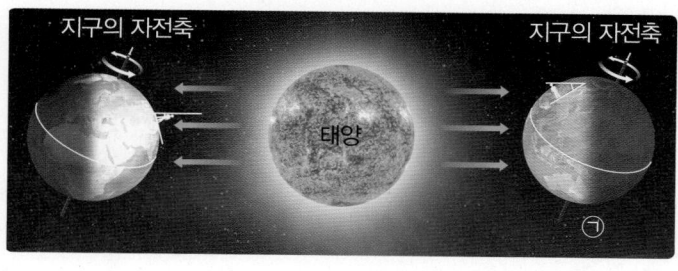

(   )

17 서술형 ✚ 9종 공통

위 **16**번 답과 같이 생각한 까닭은 무엇인지 쓰시오.

_____

_____

18 김영사, 미래엔, 아이스크림, 지학사, 천재교과서

계절의 변화에 대해 옳게 말한 사람의 이름을 쓰시오.

- 희주: 계절의 변화는 우리나라에서만 나타나는 현상이야.
- 지욱: 지구가 공전하지 않는다면 계절은 변하지 않을 거야.
- 세미: 우리나라가 여름일 때 남반구에 있는 나라도 여름이야.

(   )

19 ✚ 9종 공통

다음과 같이 계절이 변하는 까닭으로 옳은 것은 어느 것입니까? (   )

봄   여름   가을   겨울

① 지구가 자전하기 때문이다.
② 태양이 지구 주위를 공전하기 때문이다.
③ 지구 자전축이 수직인 채 공전하기 때문이다.
④ 지구 자전축이 기울어진 채 멈춰있기 때문이다.
⑤ 지구 자전축이 기울어진 채 공전하기 때문이다.

20 ✚ 9종 공통

다음과 같이 지구가 태양 주위를 공전할 때, ㉠~㉣ 중 북반구에서 일정한 면적의 지표면에 도달하는 태양 에너지의 양이 가장 많은 위치를 골라 기호를 쓰시오.

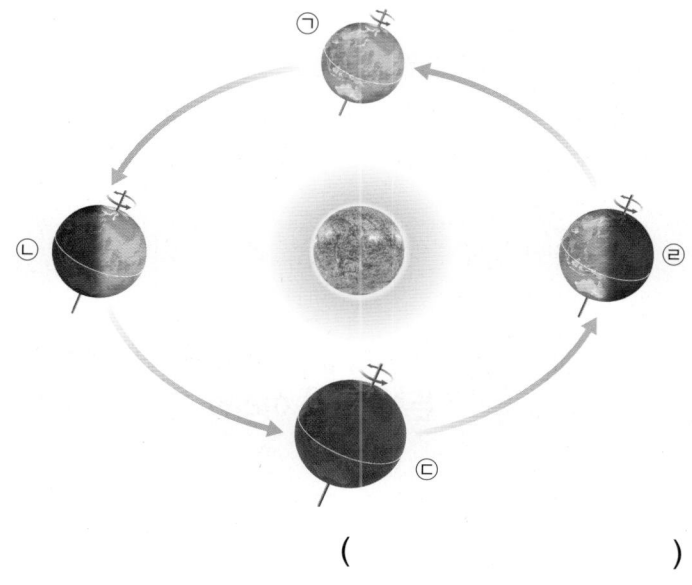

(   )

2
단원

평가 주제	계절별 태양의 남중 고도, 낮의 길이, 기온의 변화 그래프 해석하기
평가 목표	계절에 따른 태양의 남중 고도, 낮의 길이, 기온의 변화를 설명할 수 있다.

[1-3] 다음은 월별 태양의 남중 고도, 낮의 길이, 월평균 기온을 나타낸 그래프입니다. 물음에 답하시오.

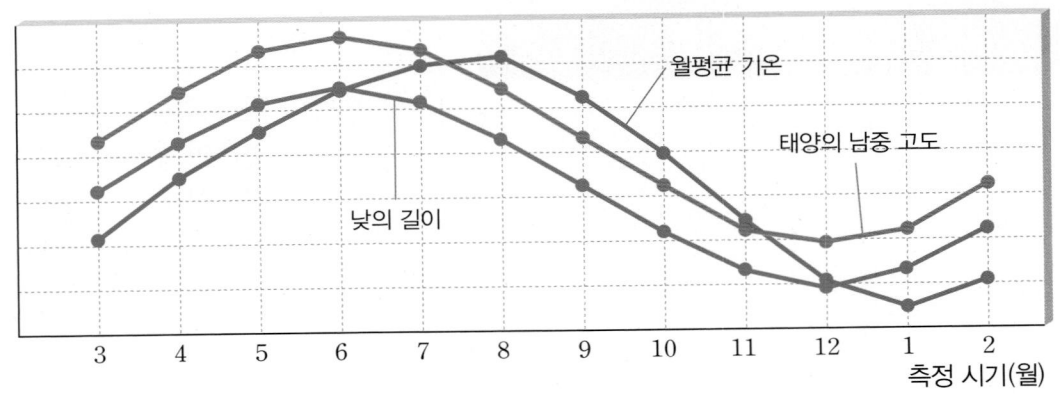

1 위 그래프를 보고, 일 년 중 낮의 길이가 가장 긴 달과 가장 짧은 달을 각각 쓰시오.

⑴ 일 년 중 낮의 길이가 가장 긴 달: (   )월

⑵ 일 년 중 낮의 길이가 가장 짧은 달: (   )월

2 위 그래프를 보고, 월별 태양의 남중 고도와 낮의 길이 사이의 관계를 쓰시오.

_____

_____

3 태양의 남중 고도가 가장 높은 달과 월평균 기온이 가장 높은 달이 일치하는지, 일치하지 않는지 쓰고, 이러한 결과가 나타난 까닭을 쓰시오.

_____

_____

평가 주제	계절이 변하는 까닭 모형실험 하기
평가 목표	지구 자전축의 기울기에 따른 태양의 남중 고도를 비교할 수 있다.

[1-3] 다음과 같이 지구본의 자전축이 수직일 때와 기울어져 있을 때 태양 주위를 공전하는 모습을 모형실험으로 나타낸 것입니다. 물음에 답하시오.

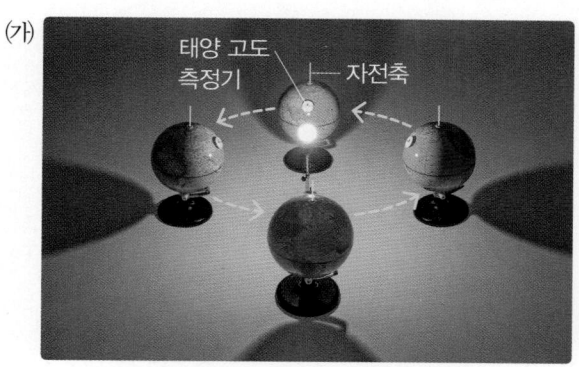

(가) 자전축이 수직인 채 공전할 때

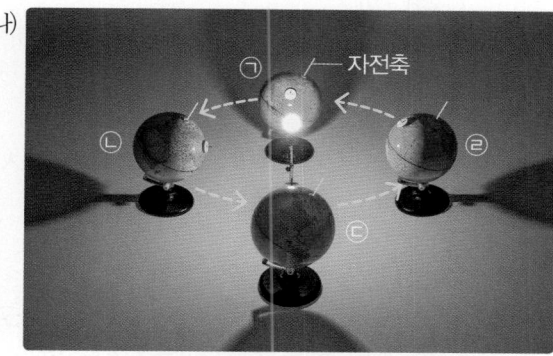

(나) 자전축이 기울어진 채 공전할 때

1 위 (나)에서 지구가 ㉡ 위치에 있을 때 우리나라의 계절을 쓰고, ㉠의 위치와 비교했을 때 태양의 남중 고도는 어떻게 달라지는지 쓰시오.

(1) 지구가 ㉡ 위치에 있을 때 우리나라의 계절: (   )

(2) ㉠의 위치와 비교했을 때 태양의 남중 고도 변화: _____

_____

2 만약 지구가 위 (가)와 같이 지구의 자전축이 수직인 채 태양 주위를 공전한다면 태양의 남중 고도와 낮의 길이, 계절의 변화는 어떠할지 쓰시오.

_____

_____

3 위 실험을 통해 알 수 있는 계절의 변화가 생기는 까닭을 쓰시오.

_____

_____

✏ 빈칸에 알맞은 답을 쓰세요.

1 물질이 탈 때 주변이 밝아지는 것은 무엇이 발생했기 때문입니까?

2 물질이 산소와 빠르게 반응하여 빛과 열을 내는 현상을 무엇이라고 합니까?

3 탈 물질의 종류를 두 가지 이상 쓰시오.

4 아크릴 통 안에 들어 있는 초가 타고 난 후 아크릴 통 안의 산소 비율은 초가 타기 전과 비교하여 어떻게 됩니까?

5 불을 직접 붙이지 않아도 물질이 타기 시작하는 온도를 무엇이라고 합니까?

6 연소가 일어나려면 탈 물질, 산소, 그리고 무엇이 필요합니까?

7 푸른색 염화 코발트 종이가 붉은색으로 변하는 것을 통해 무엇이 있다는 것을 알 수 있습니까?

8 한 가지 이상의 연소 조건을 없애 불을 끄는 것을 무엇이라고 합니까?

9 알코올램프의 뚜껑을 덮어 불을 끄는 것은 연소의 조건 중 어느 것을 없앤 것입니까?

10 불이 난 곳에 분말 소화기를 사용 할 때 소화기를 불이 난 곳으로 옮긴 뒤 먼저 소화기의 무엇을 뽑아야 합니까?

✏️ **빈칸에 알맞은 답을 쓰세요.**

1 물질이 탈 때 주변의 온도가 높아지는 것은 무엇이 발생했기 때문입니까?

2 촛불에 손을 가까이 했을 때의 느낌은 어떠합니까?

3 알코올램프에 불을 붙이면 시간이 지날수록 알코올의 양은 어떻게 됩니까?

4 물질이 탈 때 필요한 기체의 이름은 무엇입니까?

5 성냥의 머리 부분과 나무 부분 중 철판에 올려놓고 철판의 가운데 부분을 가열했을 때 먼저 불이 붙는 것은 어느 것입니까?

6 발화점이 낮은 물질과 발화점이 높은 물질 중 더 쉽게 타는 것은 어느 것입니까?

7 초가 연소한 후 생성되는 물질 중 석회수를 이용해 확인할 수 있는 물질은 무엇입니까?

8 촛불을 끌 때 초의 심지를 핀셋으로 집는 것은 연소의 조건 중 어느 것을 없앤 것입니까?

9 건물 안에 있을 때 화재가 발생했다면 승강기와 계단 중 무엇을 이용해 대피해야 합니까?

10 불이 난 곳에 던지면 되기 때문에 어린이나 노약자들도 쉽게 사용할 수 있는 소화기는 무엇입니까?

1 ⊕ 9종 공통

알코올이 탈 때 나타나는 현상으로 ( ) 안에 들어갈 알맞은 말을 보기 에서 골라 기호를 쓰시오.

> 시간이 지날수록 알코올의 양이 ( )

보기 ●
- ㉠ 늘어난다.
- ㉡ 줄어든다.
- ㉢ 변화 없다.

( )

2 ⊕ 9종 공통

물질이 탈 때 발생하는 빛이나 열을 이용하는 예로 옳은 것은 어느 것입니까? ( )

① 리모컨으로 에어컨을 켠다.
② 가스레인지의 불꽃으로 찌개를 끓인다.
③ 어두운 방에서 전등을 켜면 방이 밝아진다.
④ 두 손바닥을 마주 대고 비비면 손바닥이 따뜻해진다.
⑤ 밤에 어두운 길을 걸을 때 손전등을 켜면 주변이 밝아진다.

[3-5] 오른쪽과 같이 크기가 다른 아크릴 통으로 촛불을 동시에 덮었습니다. 물음에 답하시오.

3 ⊕ 9종 공통

위 실험은 초가 연소하는 데 무엇이 미치는 영향을 알아보기 위한 실험인지 쓰시오.

( )

4 ⊕ 9종 공통

위 실험에 대한 설명으로 옳은 것은 어느 것입니까?

( )

① 두 촛불은 동시에 꺼진다.
② 두 촛불 모두 꺼지지 않고 계속 탄다.
③ 초의 크기를 다르게 하여 실험해야 한다.
④ 아크릴 통을 덮었을 때 촛불이 꺼지는 것은 산소를 차단했기 때문이다.
⑤ 아크릴 통을 덮었을 때 촛불이 꺼지는 것은 온도가 발화점 미만으로 낮아졌기 때문이다.

5 서술형 ⊕ 9종 공통

위 실험 결과, 더 오래 타는 초는 어느 것인지 그 까닭과 함께 쓰시오.

_____

_____

6 ➕ 9종 공통

발화점에 대해 옳게 말한 사람의 이름을 쓰시오.

> - 정혁: 발화점은 물질마다 달라.
> - 보라: 발화점이 높은 물질일수록 쉽게 타.
> - 미나: 온도가 발화점보다 높아지면 불이 꺼져.
> - 서준: 물질에 불을 직접 붙였을 때 타는 온도를 발화점이라고 해.

(   )

7 ➕ 9종 공통

오른쪽과 같이 성냥의 머리 부분을 철판에 올려놓고 철판을 알코올램프로 가열했습니다. 이 실험 결과로 알맞은 말에 ○표 하시오.

성냥의 머리 부분

> 성냥의 머리 부분에 불이 (붙는다, 붙지 않는다).

8 ➕ 9종 공통

물질이 연소하는 데 필요한 조건에 대한 설명으로 옳은 것을 보기 에서 골라 기호를 쓰시오.

> 보기 ●
> ㉠ 물질이 연소하려면 산소가 필요하다.
> ㉡ 물질이 연소하려면 이산화 탄소가 필요하다.
> ㉢ 물질이 연소하려면 발화점보다 낮은 온도가 되어야 한다.
> ㉣ 물질이 연소하는 데 필요한 조건 중 두 가지만 있으면 연소가 일어난다.

(   )

9 ➕ 9종 공통

다음과 같은 알코올, 나무, 종이가 연소할 때 공통적으로 생기는 물질 두 가지를 쓰시오.

알코올   나무   종이

(   )

10 서술형 ➕ 9종 공통

오른쪽과 같이 초에 불을 붙이고 집기병으로 덮었더니 잠시 뒤 촛불이 꺼졌습니다. 이 집기병에 석회수를 넣고 흔들었을 때 나타나는 변화를 쓰고, 이를 통해 알 수 있는 점은 무엇인지 쓰시오.

_____

_____

[11-13] 다음 실험을 보고, 물음에 답하시오.

안쪽 벽면에 푸른색 염화 코발트 종이를 붙인 아크릴 통으로 촛불을 덮어 촛불이 꺼지면 푸른색 염화 코발트 종이의 색깔 변화를 관찰한다.

푸른색 염화 코발트 종이

초

11 ⊕ 9종 공통

위 실험을 통해 알아보고자 하는 것을 보기 에서 골라 기호를 쓰시오.

보기
㉠ 초가 연소할 때 걸리는 시간
㉡ 초가 연소할 때 필요한 물질
㉢ 초가 연소한 후 생기는 물질
㉣ 초가 연소하기 시작하는 온도

(   )

12 ⊕ 9종 공통

위 실험에서 푸른색 염화 코발트 종이에 나타나는 변화로 (   ) 안에 들어갈 알맞은 말을 쓰시오.

푸른색 염화 코발트 종이가 (   )색으로 변한다.

(   )

13 ⊕ 9종 공통

위 12번 답과 같은 결과를 통해 확인할 수 있는 물질은 무엇인지 쓰시오.

(   )

14 서술형 ⊕ 9종 공통

오른쪽의 촛불을 끄려고 할 때, 산소를 차단하여 불을 끄는 방법을 두 가지 쓰시오.

_____

_____

15 ⊕ 9종 공통

불을 끄는 원리가 나머지와 다른 하나는 어느 것입니까? (   )

① 분무기로 물 뿌리기

② 심지를 핀셋으로 집기

③ 심지를 가위로 자르기

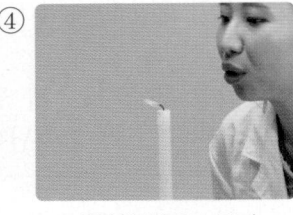
④ 촛불을 입으로 불기

16 ✚ 9종 공통

오른쪽과 같이 촛불을 아크릴 통으로 덮었습니다. 촛불은 어떻게 됩니까? (   )

① 불꽃의 크기가 커진다.
② 불꽃의 밝기가 더 밝아진다.
③ 불꽃이 점점 작아지다가 꺼진다.
④ 불꽃이 점점 작아지다가 다시 커진다.
⑤ 불꽃에 변화가 없다.

17 ✚ 9종 공통

위 **16**번 답과 같은 결과가 나타난 까닭으로 옳은 것을 보기 에서 찾아 기호를 쓰시오.

┌─ 보기 •────────────────────
│ ㉠ 탈 물질을 없앴기 때문에
│ ㉡ 공기(산소)의 공급을 막았기 때문에
│ ㉢ 발화점 아래로 온도를 낮추었기 때문에
└────────────────────────────

(   )

18 ✚ 9종 공통

위 **17**번 답과 같은 까닭으로 불이 꺼지는 경우에 ○표 하시오.

(1) 알코올램프의 뚜껑을 닫는다.　　　(　　)
(2) 소화전을 이용해 물을 뿌린다.　　　(　　)
(3) 가스레인지의 연료 조절 밸브를 잠근다.　(　　)

19 동아, 금성, 미래엔, 비상, 천재교과서, 천재교육

오른쪽 소화기를 사용하는 방법으로 옳지 않은 것을 보기 에서 골라 기호를 쓰시오.

▲ 소화기

┌─ 보기 •────────────────────
│ ㉠ 소화기의 안전핀을 뽑고 사용한다.
│ ㉡ 소화기의 손잡이를 움켜쥐며 불을 끈다.
│ ㉢ 바람이 부는 쪽을 향하고 서서 소화기의 고무관이 불 쪽을 향하도록 잡는다.
└────────────────────────────

(   )

20 서술형 ✚ 9종 공통

다음 친구들의 대화 내용을 보고 화재가 발생했을 때 대피 방법에 대해 잘못 말한 사람의 이름을 쓰고, 바르게 고쳐 쓰시오.

┌────────────────────────────
│ • 진희: 낮은 자세로 대피해야 해.
│ • 영수: 젖은 수건으로 코와 입을 막아야 해.
│ • 은찬: 빨리 대피하기 위해서 승강기를 이용해야 해.
│ • 지민: 화재가 발생하면 큰 소리로 주변에 알려야 해.
└────────────────────────────

(1) 잘못 말한 사람: (   )

(2) 올바른 대피 방법: _____

_____

1 ⊕ 9종 공통

다음 ( ) 안에 들어갈 말을 순서대로 옳게 짝 지은 것은 어느 것입니까? ( )

> 물질이 (㉠)와/과 빠르게 반응하여 (㉡)와/과 열을 내는 현상을 (㉢)(이)라고 한다.

	㉠	㉡	㉢
①	산소	소리	연소
②	산소	빛	연소
③	산소	빛	소화
④	이산화 탄소	냄새	소화
⑤	이산화 탄소	그을음	연소

2 ⊕ 9종 공통

다음과 같이 크기가 다른 두 초에 동시에 불을 붙였을 때 촛불의 변화로 ( ) 안에 들어갈 알맞은 말에 각각 ○표 하시오.

> 촛불이 먼저 꺼지는 초는 (㉠, ㉡)이고, 이 결과를 통해 초가 탈 때 (산소, 탈 물질)이/가 필요하다는 것을 알 수 있다.

3 ⊕ 9종 공통

물질이 타는 현상을 이용한 예를 <u>잘못</u> 말한 사람의 이름을 쓰시오.

> • 아영: 전자레인지로 우유를 따뜻하게 데웠어.
> • 민우: 가스레인지의 가스를 태워 요리할 때 이용했어.
> • 홍진: 가족들과 캠핑을 가서 모닥불을 피웠더니 주변이 따뜻해졌어.

( )

[4-5] 다음과 같이 길이가 같은 두 개의 초에 불을 붙이고, 크기가 다른 아크릴 통으로 동시에 덮었습니다. 물음에 답하시오.

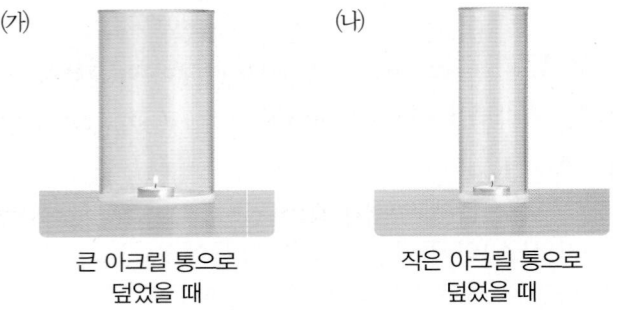

(가) 큰 아크릴 통으로 덮었을 때 　　(나) 작은 아크릴 통으로 덮었을 때

4 ⊕ 9종 공통

위 실험에서 촛불이 타는 시간에 영향을 줄 것이라고 생각한 조건은 어느 것입니까? ( )

① 초의 길이 　　　② 초의 모양
③ 공기(산소)의 양 　④ 탈 물질의 종류
⑤ 아크릴 통을 덮는 시각

5 ⊕ 9종 공통

위 (가)와 (나) 중 촛불이 더 나중에 꺼지는 경우의 기호를 쓰시오.

( )

6 ➕ 9종 공통

오른쪽은 성냥의 머리 부분과 나무 부분을 철판 가운데로부터 같은 거리에 놓고, 알코올램프로 가운데를 가열한 결과입니다.

성냥의 머리 부분   성냥의 나무 부분

이 실험을 통해 알 수 있는 사실로 옳은 것은 어느 것입니까? (   )

① 물질은 불에 직접 닿아야 연소한다.
② 물질의 종류에 따라 발화점이 다르다.
③ 물질이 연소할 때 이산화 탄소가 필요하다.
④ 성냥의 나무 부분이 머리 부분보다 발화점이 낮다.
⑤ 물질이 연소하려면 온도가 발화점 미만이어야 한다.

7 ➕ 9종 공통

다음과 같이 부싯돌에 철을 마찰하여 나뭇잎에 불을 붙일 수 있습니다. 이처럼 불을 직접 붙이지 않고 물질을 연소시킬 수 있는 까닭은 무엇인지 (   ) 안에 들어갈 알맞은 말을 쓰시오.

부싯돌에 철을 마찰할 때 발생하는 열로 온도가 (   ) 이상으로 높아져 나뭇잎에 불이 붙는다.

(   )

[8-10] 다음은 초가 연소할 때 생기는 물질을 알아보는 실험입니다. 물음에 답하시오.

(가)

푸른색 염화 코발트 종이

안쪽 벽면에 푸른색 염화 코발트 종이를 붙인 아크릴 통으로 촛불 덮기

(나)
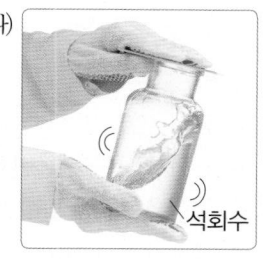
석회수

집기병 속에서 초를 태우고 난 후 석회수를 붓고 집기병 흔들기

8 ➕ 9종 공통

위 (가) 실험에 대한 설명으로 옳은 것에 ○표 하시오.

⑴ 푸른색 염화 코발트 종이가 붉은색으로 변한다.
(   )

⑵ 푸른색 염화 코발트 종이는 온도가 올라가면 붉은색으로 변하는 성질이 있다.
(   )

⑶ 푸른색 염화 코발트 종이의 색깔 변화를 통해 초가 연소할 때 이산화 탄소가 생긴다는 것을 알 수 있다.
(   )

9 서술형 ➕ 9종 공통

위 (나) 실험에서 집기병 안에서 어떤 변화가 나타나는지 쓰시오.

_____

_____

10 ➕ 9종 공통

위 8번과 9번 답을 통해 알 수 있는 초가 연소할 때 생기는 두 가지 물질은 무엇인지 쓰시오.

(   )

11 ⊕ 9종 공통

초가 연소한 후에 크기가 줄어드는 까닭을 보기 에서 골라 기호를 쓰시오.

보기

㉠ 초가 산소로 변했기 때문이다.
㉡ 초가 다른 물질로 변했기 때문이다.
㉢ 초가 연소하면 고체로 변하기 때문이다.

( )

12 ⊕ 9종 공통

물질이 연소할 때 꼭 필요한 조건 세 가지를 고르시오. ( )

① 탈 물질
② 산소의 공급
③ 발화점 미만의 온도
④ 발화점 이상의 온도
⑤ 이산화 탄소의 공급

13 서술형 ⊕ 9종 공통

소화의 뜻을 연소의 조건 세 가지를 포함하여 쓰시오.

_____

_____

[14-15] 다음과 같이 다양한 방법으로 촛불을 꺼 보았습니다. 물음에 답하시오.

(가)
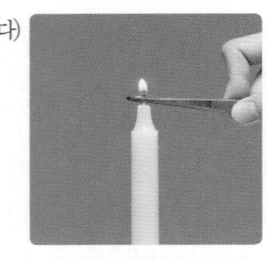
촛불을 입으로 불기

(나)
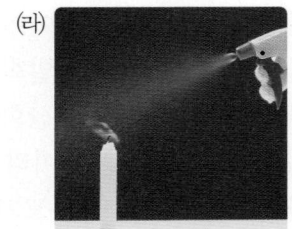
촛불 덮개로 덮기

(다)
심지를 핀셋으로 집기

(라)
물뿌리개로 물 뿌리기

14 ⊕ 9종 공통

위 (가)~(라) 중 발화점 미만으로 온도를 낮추어 촛불을 끄는 방법을 골라 기호를 쓰시오.

( )

15 ⊕ 9종 공통

위 (다)에서 촛불을 끄는 방법과 같은 원리로 불을 끄는 경우에 ○표 하시오.

(1)

연료 조절 밸브 잠그기

(2)

스프링클러로 물 뿌리기

( ) ( )

16 ➕ 9종 공통

다음 보기 중 산소를 차단하여 불을 끄는 방법을 모두 골라 기호를 쓰시오.

> 보기 ●
> ㉠ 두꺼운 담요로 덮기
> ㉡ 흙이나 모래를 뿌리기
> ㉢ 촛불을 물수건으로 덮기
> ㉣ 알코올램프의 뚜껑 덮기
> ㉤ 소화전을 이용해 물 뿌리기
> ㉥ 초의 심지를 가위로 자르기

( )

17 ➕ 9종 공통

화재가 발생했을 때 신고 전화번호는 몇 번인지 쓰시오.

( )

18 동아, 금성, 천재교과서

다음 소방 안전 시설 중 가정이나 교실의 천장에 설치되어 있는 것을 보기 에서 골라 기호를 쓰시오.

> 보기 ●
> ㉠ 소화기
> ㉡ 비상벨
> ㉢ 스프링클러
> ㉣ 옥내 소화전

( )

19 ➕ 9종 공통

화재의 피해를 줄이기 위한 행동으로 옳지 <u>않은</u> 것은 어느 것입니까? ( )

① 소화기 사용 방법을 알아 둔다.
② 평소에 비상구의 통로를 막지 않는다.
③ 불에 잘 타는 커튼이나 벽지를 사용한다.
④ 소화기를 준비하고, 정기적으로 점검한다.
⑤ 미리 비상구나 소방 시설의 위치를 알아 둔다.

20 서술형 ➕ 9종 공통

오른쪽과 같이 기름으로 튀김 요리를 하다가 화재가 발생했을 때 물을 사용하지 말고 소화기를 사용해야 하는 까닭은 무엇인지 쓰시오.

_____

_____

평가 주제	물질이 연소하는 데 필요한 조건
평가 목표	물질이 연소하는 데 필요한 조건을 실험을 통해 알 수 있다.

[1-3] 오른쪽과 같이 성냥의 머리 부분과 나무 부분을 철판 가운데로부터 같은 거리에 올려놓고 철판 가운데 부분을 알코올램프로 가열하였습니다. 물음에 답하시오.

성냥의 머리 부분   성냥의 나무 부분

1 위 실험에서 철판을 가열하면서 어떤 현상이 나타나는지 쓰시오.

_____

_____

2 위 1번 답과 같은 결과가 나타나는 까닭은 무엇인지 발화점과 관련지어 쓰시오.

_____

_____

3 위 실험과 같이 물질에 불을 직접 붙이지 않고 물질을 태우는 방법을 한 가지 쓰시오.

_____

_____

평가 주제	소화의 방법 알기
평가 목표	연소의 조건과 관련지어 소화 방법을 설명할 수 있다.

[1-3] 다음은 여러 가지 방법으로 불을 끄는 모습을 나타낸 것입니다. 물음에 답하시오.

(가)

알코올램프의 뚜껑 덮기

(나)

스프링클러로 물 뿌리기

(다)

연료 조절 밸브 잠그기

1 위 (가)~(다)에서 불이 꺼지는 까닭을 연소의 조건과 관련지어 각각 쓰시오.

(가)	
(나)	
(다)	

2 위 (다)와 같은 원리로 촛불을 끄는 방법을 두 가지 쓰시오.

3 위 1번 답을 바탕으로 소화의 의미가 무엇인지 쓰시오.

✏️ 빈칸에 알맞은 답을 쓰세요.

1　우리 몸속 기관 중에서 뼈와 근육처럼 움직임에 관여하는 기관을 무엇이라고 합니까?

2　뼈에 연결되어 있으며, 길이가 줄어들거나 늘어나면서 뼈를 움직여 몸이 움직이게 하는 기관은 무엇입니까?

3　음식물 속에 들어 있는 영양소를 흡수할 수 있도록 음식물을 잘게 쪼개고 분해하는 과정을 무엇이라고 합니까?

4　음식물이 이동하는 통로는 아니지만, 소화를 돕는 액체를 만들거나 분비하는 기관 세 가지는 무엇입니까?

5　숨을 들이마시고 내쉬는 활동을 무엇이라고 합니까?

6　순환 기관 중 펌프 작용으로 혈액을 온몸으로 순환시키는 기관은 무엇입니까?

7　배설 기관 중 혈액 속의 노폐물을 걸러 내어 오줌을 만드는 기관은 무엇입니까?

8　주변의 다양한 자극을 받아들이는 기관을 무엇이라고 합니까?

9　감각 기관 중 맛을 볼 수 있는 기관은 무엇입니까?

10　운동을 하면 체온이 올라갑니까, 내려갑니까?

✏️ 빈칸에 알맞은 답을 쓰세요.

1   뼈와 뼈를 연결하는 부분을 무엇이라고 합니까?

2   좌우로 12쌍의 뼈가 활처럼 휘어져 있으며, 안쪽에 있는 몸속 기관을 보호하는 뼈는 무엇입니까?

3   음식물이 지나가는 소화 기관 중 음식물 찌꺼기에서 수분을 흡수하는 기관은 무엇입니까?

4   호흡 기관 중 공기 속의 산소가 혈액으로 들어가고, 혈액 속의 이산화 탄소가 나오는 기관은 무엇입니까?

5   숨을 들이마실 때 갈비뼈는 올라갑니까, 내려갑니까?

6   순환 기관 중 온몸에 복잡하게 퍼져 있고 긴 관 모양으로, 혈액이 이동하는 통로의 역할을 하는 기관은 무엇입니까?

7   혈액 속의 노폐물을 오줌으로 만들어 몸 밖으로 내보내는 과정을 무엇이라고 합니까?

8   배설 기관 중 오줌을 저장했다가 몸 밖으로 내보내는 기관은 무엇입니까?

9   감각 기관에서 받아들인 자극을 전달하고, 해석·판단하며 명령을 운동 기관 등으로 전달하는 기관들을 무엇이라고 합니까?

10 운동을 하면 맥박과 호흡이 느려집니까, 빨라집니까?

4 단원

1 ⊕ 9종 공통

뼈와 근육 모형에 공기를 불어 넣기 전과 공기를 불어 넣은 후에 대한 설명으로 옳은 것을 보기 에서 골라 기호를 쓰시오.

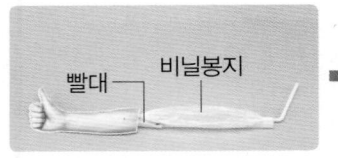 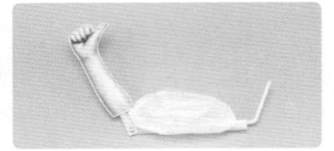

공기를 불어 넣기 전   공기를 불어 넣은 후

보기 ●
㉠ 빨대는 근육의 역할을 한다.
㉡ 비닐봉지는 뼈의 역할을 한다.
㉢ 비닐봉지의 길이는 변하지 않는다.
㉣ 공기를 불어 넣으면 비닐봉지의 길이가 줄어든다.

(   )

2 ⊕ 9종 공통

우리 몸속 기관 중 움직임에 관여하는 기관을 모두 고르시오. (   )

① 뼈   ② 심장
③ 근육   ④ 기관지
⑤ 작은창자

3 ⊕ 9종 공통

오른쪽 ㉠은 우리 몸의 뼈 중에서 어느 부분인지 옳은 것을 골라 ○표 하시오.

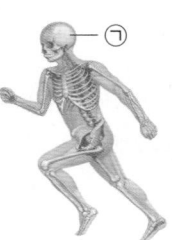

팔뼈, 다리뼈, 머리뼈, 척추뼈

[4-5] 다음은 우리 몸의 뼈와 근육을 나타낸 그림입니다. 물음에 답하시오.

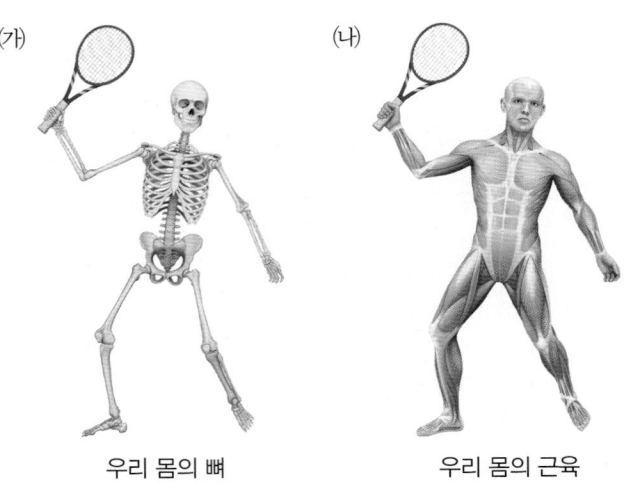

(가)   (나)

우리 몸의 뼈   우리 몸의 근육

4 ⊕ 9종 공통

위 (가)와 (나)에 대한 설명으로 옳은 것은 어느 것입니까? (   )

① (가)와 (나)는 우리 몸의 순환 기관이다.
② (가)는 스스로 움직이고, (나)는 스스로 움직일 수 없다.
③ (나)는 단단하여 길이가 줄어들거나 늘어나지 않는다.
④ (가)는 산소를 온몸에 전달하고, 이산화 탄소를 운반한다.
⑤ (가)는 단단하여 우리 몸의 형태를 만들고 몸을 지탱한다.

5 서술형 ⊕ 9종 공통

위 뼈와 근육의 관계를 포함하여 몸이 움직이는 원리를 쓰시오.

_____

_____

6 ⊕ 9종 공통

몸속에 들어간 음식물이 소화되어 배출되기까지의 과정을 순서대로 옳게 나열한 것은 어느 것입니까?

( )

① 입 → 위 → 식도 → 작은창자 → 큰창자 → 항문
② 입 → 식도 → 작은창자 → 위 → 큰창자 → 항문
③ 입 → 식도 → 위 → 작은창자 → 큰창자 → 항문
④ 입 → 식도 → 큰창자 → 작은창자 → 위 → 항문
⑤ 입 → 작은창자 → 큰창자 → 위 → 식도 → 항문

7 ⊕ 9종 공통

오른쪽은 우리 몸의 소화 기관을 나타낸 그림입니다. 다음 설명에 해당하는 기관의 기호와 이름을 쓰시오.

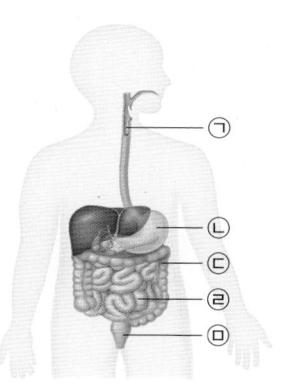

• 굵은 관 모양이다.
• 음식물 찌꺼기에서 수분을 흡수한다.

( )

8 서술형 ⊕ 9종 공통

우리가 숨을 내쉴 때 몸속에서 공기의 이동 과정을 순서대로 쓰시오.

_____

_____

[9-10] 다음 우리 몸속 기관을 보고, 물음에 답하시오.

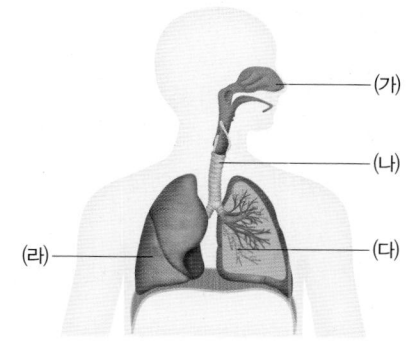

9 ⊕ 9종 공통

위 그림은 우리 몸의 어떤 기관을 나타낸 것인지 보기 에서 골라 기호를 쓰시오.

보기 ●
㉠ 호흡 기관   ㉡ 운동 기관
㉢ 순환 기관   ㉣ 배설 기관

( )

10 ⊕ 9종 공통

위 (가)~(라) 중 다음 설명에 해당하는 기관을 골라 기호와 이름을 쓰시오.

• 나뭇가지처럼 생겼다.
• 기관이 갈라진 부분으로, 기관과 폐를 연결한다.

( )

11 ✛ 9종 공통

우리 몸의 기관 중에서 다음 설명에 해당하는 기관을 쓰시오.

> • 가슴 가운데에서 약간 왼쪽으로 치우쳐 있고, 자신의 주먹만 한 크기이다.
> • 펌프 작용으로 혈액을 온몸으로 순환시킨다.

(   )

12 ✛ 9종 공통

오른쪽과 같이 주입기로 붉은 색소 물을 한쪽 관으로 빨아들이고 다른 쪽 관으로 내보냈습니다. 이 실험 장치의 각 부분은 우리 몸에서 각각 어떤 부분에 해당하는지 선으로 이으시오.

펌프

관

붉은 색소 물

(1) 펌프   •   • ㉠ 혈관

(2) 관   •   • ㉡ 심장

(3) 붉은 색소 물   •   • ㉢ 혈액

13 ✛ 9종 공통

혈액이 소화 기관에서 흡수한 영양소와 호흡 기관에서 흡수한 산소 등을 싣고 온몸을 도는 것을 무엇이라고 하는지 쓰시오.

(   )

14 서술형 ✛ 9종 공통

다음은 우리 몸의 배설 기관을 나타낸 그림입니다. 콩팥을 통과하기 전의 혈액과 콩팥을 통과한 혈액 속에 포함된 노폐물의 양은 어떠한지 비교하여 쓰시오.

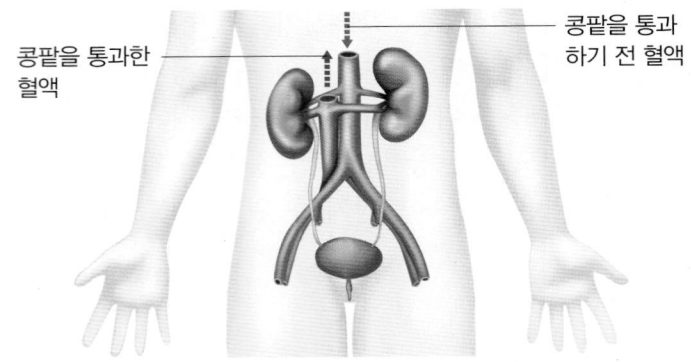

콩팥을 통과한 혈액

콩팥을 통과하기 전 혈액

15 ✛ 9종 공통

배설 기관에 대한 설명으로 옳은 것에는 ○표, 옳지 않은 것에는 ✕표 하시오.

(1) 콩팥은 강낭콩 모양이며, 허리의 등쪽에 한 개가 있다.   (   )

(2) 콩팥에서 만들어진 오줌은 방광에 모였다가 몸 밖으로 나간다.   (   )

(3) 혈액은 콩팥을 지나면서 노폐물이 걸러지고 다시 온몸을 순환한다.   (   )

16 서술형 ➕ 9종 공통

다음 두 감각 기관이 하는 일을 각각 쓰시오.

(1) 눈: _____

_____

(2) 피부: _____

_____

17 ➕ 9종 공통

다음 상황에서 반응에 해당하는 것을 골라 기호를 쓰시오.

> ㉠ 선생님께서 나를 부르시는 소리를 듣고, ㉡ 큰 소리로 대답을 했다.

(   )

18 ➕ 9종 공통

날아오는 공을 보고 공을 피하는 상황에 대한 설명으로 옳지 <u>않은</u> 것은 어느 것입니까? (   )

① 날아오는 공을 보는 것은 자극이다.
② 자극을 받아들이는 감각 기관은 눈이다.
③ 명령을 전달하는 신경계는 명령을 운동 기관으로 전달한다.
④ 신경계가 내린 명령을 실행하여 공을 피하는 것은 운동 기관이다.
⑤ 감각 기관에 주어진 자극이 같으면 모든 사람에게서 같은 반응이 일어난다.

19 ➕ 9종 공통

다음 두 상황 중 심장이 더 빠르게 뛰는 경우를 골라 ○표 하시오.

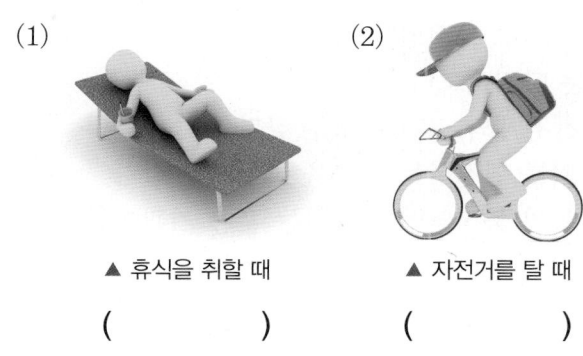

(1) ▲ 휴식을 취할 때   (2) ▲ 자전거를 탈 때

(   )   (   )

20 ➕ 9종 공통

다음은 평상시와 운동 직후, 운동하고 5분 휴식 후에 체온과 1분 동안 맥박 수를 측정하여 나타낸 그래프입니다. 이에 대한 설명으로 옳지 <u>않은</u> 것을 보기 에서 골라 기호를 쓰시오.

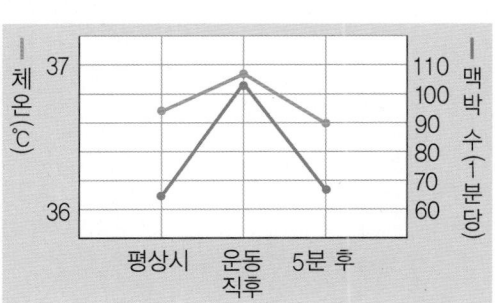

> **보기**
> ㉠ 운동을 하면 체온이 올라간다.
> ㉡ 운동을 하고 휴식을 취하면 체온이 내려가 평상시와 비슷해진다.
> ㉢ 운동을 하고 휴식을 취하면 운동 직후보다 맥박이 빨라진다.

(   )

1 ⊕ 9종 공통

우리 몸의 뼈에 대한 설명으로 옳은 것은 어느 것입니까? ( )

① 뼈는 스스로 움직인다.
② 팔뼈는 다리뼈보다 길고 굵다.
③ 뼈의 생김새와 크기는 모두 같다.
④ 뼈와 뼈를 연결하는 부분을 척추라고 한다.
⑤ 우리 몸의 움직임에 관여하는 운동 기관이다.

2 ⊕ 9종 공통

오른쪽은 빨대와 비닐봉지를 이용해 만든 뼈와 근육 모형실험입니다. 근육의 역할을 하는 부분을 골라 기호를 쓰시오.

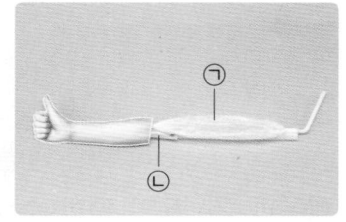

( )

3 서술형 ⊕ 9종 공통

위 **2**번 뼈와 근육 모형실험에서 빨대로 비닐봉지에 공기를 불어 넣으면 어떤 변화가 나타나는지 쓰시오.

_____

_____

4 ⊕ 9종 공통

근육이 하는 일로 옳은 것을 보기 에서 골라 기호를 쓰시오.

보기
㉠ 외부의 자극을 받아들인다.
㉡ 혈액이 이동하는 통로이다.
㉢ 음식물의 소화를 돕는 액체를 분비한다.
㉣ 뼈에 연결되어 있어 우리 몸을 움직일 수 있게 한다.

( )

5 ⊕ 9종 공통

다음 소화 기관의 이름이 옳게 짝 지어진 것은 어느 것입니까? ( )

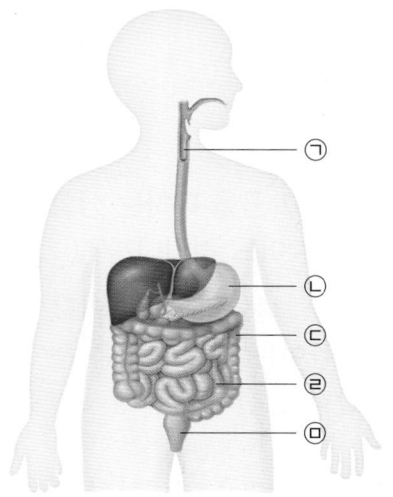

① ㉠ – 위   ② ㉡ – 식도
③ ㉢ – 항문   ④ ㉣ – 작은창자
⑤ ㉤ – 큰창자

6 ➕ 9종 공통

보기 의 기관들 중 우리가 먹은 음식물이 이동하는 통로가 <u>아닌</u> 것을 모두 골라 기호를 쓰시오.

> 보기●
>
> ㉠ 위   ㉡ 간   ㉢ 식도
> ㉣ 쓸개   ㉤ 큰창자   ㉥ 이자

(   )

7 ➕ 9종 공통

우리가 호흡할 때 공기의 이동에 대해 옳게 말한 사람의 이름을 쓰시오.

> • 시우: 숨을 내쉴 때 공기는 호흡 기관을 거치지 않아.
> • 나희: 숨을 들이마실 때 공기는 가장 먼저 식도를 거쳐.
> • 준서: 숨을 내쉴 때 폐 속의 공기는 기관지, 기관, 코를 거쳐 몸 밖으로 나가.
> • 채은: 숨을 들이마실 때와 내쉴 때 몸속에서 공기가 이동하는 기관의 순서는 같아.

(   )

8 ➕ 9종 공통

다음은 숨을 들이마실 때 공기가 이동하는 과정을 나타낸 것입니다. 빈칸에 들어갈 알맞은 말을 각각 쓰시오.

> 코 → 기관 → (㉠   ) → (㉡   )

㉠ (   ), ㉡ (   )

9 ➕ 9종 공통

다음은 오른쪽 호흡 기관 중 ㉠에 대한 설명입니다. ㉠의 이름을 쓰시오.

> • 굵은 관 모양이다.
> • 공기가 폐로 이동하는 통로로, 공기 속 불순물을 걸러 낸다.

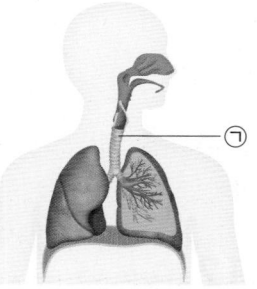

▲ 호흡 기관

(   )

10 ➕ 9종 공통

숨을 들이마실 때의 우리 몸의 변화로 옳은 것을 모두 고르시오. (   )

① 갈비뼈가 올라간다.
② 갈비뼈가 내려간다.
③ 폐가 부풀어 오른다.
④ 가슴둘레가 커진다.
⑤ 가슴둘레가 작아진다.

4
단원

[11-12] 오른쪽은 우리 몸의 순환 기관을 나타낸 그림입니다. 물음에 답하시오.

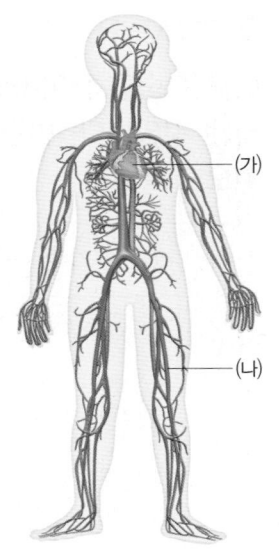

11 ➕ 9종 공통

(가)와 (나)의 이름을 각각 쓰시오.

(가) (   ), (나) (   )

12 ➕ 9종 공통

위 순환 기관에 대한 설명으로 옳지 <u>않은</u> 것은 어느 것입니까? (   )

① (가)와 (나)는 연결되어 있다.
② (가)는 펌프 작용을 반복한다.
③ 잠을 잘 때 순환 기관은 멈춘다.
④ (나)는 혈액이 이동하는 통로이다.
⑤ 순환 기관은 혈액을 온몸으로 순환시킨다.

13 서술형 ➕ 9종 공통

우리 몸속의 혈액이 하는 일은 무엇인지 쓰시오.

_____

_____

14 ➕ 9종 공통

배설의 의미로 알맞은 것은 어느 것입니까? (   )

① 혈액이 온몸을 도는 과정이다.
② 숨을 들이마시고 내쉬는 활동이다.
③ 흡수되지 않은 음식물 찌꺼기를 몸 밖으로 내보내는 것이다.
④ 음식물을 잘게 쪼개고 분해하여 영양소를 흡수하는 과정이다.
⑤ 혈액 속의 노폐물을 오줌으로 만들어 몸 밖으로 내보내는 과정이다.

15 ➕ 9종 공통

다음은 우리 몸속의 노폐물이 몸 밖으로 나가는 과정을 설명한 것입니다. (   ) 안에 들어갈 알맞은 말을 각각 쓰시오.

(㉠)은/는 혈액 속의 노폐물을 걸러 내고, 걸러진 노폐물은 수분과 함께 오줌이 되어 (㉡)에 저장되었다가 몸 밖으로 나간다.

㉠ (   ), ㉡ (   )

16 ➕ 9종 공통

오른쪽은 배설 기관의 모습입니다. ㉠의 이름을 쓰시오.

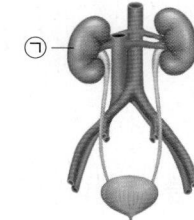

(   )

17 ➕ 9종 공통

감각 기관의 종류와 기능을 선으로 이으시오.

(1) 눈 •   • ㉠   물체를 본다.

(2) 코 •   • ㉡   맛을 본다.

(3) 귀 •   • ㉢   냄새를 맡는다.

(4) 혀 •   • ㉣   소리를 듣는다.

18 ➕ 9종 공통

오른쪽은 우리 몸의 뇌를 나타 낸 그림입니다. 뇌가 하는 일로 옳은 것에 ◯표 하시오.

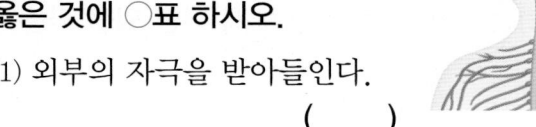

(1) 외부의 자극을 받아들인다.

(   )

(2) 전달된 명령에 따라 행동한다.   (   )

(3) 자극을 해석하고 판단하여 명령을 내린다. (   )

19 ➕ 9종 공통

오른쪽과 같이 줄넘기를 할 때 다음과 같은 일을 하는 기관을 보기 에서 골라 기호를 쓰시오.

우리 몸에 필요한 산소를 공급하고, 이산화 탄소를 몸 밖으로 내보낸다.

보기
㉠ 운동 기관   ㉡ 감각 기관
㉢ 호흡 기관   ㉣ 소화 기관

(   )

20 서술형   ➕ 9종 공통

다음과 같은 경우에 우리 몸에 나타나는 변화를 두 가지 쓰시오.

• 축구를 할 때
• 계단을 올라갈 때
• 100 m 달리기를 할 때

_____

_____

평가 주제	순환 기관의 종류와 기능
평가 목표	순환 기관 모형실험으로 혈액이 우리 몸에서 어떻게 순환하는지 알 수 있다.

[1-3] 오른쪽과 같이 순환 기관 모형실험을 하였습니다. 물음에 답하시오.

펌프

관

붉은 색소 물

1 실험에서 주입기의 펌프를 빠르게 누를 때와 느리게 누를 때 붉은 색소 물의 이동에는 어떤 차이가 있는지 비교하여 쓰시오.

_____

_____

2 실험에서 주입기의 펌프는 우리 몸의 순환 기관 중 어느 것에 해당하는지 쓰고, 그 기관의 기능은 무엇인지 쓰시오.

_____

_____

3 실험에서 붉은 색소 물은 우리 몸의 무엇에 해당하는지 쓰고, 우리 몸에서 어떤 일을 하는지 쓰시오.

_____

_____

평가 주제	자극이 전달되는 과정
평가 목표	자극과 반응의 개념을 알고, 자극이 전달되는 과정을 설명할 수 있다.

[1-2] 다음은 서율이가 체육 시간에 있었던 일을 쓴 일기입니다. 물음에 답하시오.

> 20○○년 ○월 ○일 날씨: 맑음
> 체육 시간에 친구들과 피구를 했다. 날아오는 피구 공을 열심히 피해 다녔다. 상대편에서는 연지가 남았고, 우리 편에서는 내가 남았다. 이기고 싶은 마음이 커서 온 신경을 공에 집중했다. 드디어 연지가 공을 던졌다. 나에게 날아오는 공을 보고, 공을 잡아 연지에게 던졌다. 연지는 공을 피하지 못하고 다리에 맞아서 결국 우리 편이 이겼다. 친구들과 소리를 지르며 기뻐했다. 체육 시간은 언제나 즐겁다.

1 위 일기의 밑줄 친 부분에서 자극과 반응은 각각 무엇인지 쓰시오.

자극	(1)
반응	(2)

2 위와 같이 자극이 전달되어 반응하는 과정에서 뇌가 하는 일은 무엇인지 쓰시오.

_____

_____

3 자극이 전달되어 반응하는 과정의 순서에 맞게 기호를 쓰시오.

㉠ 운동 기관	㉡ 감각 기관	㉢ 행동을 결정하는 신경계
㉣ 자극을 전달하는 신경계	㉤ 명령을 전달하는 신경계	

(   ) → (   ) → (   ) → (   ) → (   )

✏ 빈칸에 알맞은 답을 쓰세요.

1 식물과 동물 중 햇빛을 받아 광합성을 하여 만든 양분에서 에너지를 얻는 것은 어느 것입니까?

2 식물과 동물 중 다른 생물을 먹어 에너지를 얻는 것은 어느 것입니까?

3 개, 고양이, 사과나무 중 살아가는 데 필요한 에너지를 얻는 방법이 다른 하나는 어느 것입니까?

4 어두운 곳을 밝히고 식물이 양분을 만들 때 필요한 에너지의 형태는 무엇입니까?

5 움직이는 물체가 가진 에너지의 형태는 무엇입니까?

6 보온 물통 안의 따뜻한 물이 가진 에너지의 형태는 무엇입니까?

7 높은 곳에 매달려 있는 인형이 가진 에너지의 형태는 무엇입니까?

8 에너지의 형태가 바뀌는 것을 무엇이라고 합니까?

9 높은 곳으로 올라갔던 낙하 놀이기구가 아래로 떨어지면서 위치 에너지가 어떤 에너지로 바뀝니까?

10 형광등과 발광 다이오드등 중에 에너지 효율이 더 높은 것은 어느 것입니까?

✎ 빈칸에 알맞은 답을 쓰세요.

1 식물이 햇빛을 이용하여 이산화 탄소와 물로 양분을 만드는 과정을 무엇이라고 합니까?

2 주변을 따뜻하게 하거나 음식을 익힐 때 필요한 에너지의 형태는 무엇입니까?

3 연료나 음식물, 생물체에 저장된 에너지의 형태는 무엇입니까?

4 높은 곳에 있는 물체가 가진 에너지의 형태는 무엇입니까?

5 냉장고, 세탁기, 선풍기가 작동하려면 어떤 형태의 에너지가 필요합니까?

6 선풍기는 전기 에너지가 어떤 에너지로 바뀌어 날개가 돌아갑니까?

7 폭포에서 물이 떨어질 때 위치 에너지가 어떤 에너지로 바뀝니까?

8 우리는 움직일 때 음식으로 먹은 화학 에너지를 어떤 에너지로 전환합니까?

9 우리가 생활 속에서 이용하는 대부분의 에너지는 어디로부터 온 에너지의 형태가 전환된 것입니까?

10 다람쥐는 춥고 먹이가 부족한 겨울이 오면 에너지 소비를 줄이기 위해 어떻게 합니까?

5
단원

1 ⊕ 9종 공통

생물이 살아가거나 기계가 움직이는 데 공통으로 필요한 것은 어느 것입니까? (   )

① 물
② 공기
③ 기름
④ 전기
⑤ 에너지

[2-3] 다음은 여러 가지 식물과 동물의 모습입니다. 물음에 답하시오.

(가)
▲ 벼

(나)
▲ 거북

(다)
▲ 호랑이

(라)
▲ 선인장

2 ⊕ 9종 공통

위 (가)~(라) 중 스스로 양분을 만들어 에너지를 얻는 생물을 모두 골라 기호를 쓰시오.

(   )

3 ⊕ 9종 공통

위 (가)~(라) 중 에너지를 다른 생물을 통해 얻는 생물을 모두 골라 기호를 쓰시오.

(   )

4 ⊕ 9종 공통

텔레비전, 세탁기, 냉장고가 작동하는 데 공통으로 이용되는 에너지 형태는 어느 것입니까? (   )

▲ 텔레비전

▲ 세탁기

▲ 냉장고

① 열에너지
② 빛에너지
③ 전기 에너지
④ 운동 에너지
⑤ 위치 에너지

5 ⊕ 9종 공통

다음 설명에 해당하는 에너지 형태를 찾아 선으로 이으시오.

(1) 석유, 석탄, 음식이 가진 에너지 • • ㉠ 열에너지

(2) 주변을 따뜻하게 하는 에너지 • • ㉡ 화학 에너지

(3) 움직이는 물체가 가진 에너지 • • ㉢ 운동 에너지

6 ⊕ 9종 공통

에너지 전환을 이용하는 예로 옳지 <u>않은</u> 것을 [보기]에서 골라 기호를 쓰시오.

> **보기** ●
>
> ㉠ 전등은 빛에너지를 전기 에너지로 전환한다.
> ㉡ 선풍기는 전기 에너지를 운동 에너지로 전환한다.
> ㉢ 광합성을 하는 사과나무는 빛에너지를 화학 에너지로 전환한다.
> ㉣ 승강기는 전기 에너지를 운동 에너지와 위치 에너지로 전환한다.

(   )

7 서술형 ⊕ 9종 공통

오른쪽과 같이 위에서 아래로 공을 떨어뜨릴 때 공의 에너지 전환 과정을 쓰시오.

_____

_____

_____

8 ⊕ 9종 공통

우리 몸에서 일어나는 에너지 전환 과정으로 (   ) 안에 들어갈 알맞은 말을 쓰시오.

> 우리가 먹은 음식에서 얻은 화학 에너지는 걷거나 뛰는 등의 (   ) 에너지로 전환된다.

(   )

9 동아, 미래엔, 아이스크림

반딧불이는 먹이에서 얻은 양분을 이용해 배 부분에서 빛을 냅니다. 반딧불이의 에너지 전환에 대한 설명으로 (   ) 안에 들어갈 알맞은 에너지 형태를 각각 쓰시오.

> 반딧불이는 작은 동물을 먹어서 (㉠) 에너지를 얻고, 이 에너지를 (㉡)에너지로 전환한다.

㉠ (   ), ㉡ (   )

10 ⊕ 9종 공통

에너지를 효율적으로 사용하는 예에 대한 설명으로 옳지 <u>않은</u> 것은 어느 것입니까? (   )

① 발광 다이오드등 대신 형광등을 사용한다.
② 에너지 효율이 높은 전기 기구를 사용한다.
③ 이중창이나 단열재를 사용하여 건물 안 열 손실을 줄인다.
④ 다람쥐는 추운 겨울이 오면 겨울잠을 자면서 에너지 소비를 줄인다.
⑤ 대부분의 나무는 추운 겨울을 준비하기 위해 가을에 낙엽을 떨어뜨린다.

[1-2] 다음은 우리 주변의 다양한 생물의 모습입니다. 물음에 답하시오.

독수리   뱀   사과나무

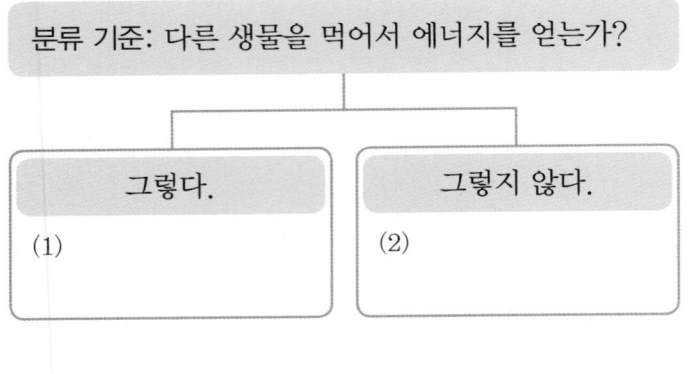

연꽃   토끼   개구리

1 ➕9종 공통

위 생물들을 다음의 분류 기준에 따라 분류하여 이름을 쓰시오.

> 분류 기준: 다른 생물을 먹어서 에너지를 얻는가?

그렇다.	그렇지 않다.
(1)	(2)

2 서술형 ➕9종 공통

위 **1**번에서 (2)로 분류한 생물은 살아가는 데 필요한 에너지를 어떻게 얻는지 쓰시오.

_____

_____

3 ➕9종 공통

다음은 기계를 작동시키는 데 필요한 에너지가 없다면 어떤 어려움이 생길지에 대해 이야기한 내용입니다. **잘못** 말한 사람의 이름을 쓰시오.

> • 민서: 겨울에 난방을 할 수 없고, 여름에 에어컨도 틀 수 없을 거야.
> • 지원: 텔레비전도 볼 수 없고, 휴대 전화도 사용할 수 없어서 정말 불편할 거야.
> • 영태: 그래도 기름으로 움직이는 자동차는 탈 수 있으니까 여행을 갈 수 있어.

(   )

4 ➕9종 공통

다음 설명에서 공통으로 관련된 에너지 형태는 어느 것입니까? (   )

> • 연료나 음식물, 생물체에 저장된 에너지이다.
> • 생물이 생명 활동을 하는 데 필요한 에너지이다.

① 빛에너지   ② 전기 에너지
③ 위치 에너지   ④ 화학 에너지
⑤ 운동 에너지

5 ➕9종 공통

다음 에너지 형태에 대한 설명으로 (   ) 안에 들어갈 알맞은 말에 ○표 하시오.

> 물체의 온도를 높이는 에너지는 ㉠(빛, 열)에너지이고, 높은 곳에 있는 물체가 가지고 있는 에너지는 ㉡(위치, 운동) 에너지이다.

6 ➕ 9종 공통

다음과 같이 폭포의 물이 위에서 아래로 떨어질 때 일어나는 에너지 전환 과정을 쓰시오.

(   ) 에너지 → (   ) 에너지

7 ➕ 9종 공통

전기 에너지가 주로 빛에너지로 전환되는 예를 보기 에서 모두 고른 것은 어느 것입니까? (   )

> 보기 ●
> ㉠ 가로등   ㉡ 선풍기
> ㉢ 전기난로   ㉣ 전기자동차

① ㉠   ② ㉡
③ ㉠, ㉢   ④ ㉠, ㉣
⑤ ㉡, ㉢, ㉣

8 서술형 ➕ 9종 공통

오른쪽은 목련이 에너지를 효율적으로 이용하는 예입니다. 이것의 이름과 효율적인 까닭을 쓰시오.

_____

_____

9 ➕ 9종 공통

배추로 만든 김치를 먹어서 얻는 에너지와 에너지의 전환 과정에 대해 옳게 말한 사람의 이름을 쓰시오.

> • 하나: 김치의 재료인 배추에는 에너지가 없어.
> • 우주: 배추로 만든 김치는 운동 에너지를 가지고 있어.
> • 서진: 김치를 먹어서 얻은 화학 에너지가 우리 몸의 운동 에너지로 전환돼.

(   )

10 ➕ 9종 공통

다음 (   ) 안에 들어갈 알맞은 말을 보기 에서 골라 기호를 쓰시오.

> 철새들은 먼 거리를 날아갈 때 (   )을/를 이용하여 에너지 효율을 높인다.

> 보기 ●
> ㉠ 빛   ㉡ 바람
> ㉢ 먹이   ㉣ 햇빛

(   )

5 단원

평가 주제	에너지 전환
평가 목표	에너지 전환의 예를 찾아 설명할 수 있다.

[1-3] 다음은 롤러코스터에서 움직이는 열차의 모습입니다. 물음에 답하시오.

2구간
열차가 위에서 아래로 내려올 때

1구간
처음 열차를 위로 끌어 올릴 때

3구간
열차가 아래에서 위로 올라갈 때

1 위 롤러코스터의 각 구간에서 에너지 형태가 전환되는 과정을 쓰시오.

(1) 1구간: _____

(2) 2구간: _____

(3) 3구간: _____

2 일상생활에서 위 롤러코스터의 2구간과 같은 형태의 에너지 전환이 일어나는 경우를 한 가지 쓰시오.

_____

_____

3 위 롤러코스터의 에너지 전환 과정을 참고하여 오른쪽 낙하 놀이 기구에서 일어나는 에너지 전환 과정을 쓰시오.

_____

_____

평가북

백점 과학 **6·2**

초등학교   학년   반   번   이름

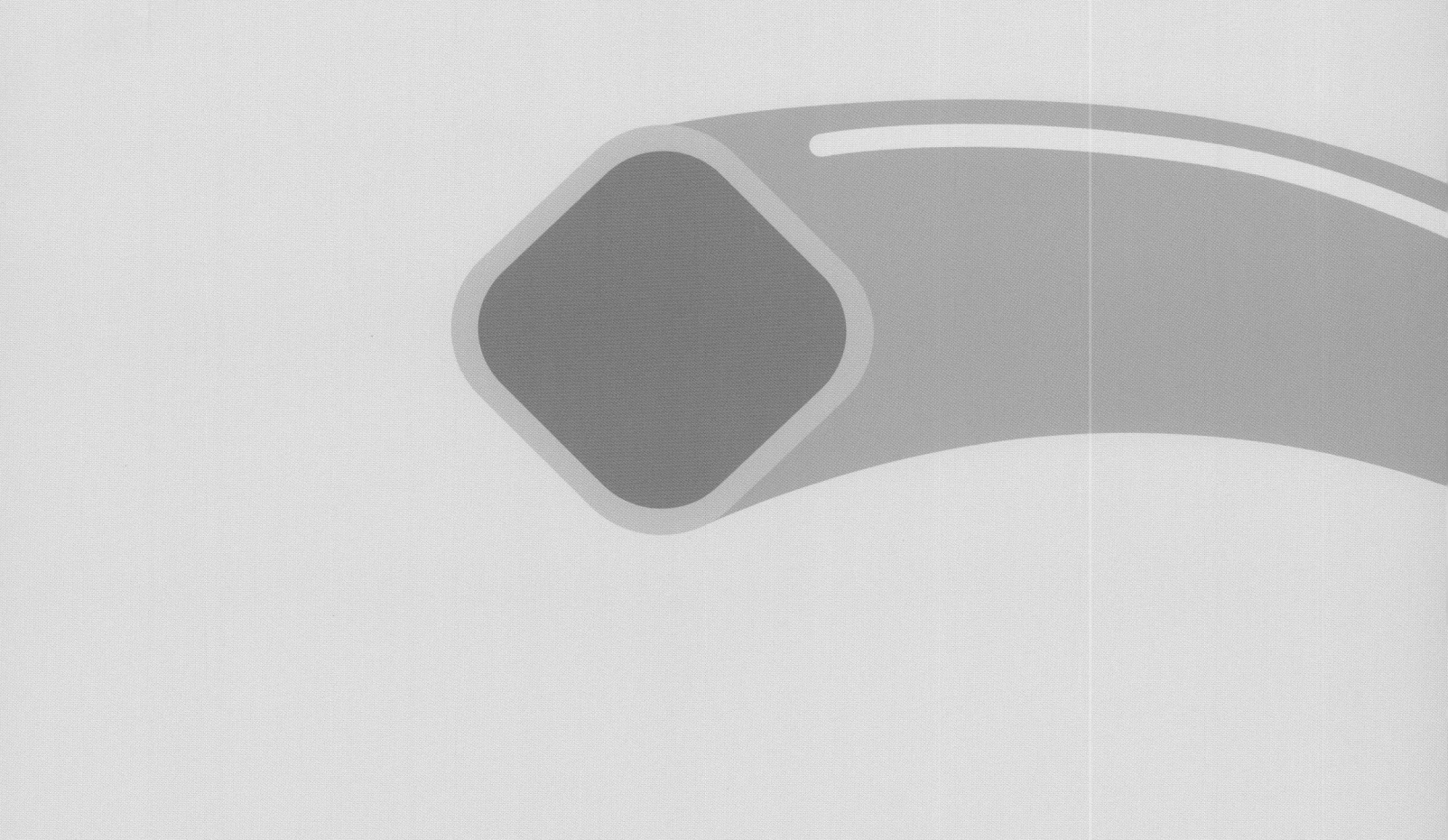

강의가 더해진, 교과서 맞춤 학습

백점

과학 6·2

모바일
빠른 정답

친절한 해설북

- 한눈에 보이는 **정확한 답**
- 한번에 이해되는 **자세한 풀이**

D 동아출판

친절한 해설북 구성과 특징

1 해설로 개념 다시보기
- 문제와 관련된 해설을 다시 한번 확인하면서 학습 내용에 대해 깊이 있게 이해할 수 있습니다.

2 서술형 채점 TIP
- 서술형 문제 풀이에는 채점 기준과 채점 TIP을 구체적으로 제시하고 있습니다.

차례

백점 과학 빠른 정답

QR코드를 찍으면 **정답과 해설**을 쉽고 빠르게 확인할 수 있습니다.

모바일
빠른 정답

1. 전기의 이용

① 전구에 불이 켜지는 조건

8쪽~9쪽　문제 학습

1 구리　2 필라멘트　3 전지　4 전기 회로
5 전지　6 철, 흑연, 알루미늄　7 서율　8 (1) ㉡
(2) ㉠　9 (1) 스위치 (2) ⑩ 전기가 흐르는 길을 끊
거나 연결하는 전기 부품입니다. 스위치를 열면 전
기 회로에 전기가 흐르지 않고, 스위치를 닫으면 전
기 회로에 전기가 흐릅니다.　10 ㉠　11 ㉠ 필
라멘트, ㉡ 꼭지쇠, ㉢ 꼭지　12 ㈏, ㈐　13 ㈐
14 (+)극, (−)극

6 철, 흑연, 알루미늄, 구리 등은 전기가 잘 흐르는 물
질이고, 고무, 나무, 비닐, 종이, 유리 등은 전기가
잘 흐르지 않는 물질입니다.

7 전지는 볼록 튀어나온 부분이 (+)극이고, 반대쪽이
(−)극입니다. 전기가 흐르면 빛을 내는 전기 부품
은 전구입니다.

8 전구 끼우개는 전구를 전선에 쉽게 연결할 수 있도록
전구를 끼워서 사용하고, 전지 끼우개는 전지를 전선
에 쉽게 연결할 수 있도록 전지를 넣어 사용합니다.

9 스위치를 사용하면 전기 회로에 전기가 흐르게 하
거나 흐르지 않게 합니다.

채점 기준	상	(1) 스위치를 쓰고, (2) 전기 회로에 전기가 흐르게 하거나 흐르지 않게 할 수 있다는 의미로 쓴 경우
	중	(1) 스위치를 쓰고, (2) 전기 회로에 전기가 흐르게 할 수 있다는 내용만 쓴 경우
	하	(1) 스위치만 옳게 쓴 경우

10 ㉡은 손으로 누르는 부분이기 때문에 전기가 잘 흐
르지 않는 물질로 되어 있습니다.

11 전구에는 꼭지와 꼭지쇠, 필라멘트가 있으며, 전구
에 전기를 공급하면 필라멘트 부분에서 빛이 납니다.

12 전지, 전선, 전구가 끊어지지 않고 연결되어야 전구
에 불이 켜집니다.

13 ㈎는 전구가 전지의 (+)극에만 연결되어 있기 때문
에 전구에 불이 켜지지 않습니다.

14 전기 회로에서 전구에 불이 켜지려면 전지, 전선,
전구를 끊어지지 않게 해야 합니다.

② 전지의 수와 전구의 연결 방법에 따른 전구의 밝기

12쪽~13쪽　문제 학습

1 전지의 수　2 밝습니다　3 (−)　4 직렬연결
5 병렬연결　6 ㉠　7 ⑶ ○　8 ㉡　9 (전구의)
병렬연결　10 ③, ④

11 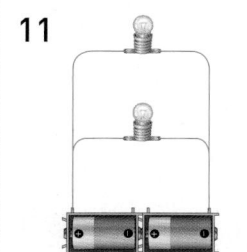　12 ㈎　13 ㈎　14 ⑩ 전
구 하나가 고장이 났을 때 전
체 전구가 모두 꺼집니다.

6 전지 두 개를 연결할 때 전지의 같은 극끼리 연결하
면 전구에 불이 켜지지 않습니다.

7 전지 두 개를 연결할 때 한 전지의 (+)극을 다른 전
지의 (−)극에 연결해야 합니다.

8 전기 회로에서 전지 두 개를 연결하면 전지 한 개를
연결할 때보다 전구의 밝기가 더 밝습니다.

9 전구 두 개 이상을 한 줄로 연결하는 방법을 전구의
직렬연결이라고 하고, 여러 개의 줄에 나누어 한 개씩
연결하는 방법을 전구의 병렬연결이라고 합니다.

10 ①, ②는 두 개의 전구가 직렬로 연결되어 있어 전
구 한 개가 꺼지면 나머지 전구도 꺼집니다. ③, ④
는 두 개의 전구가 병렬로 연결되어 있어 전구 한
개가 꺼져도 나머지 전구는 꺼지지 않습니다.

11 전구 두 개를 각각 다른 줄로 전지의 (+)극과 (−)극
에 연결하면 전구의 병렬연결을 만들 수 있습니다.

12 전구를 병렬로 연결하면 직렬로 연결했을 때보다
전구의 밝기가 밝습니다.

13 같은 수의 전구를 병렬로 연결하면 직렬로 연결했
을 때보다 전기 에너지를 더 많이 사용하기 때문에
전지를 오래 사용할 수 없습니다.

14 장식용 나무의 전구를 직렬로만 연결하면 전구 하나
가 고장이 났을 때 전체 전구가 모두 꺼지고, 전구를
병렬로만 연결하면 전기와 전선이 많이 소비되기 때
문에 직렬연결과 병렬연결을 혼합하여 사용합니다.

채점 tip 전구 하나가 고장이 나면 전체 전구가 꺼지는 문제점을
쓰면 정답으로 합니다.

❸ 전기의 절약과 안전

16쪽~17쪽 문제 학습

1 망치 2 절약 3 감전 4 머리 5 퓨즈
6 다정 7 ㉠ 8 타이머 콘센트 9 ②
10 ①, ⑤ 11 ③ ○ 12 ⓔ 전기 기구의 플러그를 뽑을 때 전선을 잡아당기지 않고, 플러그의 머리 부분을 잡고 뽑습니다. 13 ③

6 전기를 만드는 데 비용이 많이 들고, 석탄, 석유, 천연가스와 같은 자원이 필요한데 이러한 자원은 한정되어 있습니다. 또 전기를 만들 때 환경을 오염시키는 물질이 나오기 때문에 전기를 절약해야 합니다.

7 냉장고의 문은 필요한 음식이나 재료 등을 꺼낼 때만 열고 빠르게 닫습니다.

8 타이머 콘센트는 원하는 시간이 되면 자동으로 전원이 차단되어 전기를 절약할 수 있습니다.

개념 다시 보기

전기 절약 장치
• 전기 요금 측정기: 전기 사용량을 지속적으로 확인할 수 있습니다.
• 타이머 콘센트: 사용 시간을 설정하면 해당 시간 동안만 전기를 공급합니다.

9 누전은 화재나 감전 사고의 원인이 되기도 합니다. 이러한 사고를 방지하려면 전선이 벗겨지거나 끊긴 곳이 없는지 확인하고, 누전 차단기를 설치합니다.

10 습기가 많은 곳에 전기 기구를 두지 않고, 콘센트에 덮개를 씌워 사용합니다. 전기 회로에 한꺼번에 많은 양의 전기가 흐르면 화재가 발생할 수 있습니다.

11 전기를 잘못 사용하면 안전사고가 발생할 위험이 있기 때문에 전기 제품을 안전하게 사용하는 방법을 알고 전기 안전 수칙에 따라 사용해야 합니다.

12 플러그를 뽑을 때는 플러그의 머리 부분을 잡고 뽑아야 안전하게 뽑을 수 있습니다.

채점 tip 플러그를 뽑을 때 플러그의 머리 부분을 잡고 뽑는다고 쓰면 정답으로 합니다.

13 퓨즈는 전기 회로에 센 전기가 흐르면 순식간에 녹아 전기 회로를 끊어지게 하는 장치이고, 발광 다이오드는 일반 전구보다 전기를 절약할 수 있는 전기 부품입니다. 콘센트 안전 덮개는 콘센트를 덮어 물이 들어가거나 먼지가 쌓이지 않도록 합니다.

❹ 전자석의 성질과 이용

20쪽~21쪽 문제 학습

1 전자석 2 전지 3 전자석 4 N(S), S(N)
5 자기 부상 열차 6 ㉡ → ㉠ → ㉢ 7 (2) ○
8 서빈 9 ③ 10 ㉡ 11 ⓔ 전자석은 일렬로 연결한 전지의 개수가 많을수록 전자석의 세기가 커지기 때문입니다. 12 ③ 13 영구 자석 14 ㉢

6 둥근 머리 볼트에 종이테이프를 붙이고 나사선을 따라 에나멜선을 약 100번 정도 감은 후 에나멜선 양 끝을 사포로 벗겨 내 전기 회로에 연결합니다.

7 전기 회로에 전기가 흐를 때만 전자석에 자석의 성질이 나타나 철로 된 물체가 붙습니다.

8 전자석은 전기가 흐를 때만 자석의 성질이 나타나기 때문에 전기 회로에 전기 에너지를 공급하는 전지가 필요합니다. 에나멜선 대신 전기가 통하지 않는 고무줄은 사용할 수 없습니다.

9 전자석은 전기가 흐르는 전선 주위에 자석의 성질이 나타나는 것을 이용해 만든 자석으로, 전기가 흐를 때만 자석의 성질이 나타나 철로 된 물체를 끌어당깁니다.

10 전자석에 전지 한 개를 연결할 때보다 전지 두 개를 일렬로 연결할 때 전자석의 세기가 더 큽니다.

11 전자석의 세기는 일렬로 연결한 전지의 개수를 다르게 하여 조절할 수 있습니다.

채점 기준	상	일렬로 연결한 전지의 개수가 많을수록 전자석의 세기가 커진다고 쓴 경우
	중	전지의 개수가 많을수록 전자석의 세기가 커진다고 쓴 경우
	하	전지의 개수가 많기 때문이라고만 쓴 경우

12 전자석은 전기 회로에서 전지의 방향을 반대로 바꾸면 전자석의 양쪽 극이 반대 방향으로 바뀝니다.

13 막대자석과 같은 영구 자석은 항상 자석의 성질을 가지고, 자석의 세기와 극이 일정합니다.

14 전자석 기중기는 전기가 흐를 때 철로 된 물체를 들어 올렸다가 전기가 흐르지 않으면 철로 된 물체가 떨어지는 원리를 이용합니다.

22쪽~23쪽 교과서 통합 핵심 개념

❶ 전기 회로 ❷ 스위치 ❸ 밝습니다
❹ 병렬연결 ❺ 영구 자석 ❻ 전자석

24쪽~26쪽 단원 평가 **1**회

1 (1) ㉢ (2) ㉠ (3) ㉡ **2** ㈎ **3** 예 전구가 전지의 한쪽 극에만 연결되어 있기 때문입니다. 전지, 전선, 전구의 연결이 끊겨 있기 때문입니다. **4** ㉠
5

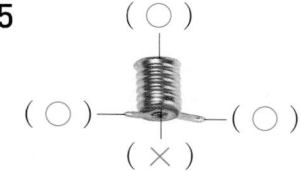

(○)
(○) ─ (○)
(✕)

6 (1) ㉠ (2) 예 전지 한 개를 연결한 전기 회로의 전구보다 전지 두 개를 서로 다른 극끼리 일렬로 연결한 전기 회로의 전구가 더 밝기 때문입니다.
7 직렬, 병렬 **8** (1) ㈒ (2) ㈎, ㈏, ㈐ **9** ㈒
10 ㈎, ㈏, ㈐ **11** 연수 **12** (1) ✕ (2) ✕ (3) ○
(4) ○ (5) ✕ **13** S, N **14** 예 전지의 극을 반대로 바꾸어 연결합니다. **15** ①

1 전지는 전기 회로에 전기를 흐르게 하는 전기 부품입니다. 스위치는 전기가 흐르는 길을 끊거나 연결하는 전기 부품입니다. 집게 달린 전선은 전기 부품을 연결하여 전기가 통하게 합니다.

2 전구에 불이 켜지려면 전지, 전선, 전구가 끊긴 곳이 없게 연결해야 합니다.

3 전구를 전지의 (+)극과 전지의 (−)극에 각각 연결해야 하는데, 전구가 전지의 (+)극에만 연결되어 있어 전구에 불이 켜지지 않습니다.

> **채점 tip** 전구가 전지의 한쪽 극 또는 (+)극에만 연결되어 있기 때문이라고 쓰거나, 전지, 전선, 전구의 연결이 끊겨 있기 때문이라고 쓰면 정답으로 합니다.

4 ㈎는 전구를 전선에 쉽게 연결할 수 있도록 전구를 끼워서 사용하는 전구 끼우개이고, ㈏는 전지를 전선에 쉽게 연결할 수 있도록 전지를 넣어 사용하는 전지 끼우개입니다.

5 전구 끼우개의 양쪽 팔과 몸통은 전기가 잘 흐르는 금속으로 되어 있고, 밑부분은 전기가 잘 흐르지 않는 고무로 되어 있습니다.

6 전지 두 개를 연결할 때 전구의 밝기를 밝게 하기 위해서는 한 전지의 (+)극을 다른 전지의 (−)극에 연결해야 합니다.

채점 기준	상	(1) ㉠을 쓰고, (2) 전지 한 개를 연결할 때보다 전지 두 개를 서로 다른 극끼리 일렬로 연결할 때의 전구가 더 밝다고 쓴 경우
	중	(1) ㉠을 쓰고, (2) 단순히 전지 두 개를 연결할 때의 전구가 더 밝다고 쓴 경우
	하	(1) ㉠만 옳게 쓴 경우

7 전기 회로에 전구 두 개를 연결하는 방법은 직렬연결과 병렬연결이 있습니다.

8 ㈎, ㈏, ㈐는 전구 두 개를 각각 다른 줄에 나누어 연결한 병렬연결이고, ㈒는 전구 두 개를 한 줄로 연결한 직렬연결입니다.

9 전구를 병렬로 연결할 때보다 직렬로 연결할 때 전구가 더 어둡습니다.

10 전구의 병렬연결은 전구 하나가 꺼지더라도 나머지 전구의 불은 꺼지지 않습니다.

11 밝은 곳에서는 전등을 켜지 않습니다. 냉난방 기구를 사용할 때는 창문을 닫고, 필요한 경우에만 창문을 열어 환기합니다.

12 플러그를 뽑을 때는 플러그의 머리 부분을 잡고 뽑아야 합니다. 전기 제품 위에 젖은 수건을 올려놓으면 감전 사고가 발생할 수 있습니다. 전선이 무거운 가구나 물체 밑에 깔리지 않도록 해야 합니다.

13 나침반의 빨간색 바늘(N극)이 가리키는 전자석의 극은 S극, 나침반의 파란색 바늘(S극)이 가리키는 전자석의 극은 N극입니다.

14 전자석은 전지의 연결 방향을 반대로 바꾸면 전자석의 극도 반대로 바뀝니다. 에나멜선을 감은 방향을 반대로 해도 전자석의 극을 바꿀 수 있습니다.

> **채점 tip** 전지의 방향을 반대로 바꾸어 연결한다고 쓰면 정답으로 합니다.

15 전자석에 일렬로 연결한 전지의 개수가 늘어나면 전자석의 세기가 커져 철로 된 물체를 끌어당기는 힘이 커집니다.

27쪽~29쪽 단원 평가 **2**회

1 전기 회로 **2** 연지 **3** ㉢ **4** ㈏, ㈐ **5** ③, ④ **6** ② **7** ㈏ **8** ㉡ **9** (1) 병렬 (2) 직렬 (3) 직렬 (4) 병렬 **10** ㉡ **11** 예 물이 묻은 손으로 전기 제품을 만지지 않습니다. 손에 물기가 없도록 수건으로 닦은 뒤 플러그를 꽂습니다. **12** 퓨즈
13 예 영구 자석은 항상 자석의 성질을 가지고 있지만, 전자석은 전기가 흐를 때만 자석의 성질이 나타납니다. **14** (1) ○ **15** ㉣

BOOK **1** 개념북

1 단원

1 전지, 전선, 전구 등과 같은 전기 부품을 연결하여 전기를 공급할 수 있도록 한 것을 전기 회로라고 하며, 전기 회로에 전기가 흐르면 전구에 불이 켜집니다.

2 전지는 전기 회로에 전기 에너지를 공급하는 전기 부품으로, ㉠과 ㉢은 전기가 잘 흐르는 부분이고, ㉡은 전기가 잘 흐르지 않는 부분입니다.

3 철, 구리, 알루미늄, 흑연 등은 전기가 잘 흐르는 물질이고, 고무, 종이, 유리, 비닐, 나무 등은 전기가 잘 흐르지 않는 물질입니다.

4 ㈎는 전구가 전지의 (−)극에만 연결되어 있고, ㈒는 전구에 연결된 전선이 모두 전지의 (−)극에만 연결되어 있어 전구에 불이 켜지지 않습니다.

5 ㈏와 ㈐는 전지, 전선, 전구가 끊어지지 않게 연결되어 있고, 전구가 전지의 (+)극과 (−)극에 각각 연결되어 있어 전구에 불이 켜집니다.

6 전기 회로에 연결한 전지의 수에 따른 전구의 밝기를 비교할 때 다르게 해야 할 조건은 전기 회로에 연결하는 전지의 수입니다.

7 전지 두 개를 서로 다른 극끼리 일렬로 연결한 전기 회로의 전구가 전지 한 개를 연결한 전기 회로의 전구보다 더 밝습니다.

8 ㉠은 전구 두 개를 두 줄에 나누어 연결하는 병렬연결이고, ㉡은 전구 두 개를 한 줄로 연결하는 직렬연결입니다.

9 전구의 직렬연결은 전구의 밝기가 상대적으로 어둡고, 한 전구라도 꺼지면 전체 전기 회로가 끊어지게 됩니다. 반면 전구의 병렬연결은 전구의 밝기가 상대적으로 밝고, 한 전구가 꺼져도 나머지 전구는 켜집니다.

10 전기를 만드는 데 비용이 많이 들고, 석탄, 석유, 천연가스와 같은 자원이 필요한데 이러한 자원은 한정되어 있어 전기를 절약해야 합니다. 전기를 잘못 사용하면 안전사고가 발생할 위험이 있습니다.

11 물이 묻은 손으로 전기 제품을 만지거나 플러그를 꽂으면 감전 사고가 발생할 수 있습니다.

채점 tip 전기 제품을 만질 때는 손에 물기가 없도록 닦아야 한다고 쓰면 정답으로 합니다.

12 콘센트 안전 덮개는 전기 제품을 사용하지 않을 때 콘센트를 덮어 물이나 먼지가 들어가지 않도록 합니다. 과전류 차단 장치는 센 전기가 흐르면 자동으로 스위치를 열어 전기가 흐르는 것을 막아줍니다.

13 전자석에 연결된 스위치를 닫았을 때만 철이 든 빵끈이 붙은 것을 통해 전자석은 전기가 흐를 때만 자석의 성질이 나타난다는 것을 알 수 있습니다.

채점 기준	상	영구 자석은 항상 자석의 성질을 가지고 있지만, 전자석은 전기가 흐를 때만 자석의 성질이 나타난다고 비교하여 쓴 경우
	중	영구 자석과 비교하지 않고, 전자석에 전기가 흐를 때만 자석의 성질이 나타난다고 쓴 경우
	하	전자석은 자석의 성질이 나타난다는 것만 쓴 경우

14 전자석에 연결된 전지의 극을 반대로 하면 전자석의 극도 반대로 바뀌므로 나침반 바늘이 가리키는 방향도 바뀝니다.

15 자석 칠판은 영구 자석을 이용한 예입니다.

30쪽 **수행 평가 ❶회**

1 (1) ㈎, ㈐ (2) ㈏, ㈒

2 ㈎: **예** 남은 전구에 불이 켜지지 않습니다.
㈏: **예** 남은 전구에 불이 켜집니다.
㈐: **예** 남은 전구에 불이 켜지지 않습니다.
㈒: **예** 남은 전구에 불이 켜집니다.

3 **예** 전구를 직렬로만 연결하면 전구 하나가 고장이 났을 때 전체 전구가 모두 꺼지고, 전구를 병렬로만 연결하면 전기 에너지가 많이 소비되기 때문입니다.

1 ㈎와 ㈐는 전구의 직렬연결이고, ㈏와 ㈒는 전구의 병렬연결입니다. 전구의 밝기는 전구 두 개를 직렬로 연결할 때보다 병렬로 연결할 때가 더 밝습니다.

2 전구의 직렬연결은 전구 하나를 빼면 전기 회로가 끊어져 남은 전구에 불이 켜지지 않고, 전구의 병렬연결은 전구 하나를 빼내도 남은 전구가 연결된 전기 회로는 끊어지지 않기 때문에 남은 전구에 불이 켜집니다.

채점 tip ㈎와 ㈐는 남은 전구에 불이 켜지지 않고, ㈏와 ㈒는 남은 전구에 불이 켜진다고 쓰면 정답으로 합니다.

3 장식용 나무의 전구는 직렬연결과 병렬연결을 혼합하여 사용합니다. 전구를 직렬로만 연결하여 나무를 장식하면 전구 하나가 고장이 났을 때 나머지 전구도 모두 꺼지고, 전구를 병렬로만 연결하면 전기와 전선이 많이 소비되기 때문입니다.

채점 tip 직렬로만 연결했을 때의 단점과 병렬로만 연결했을 때의 단점을 쓰면 정답으로 합니다.

31쪽 **수행 평가 ②회**

1 예 전자석에 일렬로 연결한 전지의 개수가 많을수록 전자석의 세기가 커집니다.

2 예 전자석은 전지의 개수를 다르게 하여 전자석의 세기를 조절할 수 있지만, 영구 자석은 자석의 세기가 일정합니다.

3 예 선풍기, 자기 부상 열차, 스피커, 전자석 기중기, 세탁기, 냉장고, 컴퓨터 등

1 전자석에 연결한 전지의 개수가 늘어나면 전자석에 붙는 빵 끈의 개수가 늘어납니다.

채점 기준	상	일렬로 연결한 전지의 개수가 많을수록 전자석의 세기가 커진다고 쓴 경우
	하	전지의 개수에 따라 전자석의 세기를 조절할 수 있다고 쓴 경우

2 막대자석과 같은 영구 자석은 자석의 세기가 일정합니다. 전기가 흐를 때만 자석의 성질이 나타나는 전자석은 전자석의 세기를 조절할 수 있습니다.

채점 **tip** 전자석은 전자석의 세기를 조절할 수 있지만, 영구 자석은 자석의 세기가 일정하다는 차이점을 쓰면 정답으로 합니다.

3 전자석은 물체를 진동하게 하거나 회전하게 하는 전동기에도 사용되며, 전동기는 선풍기, 세탁기 등 다양한 전기 제품 속에 들어 있습니다.

32쪽 **쉬어가기**

2. 계절의 변화

① 하루 동안 태양 고도, 그림자 길이, 기온의 관계

36쪽~37쪽 **문제 학습**

1 태양 고도 **2** 남중 고도 **3** 높습니다 **4** 짧아집니다 **5** 두(2) **6** ㉡ **7** (2) ○ **8** ③ **9** ㉢ **10** (1) ㉡ (2) ㉠ **11** ① **12** 예 오전에 점점 높아지다가 14시 30분경에 가장 높고, 이후 서서히 낮아집니다. **13** ㉡ **14** 유리

6 태양 고도는 태양이 지표면과 이루는 각을 말합니다.

7 태양 고도를 측정할 때 햇빛이 잘 드는 평평한 곳에 태양 고도 측정기를 놓습니다. 실을 막대기의 그림자 끝에 맞추고, 그림자와 실이 이루는 각을 각도기로 측정합니다. 자는 길이를 측정하는 도구입니다.

8 태양 고도는 오전에 점점 높아지다가 낮 12시 30분경에 가장 높고, 이후에는 점점 낮아집니다.

9 하루 중 태양이 정남쪽에 위치할 때 태양 고도가 가장 높습니다. 이것을 태양이 남중했다고 하며, 이때의 태양 고도를 태양의 남중 고도라고 합니다.

10 태양 고도가 높아지면 지표면이 점점 데워져 기온이 대체로 높아집니다.

11 태양이 지표면과 이루는 각을 태양 고도라고 하는데, 태양이 정남쪽에 위치했을 때 가장 높습니다. 이때를 태양이 남중했다고 합니다.

12 지표면이 데워져 공기의 온도가 높아지는 데에는 시간이 걸리므로 기온이 가장 높게 나타나는 시각은 태양이 남중한 시각보다 약 두 시간 뒤입니다.

채점 기준	상	오전에는 기온이 높아지다가 14시 30분경에 가장 높고, 이후 낮아진다고 쓴 경우
	중	기온이 가장 높은 때에 대한 언급 없이 오전에는 높아지고, 오후에는 낮아진다고 쓴 경우
	하	오전, 오후라는 표현 없이 기온이 높아지다가 낮아진다고 쓴 경우

13 태양 고도는 오전에 점점 높아지다가 낮 12시 30분경에 가장 높고, 오후에 다시 낮아집니다.

14 오전에는 태양 고도가 높아지면서 그림자 길이가 짧아지고, 태양 고도가 가장 높은 낮 12시 30분경에 가장 짧습니다. 그 이후에는 태양 고도가 낮아지면서 그림자 길이가 길어집니다.

BOOK ❶ 개념북

2 단원

② 계절별 태양의 남중 고도, 낮과 밤의 길이, 기온의 변화

40쪽~41쪽 문제 학습

1 여름 **2** 여름, 겨울 **3** 공기 **4** ⑩ 높아집니다
5 ⑩ 많아집니다 **6** ㉠ 여름, ㉡ 겨울 **7** ㉡
8 ㉠ 월별 태양의 남중 고도, ㉡ 월평균 기온 **9** ㉡
10 ①, ④ **11** ㉢ **12** ⑴ ㉡ ⑵ ㉠ ⑶ ㉢ **13** ㈎
14 ⑩ 태양의 남중 고도가 높을수록 일정한 면적의 지표면에 도달하는 태양 에너지의 양이 많아져 기온이 높아집니다.

6 태양의 남중 고도는 여름에 가장 높고, 겨울에 가장 낮습니다.

7 태양의 남중 고도는 여름에서 겨울로 갈수록 낮아지고, 겨울에서 여름으로 갈수록 높아집니다.

8 태양의 남중 고도는 6월경에 가장 높지만 지표면이 데워져 공기의 온도가 높아지는 데 시간이 걸리기 때문에 월평균 기온은 8월경에 가장 높습니다.

9 ㉠은 밤의 길이, ㉡은 낮의 길이 그래프입니다.

10 6월에 낮의 길이가 가장 길고, 그 이후부터는 점점 짧아지다가 12월에 가장 짧습니다. 반대로 밤의 길이는 6월에 가장 짧고, 그 이후부터는 점점 길어지다가 12월에 가장 깁니다.

11 ㉠은 겨울, ㉡은 봄, 가을, ㉢은 여름의 태양의 위치 변화입니다. 여름에 기온이 가장 높습니다.

12 전등과 태양 전지판이 이루는 각이 큰 것은 여름에 태양의 남중 고도가 높은 것을 의미합니다. 전등과 태양 전지판이 이루는 각이 작은 것은 겨울에 태양의 남중 고도가 낮은 것을 의미합니다.

13 전등과 태양 전지판이 이루는 각이 클 때 소리 발생기에서 크고 분명한 소리가 납니다. 전등과 태양 전지판이 이루는 각이 크면 전등으로부터 태양 전지판에 도달하는 에너지의 양이 많아지기 때문입니다.

14 태양의 남중 고도가 달라지면 일정한 면적의 지표면에 도달하는 태양 에너지의 양이 달라져 기온이 달라집니다.

채점 기준	상	태양의 남중 고도가 높을수록 일정한 면적의 지표면에 도달하는 태양 에너지의 양이 많아지기 때문이라고 쓴 경우
	하	태양의 남중 고도가 높을수록 태양 에너지의 양이 많아지기 때문이라고 쓴 경우

③ 계절의 변화가 생기는 까닭

44쪽~45쪽 문제 학습

1 태양 **2** 공전 궤도면 **3** 자전축 **4** 태양 에너지
5 여름 **6** ② **7** =, =, = **8** ㈑ **9** ㉠ 봄, ㉡ 여름, ㉢ 가을, ㉣ 겨울 **10** ㉣ **11** ⑩ 지구의 자전축이 기울어진 채 태양 주위를 공전하면 지구의 위치에 따라 태양의 남중 고도가 달라지고, 일정한 면적의 지표면에 도달하는 태양 에너지의 양이 달라져 계절이 변합니다. **12** ③, ⑤ **13** 누리
14 ⑴ ○

6 지구본의 자전축 기울기에 따른 태양의 남중 고도를 비교하려면 지구본의 자전축 기울기만 다르게 하고, 나머지 조건은 모두 같게 해야 합니다.

7 지구본의 자전축이 공전 궤도면에 대해 수직인 채 공전하면 태양의 남중 고도는 변하지 않습니다.

8 지구본의 자전축이 기울어진 채 공전하면 지구본의 위치에 따라 태양의 남중 고도가 달라집니다.

9 우리나라에서 태양의 남중 고도는 지구의 위치가 ㉡일 때 가장 높으므로 이때가 우리나라의 여름입니다. 따라서 ㉠은 봄, ㉢은 가을, ㉣은 겨울입니다.

10 태양의 남중 고도는 겨울에 가장 낮습니다.

11 지구의 자전축이 공전 궤도면에 대해 기울어진 채 태양 주위를 공전하기 때문에 계절이 변합니다.

채점 기준	상	세 가지 용어를 모두 사용하여 옳게 쓴 경우
	중	자전축이 기울어진 채 공전하면 일정한 면적의 지표면에 도달하는 태양 에너지의 양이 달라지기 때문이라고 쓴 경우
	하	자전축이 기울어진 채 공전하면 태양의 남중 고도가 달라지기 때문이라고 쓴 경우

12 지구의 자전축이 기울어진 채 태양 주위를 공전하기 때문에 계절의 변화가 나타납니다.

13 지구의 자전축이 수직이거나 지구가 공전하지 않는다면 지구에 계절의 변화는 생기지 않습니다.

14 북반구와 남반구의 계절은 반대이므로 북반구의 우리나라가 여름이면 남반구의 뉴질랜드는 겨울입니다.

46쪽~47쪽 교과서 통합 핵심 개념

❶ 태양의 남중 고도 ❷ 높아집니다 ❸ 높음
❹ 낮음 ❺ 자전축 ❻ 공전

단원 평가 ❶회

1 ㉢ **2** ㉡ **3** 태양의 남중 고도 **4** ③
5 ⟮예⟯ 지표면이 데워져 공기의 온도가 높아지는 데
시간이 걸리기 때문입니다. **6** ㉢ **7** ④
8 (1) 겨울 (2) 겨울 (3) 여름 **9** ⟮예⟯ 태양의 남중
고도가 높을수록 낮의 길이가 길고, 태양의 남중 고
도가 낮을수록 낮의 길이가 짧습니다. **10** (1) ㉠
(2) ㉡ **11** (1) 태양 (2) 지구 **12** ㈏ **13** ⟮예⟯ 지구
의 위치가 달라져도 태양의 남중 고도는 변하지 않
습니다. **14** ㉠ **15** ㉠ 자전축, ㉡ 태양 에너지

1 태양의 높이는 태양이 지표면과 이루는 각으로 나
타낼 수 있는데, 이것을 태양 고도라고 합니다.

2 막대기를 세우고 막대기의 그림자를 이용해 태양
고도를 측정할 수 있습니다. 태양이 지표면과 이루
는 각이 더 클 때가 태양 고도가 더 높은 때입니다.

3 하루 중 태양 고도가 가장 높을 때 태양이 남중했다
고 하며, 이때의 태양 고도를 태양의 남중 고도라고
합니다. 이때 태양은 정남쪽에 위치합니다.

4 낮 12시 30분 무렵 태양이 남중했을 때 그림자는 북
쪽을 향하고, 그림자 길이는 하루 중 가장 짧습니다.

5 하루 동안 태양 고도가 높아질수록 기온은 대체로
높아집니다. 하지만 지표면이 데워져 공기의 온도
가 높아지는 데에는 시간이 걸리므로 기온이 가장
높게 나타나는 시각은 태양이 남중한 시각보다 약
두 시간 뒤입니다.

⟮채점 tip⟯ 지표면이 데워져 공기의 온도가 높아지는 데 시간이 걸
리기 때문이라고 쓰면 정답으로 합니다.

6 ㈎는 태양의 남중 고도가 높은 여름의 모습이고, ㈏
는 태양의 남중 고도가 낮은 겨울의 모습입니다. 태
양의 남중 고도가 높을수록 기온이 높아집니다.

7 태양의 남중 고도는 여름에 가장 높고, 겨울에 가장
낮습니다. 봄, 가을에 태양의 남중 고도는 여름과
겨울의 중간 정도입니다.

8 여름에는 태양의 남중 고도가 높고, 낮의 길이가 길
며, 기온이 높습니다. 겨울에는 태양의 남중 고도가
낮고, 낮의 길이가 짧으며, 기온이 낮습니다.

9 여름에는 낮의 길이가 길고, 밤의 길이는 짧습니다.
겨울에는 낮의 길이가 짧고, 밤의 길이는 깁니다.

채점 기준	상	태양의 남중 고도가 높아질 때와 낮아질 때의 낮의 길이를 모두 쓴 경우
	중	태양의 남중 고도가 높아질 때와 낮아질 때 중 한 가지만 쓴 경우
	하	태양의 남중 고도가 달라지면 낮의 길이도 달라진다고 쓴 경우

10 전등과 태양 전지판이 이루는 각이 크면 태양 전지
판에 도달하는 에너지의 양이 많기 때문에 크고 분
명한 소리가 납니다. 전등과 태양 전지판이 이루는
각이 작으면 태양 전지판에 도달하는 에너지의 양
이 적기 때문에 작고 희미한 소리가 납니다.

11 전등을 중심으로 지구본을 회전시키는 것은 지구의
공전을 의미합니다.

12 지구본의 자전축이 공전 궤도면에 대해 기울어진
채 공전하면 지구본의 위치에 따라 태양의 남중 고
도가 달라지는데, 태양의 남중 고도가 가장 높은 ㈏
위치에서 우리나라는 여름입니다.

13 지구본의 자전축이 공전 궤도면에 대해 수직인 채
공전하면 태양의 남중 고도는 변하지 않습니다.

⟮채점 tip⟯ 태양의 남중 고도가 변하지 않는다고 쓰면 정답으로 합
니다.

14 지구가 ㉠ 위치에 있을 때 북반구는 태양의 남중 고
도가 가장 높기 때문에 여름에 해당하고, 지구가 ㉡
위치에 있을 때 북반구는 태양의 남중 고도가 가장
낮기 때문에 겨울에 해당합니다.

15 지구의 자전축이 수직이거나 지구가 태양 주위를
공전하지 않는다면 지구에 계절의 변화는 생기지
않습니다.

단원 평가 ❷회

1 30° **2** ⟮예⟯ 14시 30분경 태양 고도는 낮 12시 30분
경 태양 고도인 30°보다 낮아집니다. **3** 은채
4 ㉠ 그림자 길이, ㉡ 태양 고도, ㉢ 기온 **5** ②,
③ **6** ③ **7** ㉠ **8** ㉠ 여름, ㉡ 겨울 **9** 여름
10 ⟮예⟯ 태양 고도가 높아질수록 일정한 면적의 지표
면에 도달하는 태양 에너지의 양이 많아져 기온이
높아집니다. **11** (1) ○ **12** ㈏ **13** 겨울
14 ④ **15** ⟮예⟯ 계절이 변하지 않고 여름만 계속될
것입니다.

1 태양 고도를 측정할 때는 막대기의 그림자 끝과 실이 이루는 각을 측정합니다.

2 하루 동안 태양 고도는 낮 12시 30분경에 가장 높고, 그 시각 이후에는 점점 낮아집니다.

채점 tip 30°보다 낮아진다고 쓰면 정답으로 합니다.

3 낮 12시 30분 무렵에 태양이 정남쪽에 위치했을 때의 태양 고도를 태양의 남중 고도라고 합니다. 태양이 남중했을 때 하루 중 태양 고도가 가장 높습니다.

4 태양 고도는 낮 12시 30분경에 가장 높기 때문에 ⓒ이 태양 고도 그래프입니다. 태양 고도가 가장 높을 때 그림자 길이는 가장 짧기 때문에 ㉠이 그림자 길이 그래프입니다. 태양 고도가 가장 높은 시각보다 약 두 시간 뒤에 기온이 가장 높기 때문에 ⓒ이 기온 그래프입니다.

5 ①, ⑤ 기온은 태양 고도가 가장 높은 낮 12시 30분경보다 약 두 시간 뒤인 14시 30분경에 가장 높습니다. ④ 태양 고도는 오전에는 점점 높아지다가 낮 12시 30분경에 가장 높고, 오후에 다시 낮아집니다.

6 태양의 남중 고도는 여름에 가장 높고, 겨울에 가장 낮습니다. 봄, 가을에 태양의 남중 고도는 여름과 겨울의 중간 정도입니다.

7 태양의 남중 고도는 6월(여름)에 가장 높고, 12월(겨울)에 가장 낮습니다.

8 낮의 길이는 여름에 가장 길고, 겨울에 가장 짧습니다.

9 하루의 시간은 계절과 상관없이 같으므로 낮의 길이가 길어지면 밤의 길이는 짧아지고, 낮의 길이가 짧아지면 밤의 길이는 길어집니다.

10 여름에는 태양의 남중 고도가 높아 일정한 면적의 지표면에 도달하는 태양 에너지의 양이 많아져 지표면을 많이 데워 기온이 높아집니다.

채점 기준	상	태양 고도가 높아질수록 일정한 면적의 지표면에 도달하는 태양 에너지의 양이 많아져 기온이 높아진다고 쓴 경우
	중	태양 고도가 높아질수록 태양 에너지의 양이 많아진다고 쓴 경우
	하	태양 고도가 높아질수록 지표면이 많이 데워진다고 쓴 경우

11 지구의 자전축이 기울어진 채 공전하기 때문에 계절의 변화가 생긴다는 것을 알아보는 실험입니다. 실제 지구는 자전축이 공전 궤도면에 대해 기울어져 있기 때문에 실제 지구에서 일어나는 현상을 나타낸 것은 ㈏입니다. 전등을 중심으로 지구본을 회전시키는 것은 지구의 공전을 나타낸 것입니다.

12 지구본의 자전축을 기울이지 않은 채 공전시키면 태양의 남중 고도가 변하지 않고, 자전축을 기울인 채 공전시키면 태양의 남중 고도가 변합니다.

13 지구가 ㈏의 ⓒ 위치에 있을 때 북반구에 있는 우리나라는 여름입니다. 남반구의 계절은 북반구와 반대이므로 오스트레일리아는 겨울입니다.

14 자전축이 수직인 채 공전한다면 태양의 남중 고도가 변하지 않아 계절 변화는 나타나지 않습니다.

15 지구의 자전축이 기울어져 있어도 지구가 공전하지 않는다면 북반구와 남반구 중 한 곳은 계속 더운 기온이 유지되고, 그 반대는 계속 추운 기온이 유지될 것입니다. 그림에서 북반구가 태양 쪽으로 기울어져 있기 때문에 우리나라는 여름만 계속될 것입니다.

채점 기준	상	계절이 변하지 않고 여름만 계속 될 것이라고 쓴 경우
	중	여름만 계속 될 것이라고 쓴 경우
	하	계절이 변하지 않는다고 쓴 경우

54쪽 **수행 평가 ❶회**

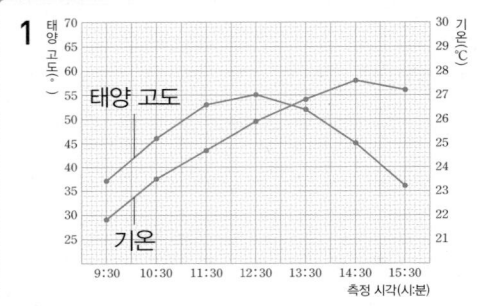

1

2 ⑩ 하루 동안 태양 고도가 높아질수록 기온은 대체로 높아지고, 태양 고도가 가장 높은 시각보다 약 두 시간 뒤에 기온이 가장 높아집니다.

---

1 가로축의 측정 시각에 해당하는 태양 고도와 기온의 값을 각각 다른 색깔 펜으로 점을 찍어 표시한 뒤 각 점을 선으로 연결합니다.

2 태양 고도가 가장 높은 시각과 기온이 가장 높은 시각이 두 시간 정도 차이가 나는 것은 지표면이 데워져 공기의 온도가 높아지는 데에 시간이 걸리기 때문입니다.

채점 기준	상	태양 고도가 높아질수록 기온은 대체로 높아지고, 태양 고도가 가장 높은 시각보다 약 두 시간 뒤에 기온이 가장 높다고 쓴 경우
	하	태양 고도가 높아질수록 기온도 높아진다고 쓴 경우

55쪽 수행 평가 ❷회

1 (1) 전등과 태양 전지판이 이루는 각
(2) ⑩ 전등의 종류, 전등을 비춘 시간, 태양 전지판의 크기, 전등과 태양 전지판 사이의 거리 등
2 ㈎, ⑩ 전등과 태양 전지판이 이루는 각이 클 때 전등으로부터 태양 전지판에 도달하는 에너지의 양이 많기 때문입니다.
3 ⑩ 태양의 남중 고도가 높을수록 일정한 면적의 지표면에 도달하는 태양 에너지의 양이 많기 때문입니다.

1 전등과 태양 전지판이 이루는 각만 다르게 합니다.

채점 tip (1)에 전등과 태양 전지판이 이루는 각을 옳게 쓰고, (2)에 (1)을 제외한 나머지 조건을 쓰면 정답으로 합니다.

2 전등과 태양 전지판이 이루는 각이 작을 때는 전등으로부터 태양 전지판에 도달하는 에너지의 양이 적어 소리 발생기에서 작고 희미한 소리가 납니다.

채점 tip ㈎를 옳게 고르고, 태양 전지판에 도달하는 에너지의 양이 많기 때문이라고 쓰면 정답으로 합니다.

3 태양의 남중 고도가 달라지면 일정한 면적의 지표면에 도달하는 태양 에너지의 양이 달라집니다.

채점 tip 태양의 남중 고도가 높을수록 일정한 면적의 지표면에 도달하는 태양 에너지의 양이 많기 때문이라고 쓰면 정답으로 합니다.

56쪽 쉬어가기

말풍선 안의 그림을 찾아 줘.

3. 연소와 소화

❶ 물질이 탈 때 나타나는 현상, 연소의 조건 (1)

60쪽~61쪽 문제 학습

1 빛 2 열 3 연소 4 줄어듭니다 5 ⑩ 기름, 가스, 나무 6 (2) ○ 7 ⑩ 물질이 탈 때에는 빛과 열이 발생합니다. 8 ㉠ 9 ② 10 ㈏ 11 공기(산소) 12 (1) ○ 13 (1) ㉡ (2) ㉠ 14 산소

6 시간이 지날수록 초의 길이는 짧아집니다. 촛불에 손을 가까이 하면 손이 점점 따뜻해지고, 불꽃의 위치에 따라 밝기가 다릅니다.

7 생일 케이크에 촛불을 켜거나 벽난로에 장작불을 지피면 주변이 밝아지고, 따뜻해집니다. 이것을 통해 물질이 탈 때에는 빛과 열이 발생한다는 것을 알 수 있습니다.

채점 기준	상	빛과 열이 발생한다고 쓴 경우
	중	빛과 열 중 한 가지만 쓴 경우
	하	'빛'과 '열'이라는 용어를 사용하지 않고, 주변이 밝아진다거나 따뜻해진다라고 표현한 경우

8 우리 주변에서 물질이 타면서 발생하는 빛과 열을 이용하는 예로는 불꽃놀이, 벽난로, 가스레인지의 불꽃 등이 있습니다.

9 공기(산소)의 양에 따른 물질이 타는 시간을 알아보는 실험이므로 아크릴 통의 크기를 다르게 해야 합니다.

10 아크릴 통으로 촛불을 덮으면 작은 아크릴 통 속에 있는 촛불이 먼저 꺼지고, 조금 뒤에 큰 아크릴 통 속에 있는 촛불이 꺼집니다.

11 큰 아크릴 통보다 작은 아크릴 통 속에 공기(산소)가 적게 들어 있기 때문에 작은 아크릴 통 속에 있는 촛불이 먼저 꺼집니다.

12 물질이 산소와 빠르게 반응하여 빛과 열을 내는 현상을 연소라고 합니다.

13 초가 타기 전 아크릴 통 속에 들어 있는 산소 비율은 약 21 %이고, 초가 타고 난 후 아크릴 통 속에 들어 있는 산소 비율은 약 17 %입니다.

14 초가 타기 전보다 타고 난 후의 산소 비율이 줄어든 것으로 보아 초가 탈 때 산소가 필요하다는 것을 알 수 있습니다.

2 연소의 조건 (2), 연소 후 생성되는 물질

64쪽~65쪽 문제 학습

1 머리 **2** 발화점 **3** 탈 물질 **4** 물
5 이산화 탄소 **6** 하준 **7** ③ **8** <
9 ⓔ 볼록 렌즈로 햇빛을 모아 물질의 온도를 높여
태웁니다. 부싯돌에 철을 마찰시켜 물질의 온도를
높여 태웁니다. **10** ㉡, ㉢, ㉣ **11** (1) ○ **12** ㉢
13 ④ **14** 이산화 탄소

6 철판에 성냥의 머리 부분과 나무 부분을 올려놓고
철판의 가운데 부분을 가열하면 성냥의 머리 부분
에 먼저 불이 붙습니다.

7 물질의 온도를 높이면 불을 직접 붙이지 않고도 물
질을 태울 수 있습니다.

> **개념 다시 보기**
>
> **발화점**
> • 물질이 불에 직접 닿지 않아도 스스로 타기 시작하는 온도
> 를 그 물질의 발화점이라고 합니다.
> • 발화점은 물질마다 다르며, 발화점이 낮은 물질일수록 쉽
> 게 탑니다.

8 성냥의 머리 부분이 성냥의 나무 부분보다 발화점
이 더 낮기 때문에 먼저 불이 붙습니다.

9 성냥갑과 성냥 머리를 마찰하여 물질의 온도를 높
여 태우는 것도 불을 직접 붙이지 않고 물질을 태우
는 방법입니다.

> **채점 tip** 불을 직접 붙이지 않고 물질을 태우는 방법 중 한 가지를
> 쓰면 정답으로 합니다.

10 연소가 일어나려면 탈 물질이 있어야 하고, 산소가
충분해야 합니다. 또 탈 물질의 온도가 발화점 이상
이 되어야 합니다.

11 푸른색 염화 코발트 종이는 물에 닿으면 붉은색으
로 변합니다. 이것으로 초가 연소한 후 물이 생성된
다는 것을 확인할 수 있습니다.

12 석회수는 이산화 탄소와 만나면 뿌옇게 흐려지는
성질이 있습니다. 이것으로 초가 연소한 후 이산화
탄소가 생성된다는 것을 확인할 수 있습니다.

13 초가 연소한 후 생성되는 물질을 알아보는 실험입니다.

14 초가 연소하면 물과 이산화 탄소가 생성됩니다. 석
회수가 뿌옇게 변한 것을 통해 이산화 탄소를 확인
할 수 있습니다.

3 불을 끄는 방법, 화재 안전 대책

68쪽~69쪽 문제 학습

1 산소 **2** 발화점 **3** 소화 **4** 119
5 투척용 **6** (1) ㉡ (2) ㉢ **7** ③, ④
8 (1) × (2) ○ **9** ③ **10** ⓔ 화재가 발생했
을 때 승강기를 이용하지 않고, 계단으로 대피해야
합니다. **11** 규태 **12** ㉡ **13** ④
14 ㉡ → ㉠ → ㉣ → ㉢

6 촛불을 입으로 불면 탈 물질이 날아가기 때문에 불
이 꺼집니다. 촛불에 물을 뿌리면 물로 인해 발화점
미만으로 온도가 낮아지기 때문에 불이 꺼집니다.

7 ①, ②, ⑤는 산소 공급을 차단하여 불을 끄는 경우
입니다.

8 기름이 탈 때 물을 뿌리면 불이 더 크게 번지기 때
문에 물을 뿌리면 안 됩니다. 기름이 탈 때 불을 끄
려면 소화기를 사용하거나 모래로 덮어 불을 끕니다.

9 불이 난 곳에 분말 소화기를 이용해 소화 약제를 뿌
리거나 두꺼운 담요를 덮으면 산소의 공급을 막기
때문에 불이 꺼집니다.

10 화재가 발생했을 때 아래층으로 대피해야 할 경우
승강기를 이용하면 승강기에 갇히거나 연기가 안으
로 들어와 위험하므로 반드시 계단을 이용합니다.

> **채점 tip** 화재가 발생했을 때 계단을 이용해 대피해야 한다고 쓰
> 면 정답으로 합니다.

11 화재가 발생하면 비상구를 이용해 대피해야 하기
때문에 평소에 비상구의 통로를 막지 않아야 합니다.

12 화재가 발생하면 연소 물질에 따라 알맞은 방법으
로 불을 꺼야 합니다.

13 옥내 소화전은 화재가 발생했을 때 초기 진화를 위
해 건물 안에 설치한 고정식 소방 설비입니다.

14 소화기를 불이 난 곳으로 옮기고 소화기의 안전핀을
뽑은 뒤, 바람을 등지고 서서 소화기의 고무관이 불
쪽을 향하도록 잡습니다. 소화기의 손잡이를 움켜쥐
고 불이 난 곳에 빗자루로 쓸 듯이 골고루 뿌립니다.

70쪽~71쪽 교과서 통합 핵심 개념

❶ 빛 ❷ 탈 물질 ❸ 석회수 ❹ 산소
❺ 119

단원 평가 ①회

1 ① **2** 빛, 열 **3** (1) × **4** 예 ㉠ 아크릴 통 속보다 ㉡ 아크릴 통 속에 공기(산소)가 적게 들어 있기 때문입니다. **5** 민재 **6** 성냥의 머리 부분 **7** ④ **8** 푸른색 염화 코발트 종이 **9** 예 푸른색 염화 코발트 종이가 붉게 변하며, 이것을 통해 초가 연소한 후에 물이 생성된다는 것을 알 수 있습니다. **10** 석회수 **11** ㉡ **12** 물 **13** 예 촛불을 입으로 붑니다. 초의 심지를 핀셋으로 집습니다. 초의 심지를 가위로 자릅니다. **14** ① **15** ㉠ 안전핀, ㉡ 손잡이

1 촛불을 관찰하면 색깔은 푸른색, 붉은색, 노란색 등으로 보이고, 불꽃의 위치에 따라 밝기가 다릅니다. 불꽃에 손을 가까이 하면 손이 따뜻해지고, 시간이 지날수록 초의 길이가 짧아집니다.

2 물질이 탈 때 빛이 발생하기 때문에 주변이 밝아지고, 열이 발생하기 때문에 주변의 온도가 높아집니다.

3 가스레인지의 불꽃이나 벽난로의 장작불은 물질이 탈 때 발생하는 열을 이용하는 예입니다.

4 물질이 타기 위해서는 산소가 필요합니다.

채점 tip 두 아크릴 통의 크기에 따른 공기(산소)의 양을 옳게 비교하여 쓰면 정답으로 합니다.

5 초가 타기 전보다 초가 타고 난 후 아크릴 통 안의 산소 비율이 줄어든 것으로 보아 초가 탈 때 산소가 필요하다는 것을 알 수 있습니다.

6 성냥의 머리 부분이 타기 시작하는 온도가 나무 부분이 타기 시작하는 온도보다 낮기 때문에 머리 부분이 먼저 불이 붙습니다.

7 성냥의 머리 부분의 발화점이 나무 부분의 발화점보다 낮기 때문에 먼저 불이 붙습니다.

8 푸른색 염화 코발트 종이는 물에 닿으면 붉은색으로 변하는 성질이 있어 물을 확인하는 데 쓰입니다.

9 아크릴 통 안쪽 벽면에 붙여놓은 푸른색 염화 코발트 종이의 색이 붉게 변한 것으로 보아 초가 연소한 후 물이 생긴다는 것을 알 수 있습니다.

채점 기준	상	푸른색 염화 코발트 종이가 붉게 변한다는 결과와 초가 연소한 후 물이 생성된다는 사실을 모두 옳게 쓴 경우
	중	초가 연소한 후 물이 생성된다는 사실만 쓴 경우
	하	푸른색 염화 코발트 종이가 붉게 변한다는 결과만 쓴 경우

10 석회수는 이산화 탄소와 만나면 뿌옇게 흐려지는 성질이 있어 이산화 탄소를 확인하는 데 쓰입니다.

11 촛불을 촛불 덮개로 덮어 끄는 것은 산소를 차단하여 불을 끄는 것입니다.

12 기름, 가스, 전기 기구에 의한 화재에는 물을 사용하면 불이 더 크게 번지거나 감전이 될 수 있어 위험합니다.

13 촛불을 입으로 불면 탈 물질이 날아가 없어집니다. 심지를 핀셋으로 집거나 가위로 자르면 탈 물질이 심지로 이동하지 못하기 때문에 촛불이 꺼집니다.

채점 tip 탈 물질을 없애 촛불을 끄는 방법 중 두 가지를 옳게 쓰면 정답으로 합니다.

14 화재가 발생했을 때 승강기를 이용하면 승강기에 갇히거나 연기가 안으로 들어와 위험하므로 반드시 계단을 이용해 대피합니다.

15 화재로 인한 피해를 줄이기 위해 소방 시설의 위치와 소화기 사용 방법 등을 알아 두어야 합니다.

단원 평가 ②회

1 연소 **2** ①, ② **3** ⑤ **4** 발화점 **5** 예 성냥의 머리 부분이 성냥의 나무 부분보다 발화점이 낮기 때문입니다. **6** 예 볼록 렌즈로 햇빛을 모으면 햇빛이 모이는 지점의 온도가 발화점 이상으로 높아지기 때문입니다. **7** ③ **8** (3) ○ **9** ㉠ 뿌옇게, ㉡ 이산화 탄소 **10** 소화 **11** ㉢ **12** (1) ㉠ (2) ㉡ **13** 예 젖은 수건으로 코와 입을 막고 낮은 자세로 대피합니다. 승강기를 타지 않고 계단으로 이동합니다. **14** ㉠ **15** ②

1 물질이 탈 때에는 물질이 산소와 빠르게 반응하여 빛과 열을 냅니다. 이 현상을 연소라고 합니다.

2 물질이 연소할 때 열과 빛이 발생하기 때문에 주변의 온도가 높아지고, 밝아집니다. 물질이 연소한 후 물질의 양이 달라집니다.

3 크기가 큰 아크릴 통 속에 들어 있는 공기(산소)의 양이 작은 아크릴 통 속에 들어 있는 공기(산소)의 양보다 많기 때문에 초가 더 오래 탈 수 있습니다.

4 종이컵에 들어 있는 물이 모두 수증기가 되어 날아갈 때까지 종이컵의 온도가 발화점에 도달하지 않아 종이컵에 불이 붙지 않습니다.

5 발화점은 물질마다 다르며, 발화점이 낮은 물질일수록 쉽게 불이 붙습니다.

채점 기준	상	성냥의 머리 부분이 발화점이 더 낮기 때문이라고 쓴 경우
	하	발화점(타기 시작하는 온도)이 다르다고 쓴 경우

6 볼록 렌즈는 햇빛을 모을 수 있는 성질이 있습니다.

채점 기준	상	볼록 렌즈로 햇빛을 모은 지점의 온도가 발화점 이상으로 높아지기 때문이라고 쓴 경우
	하	온도가 높아진다고 쓴 경우

7 ㉠에 들어갈 조건은 탈 물질입니다. 탈 물질에는 초, 알코올, 기름, 가스, 나무 등이 있습니다.

8 푸른색 염화 코발트 종이가 붉게 변한 것으로 보아 초가 연소한 후 물이 생성된 것을 알 수 있습니다.

9 석회수는 이산화 탄소와 만나면 뿌옇게 흐려지는 성질이 있어 이산화 탄소를 확인하는 데 쓰입니다.

10 물질이 연소하려면 탈 물질, 산소가 있어야 하고, 발화점 이상의 온도가 되어야 합니다.

11 촛불에 물뿌리개로 물을 뿌리면 발화점 미만으로 온도가 낮아져 촛불이 꺼집니다.

12 심지를 핀셋으로 집거나 연료 조절 밸브를 잠그는 것은 탈 물질을 없애 불을 끄는 방법이고, 촛불을 드라이아이스가 있는 통에 넣거나 알코올램프의 뚜껑을 닫는 것은 산소를 차단해 불을 끄는 방법입니다.

13 화재 발생 시 신속하게 주변에 알리고, 안전한 곳으로 대피한 후 119에 신고합니다. 아래층으로 대피할 수 없는 경우에는 옥상이나 높은 곳으로 대피합니다.

채점 tip 화재 발생 시 대피 방법을 옳게 쓰면 정답으로 합니다.

14 전기에 의한 화재에는 물을 뿌리면 감전될 수 있기 때문에 소화기를 사용하거나 모래로 덮어 불을 끕니다.

15 화재로 인한 피해를 줄이기 위해 화재 감지기, 스프링클러, 옥내 소화전 등을 설치하며, 집 안에 소화기를 갖추어 두고, 비상구의 통로를 막지 않습니다.

78쪽 수행 평가 ❶ 회

1 예 초가 타고 난 후 아크릴 통 안의 산소 비율이 줄어든 것으로 보아 초가 탈 때 산소가 필요하다는 것을 알 수 있습니다.

2 예 크기가 작은 아크릴 통보다 크기가 큰 아크릴 통 안에 공기가 많이 들어 있어 초가 탈 때 필요한 산소의 양이 더 많기 때문입니다.

1 초가 타기 전 아크릴 통 안의 산소 비율은 약 21 % 이고, 초가 타고 난 후 아크릴 통 안의 산소 비율이 약 17 %로 줄어들었습니다.

채점 tip 초가 탈 때 산소가 필요하다고 쓰면 정답으로 합니다.

2 공기의 양이 많으면 산소의 양도 많아집니다.

채점 tip 크기가 큰 아크릴 통 안에는 공기가 많이 들어 있어 산소의 양도 많기 때문이라고 쓰면 정답으로 합니다.

79쪽 수행 평가 ❷ 회

1 (1) 예 붉은색으로 변합니다.
(2) 예 초가 연소한 후 물이 생깁니다.
2 (1) 예 뿌옇게 흐려집니다.
(2) 예 초가 연소한 후 이산화 탄소가 생깁니다.

1 푸른색 염화 코발트 종이는 물에 닿으면 붉게 변하는 성질이 있습니다.

채점 tip (1)에 붉은색으로 변한다고 쓰고, (2)에 초가 연소한 후 물이 생긴다고 쓰면 정답으로 합니다.

2 무색투명한 석회수는 이산화 탄소를 만나면 뿌옇게 흐려지는 성질이 있습니다.

채점 tip (1)에 뿌옇게 흐려진다고 쓰고, (2)에 초가 연소한 후 이산화 탄소가 생긴다고 쓰면 정답으로 합니다.

80쪽 쉬어가기

4. 우리 몸의 구조와 기능

① 우리 몸의 뼈와 근육

| 84쪽~85쪽 | 문제 학습 |

1 뼈(근육), 근육(뼈)　2 뇌　3 갈비뼈　4 관절
5 근육　6 ㉮ ㉢ ㉯ ㉠ ㉰ ㉡　7 ④　8 근육
9 예 비닐봉지에 공기를 불어 넣으면 공기를 불어
넣기 전보다 길이가 짧아집니다.　10 정국　11 ㉠
12 ㉠ 근육, ㉡ 뼈　13 ①

6 머리뼈는 위쪽은 둥글고, 아래쪽은 각이 져 있습니다. 척추뼈는 짧은뼈 여러 개가 세로로 이어져 기둥을 이룹니다. 다리뼈는 팔뼈보다 길고 굵으며, 아래쪽 뼈는 긴뼈 두 개로 이루어져 있습니다.

7 뼈는 스스로 움직이는 것이 아니라 뼈와 연결된 근육의 길이가 줄어들거나 늘어나면서 몸이 움직이게 됩니다.

개념 다시 보기

① 우리 몸의 뼈
• 단단하여 우리 몸의 형태를 만들고 몸을 지탱합니다.
• 심장, 폐, 뇌 등 몸속 기관을 보호합니다.
② 우리 몸의 근육
• 근육은 뼈에 연결되어 있습니다.
• 근육의 길이가 줄어들거나 늘어나면서 뼈를 움직이게 합니다.

8 비닐봉지는 근육을 나타내고, 빨대는 뼈를 나타낸 것입니다.

9 비닐봉지에 공기를 불어 넣으면 비닐봉지가 부풀어 오르면서 비닐봉지의 길이가 짧아집니다.

채점 tip 비닐봉지의 길이가 짧아진다고 쓰면 정답으로 합니다.

10 비닐봉지에 공기를 불어 넣으면 비닐봉지가 부풀어 비닐봉지의 길이가 짧아져서 손 그림이 올라갑니다.

11 위팔 안쪽 근육의 길이가 줄어들고 바깥쪽 근육의 길이가 늘어나면 아래팔뼈가 올라와 팔이 구부러집니다.

12 근육은 뼈와 연결되어 있어서 근육의 길이가 줄어들거나 늘어나면서 뼈가 움직여 우리 몸이 움직이는 것입니다.

13 머리뼈는 뇌, 갈비뼈는 심장과 폐 등 우리 몸속 내부 기관을 보호하는 일을 합니다.

② 우리 몸의 소화 기관, 호흡 기관

| 88쪽~89쪽 | 문제 학습 |

1 소화　2 식도　3 수분　4 호흡　5 폐　6 ㉰, 위
7 ㉯, ㉰　8 ㉠ 위, ㉡ 큰창자　9 ②　10 예 숨을
들이마실 때 코로 들어온 공기는 기관과 기관지를
거쳐 폐로 들어갑니다.　11 ㉠ 산소, ㉡ 이산화 탄소
12 ㉮ ㉠ ㉯ ㉢ ㉰ ㉣ ㉱ ㉡　13 (3) ○　14 ㉡

6 위는 작은 주머니 모양이며, 위액을 분비하여 음식물과 골고루 섞고, 음식물을 더 잘게 쪼개어 작은창자로 보냅니다.

7 간, 쓸개, 이자는 음식물이 이동하는 통로는 아니지만, 소화를 도와주는 역할을 합니다. ㉮는 식도, ㉯는 간, ㉰는 위, ㉱는 쓸개, ㉲는 작은창자입니다.

8 음식물은 입, 식도, 위, 작은창자, 큰창자를 거치면서 소화, 흡수되고 남은 찌꺼기는 항문으로 배출됩니다.

9 식도는 긴 관 모양이며, 입과 위를 연결하여 입에서 삼킨 음식물을 위로 이동시킵니다.

10 숨을 들이마실 때 공기는 코 → 기관 → 기관지 → 폐 순서로 이동하면서 우리 몸에 필요한 산소를 공급합니다.

채점 tip 코, 기관, 기관지, 폐를 순서대로 쓰면 정답으로 합니다.

11 호흡 기관은 우리 몸에 필요한 산소를 받아들이고, 몸속에서 생긴 이산화 탄소를 내보내는 일을 합니다.

12 ㉮는 코, ㉯는 기관, ㉰는 기관지, ㉱는 폐입니다.

13 기관지는 기관과 폐를 이어 주는 여러 개의 가는 관으로, 나뭇가지처럼 생겼습니다. (1)은 코에 대한 설명이고, (2)는 기관에 대한 설명입니다.

14 숨을 내쉴 때 갈비뼈가 내려가 가슴둘레가 원래대로 돌아가고, 폐가 줄어들어 공기가 폐에서 나와 코로 빠져나갑니다.

개념 다시 보기

숨을 쉴 때 우리 몸의 변화

숨을 들이마실 때	숨을 내쉴 때
• 가슴둘레가 커짐. • 폐가 부풀어 오름.	• 가슴둘레가 원래대로 돌아옴. • 폐가 줄어듦.

❸ 우리 몸의 순환 기관, 배설 기관

92쪽~93쪽 문제 학습

1 혈액 순환　　**2** 심장　　**3** 혈관　　**4** 배설
5 방광　　**6** ㉠, ㉢　　**7** ②　　**8** ⑴ (주입기의) 펌프 ⑵ (주입기의) 관　　**9** 미연　　**10** ⑴ 요도 ⑵ 콩팥
11 콩팥 → 오줌관 → 방광 → 요도　　**12** ㉮　　**13** ⑩ 콩팥에서 혈액 속에 포함된 노폐물을 걸러 내어 오줌으로 만들기 때문입니다.　　**14** ③

6 혈액의 이동에 관여하는 심장과 혈관을 순환 기관이라고 합니다. ㉠과 ㉢은 소화 기관입니다.

7 심장은 쉬지 않고 수축과 이완을 반복하여 혈액을 온몸으로 순환시킵니다.

8 주입기의 펌프 작용으로 붉은 색소 물이 관을 통해 이동하는 것처럼 심장의 펌프 작용으로 혈액이 혈관을 따라 온몸을 순환합니다.

9 혈관은 혈액이 이동하는 통로로, 온몸에 퍼져 있으며, 굵기가 굵은 것부터 매우 가는 것까지 있습니다.

10 요도는 오줌이 몸 밖으로 나가는 통로로, 방광과 연결되어 있고 관 모양입니다. 콩팥은 혈액 속의 노폐물을 걸러 내어 오줌을 만드는 기관으로, 강낭콩 모양이고 허리의 등쪽 좌우에 한 개씩 있습니다.

11 노폐물이 많은 혈액이 콩팥으로 들어오면 콩팥에서 노폐물을 걸러 내어 오줌을 만듭니다. 오줌은 오줌관을 통해 방광으로 전달되고, 방광은 오줌을 저장했다가 양이 차면 요도를 통해 몸 밖으로 내보냅니다.

12 ㉮는 노폐물이 많아진 혈액이 콩팥으로 운반되는 모습입니다. ㉯는 콩팥에서 노폐물이 걸러져 깨끗해진 혈액이 다시 온몸으로 나가는 모습입니다.

13 우리 몸속 기관들이 일을 하면 노폐물이 만들어지는데, 이 노폐물은 혈액이 운반하므로 혈액 속에는 노폐물이 들어 있습니다. 이와 같은 혈액 속 노폐물을 몸 밖으로 내보내기 위해 콩팥은 혈액 속 노폐물을 걸러 내어 오줌을 만드는 일을 합니다.

채점 tip 콩팥은 혈액 속에 포함된 노폐물을 걸러 내어 오줌을 만든다는 내용을 쓰면 정답으로 합니다.

14 혈액 속의 노폐물을 오줌으로 만들어 몸 밖으로 내보내는 것을 배설이라 하고, 배설에 관여하는 콩팥, 오줌관, 방광, 요도 등을 배설 기관이라고 합니다.

❹ 감각 기관과 자극의 전달, 운동할 때 몸에 나타나는 변화

96쪽~97쪽 문제 학습

1 감각 기관　　**2** 소리, 냄새　　**3** 자극, 반응
4 신경계　　**5** 빨라집니다　　**6** ⑴ ㉢ ⑵ ㉤ ⑶ ㉣
⑷ ㉠ ⑸ ㉡　　**7** ㉠ → ㉤ → ㉢ → ㉣ → ㉡　　**8** ㉢
9 <　　**10** ㉠　　**11** ㉯　　**12** ⑩ 운동을 하면 체온이 올라가고, 맥박이 빨라집니다.　　**13** ⑤

6 우리는 눈, 코, 혀, 귀, 피부 등의 감각 기관으로 주변의 다양한 자극을 받아들입니다.

7 감각 기관에서 받아들인 자극은 신경을 통해 뇌로 전달되고, 뇌는 행동을 결정합니다. 뇌의 명령은 신경을 통해 운동 기관으로 전달되고, 운동 기관이 받은 명령을 수행합니다.

8 우리 몸을 이루는 여러 가지 기관은 서로 영향을 주고받으며 일합니다. 호흡 기관은 산소를 몸속에 공급하고, 이산화 탄소를 몸 밖으로 내보냅니다.

9 운동을 하는 동안 에너지를 만드는 데 필요한 산소와 영양소를 더 많이 공급하기 위해 심장이 빨리 뛰어 맥박이 빨라지고, 호흡도 빨라집니다.

10 운동을 하면 근육에서 에너지를 많이 내면서 열이 나므로 체온이 올라가고 땀이 납니다.

11 운동을 하면 체온이 올라가고 맥박이 빨라집니다. 운동을 하고 시간이 지나면 체온이 내려가고 맥박이 느려져 운동 전 상태로 돌아갑니다.

12 운동을 하면 몸에서 에너지를 많이 내면서 열이 발생하기 때문에 체온이 올라갑니다. 또 산소와 영양소를 많이 이용하므로 심장이 빠르게 뛰어 맥박이 빨라지고, 호흡도 빨라집니다.

채점 기준	상	체온이 올라가고, 맥박이 빨라진다고 모두 옳게 쓴 경우
	하	체온과 맥박 중 한 가지만 옳게 쓴 경우

13 물은 우리 몸의 세포를 구성하고, 체온을 유지하는 등 중요한 역할을 합니다. 건강한 생활을 하기 위해서는 물을 충분히 마셔야 합니다.

98쪽~99쪽 교과서 통합 핵심 개념

❶ 뼈　　❷ 작은창자　　❸ 혈관　　❹ 산소　　❺ 뇌

BOOK ① 개념북

4 단원

100쪽~102쪽 단원 평가 ❶회

1 ㉡, 갈비뼈 **2** ⑤ **3** ㉲ 근육이 줄어들거나 늘어나면서 뼈를 움직여 몸이 움직입니다. **4** 주희 **5** ㉠ 식도, ㉡ 위, ㉢ 큰창자, ㉣ 작은창자, ㉤ 항문 **6** ⑤ **7** (1) 폐 (2) ㉲ 공기 속의 산소가 혈액으로 들어가고, 혈액 속의 이산화 탄소가 나오는 곳입니다. **8** (1) ㈎ (2) ㈏ **9** ㉢ **10** 배설 **11** ③, ④ **12** ① **13** ㉠ 감각 기관, ㉡ 운동 기관 **14** (1) ㉲ 친구가 나를 부르는 소리를 들은 것, 축구공이 나를 향해 날아오는 것을 본 것 (2) ㉲ 뒤를 돌아본 것, 빠르게 옆으로 피한 것 **15** ㉠, ㉡, ㉣, ㉯

1 ㉠은 머리뼈, ㉢은 팔뼈, ㉣은 다리뼈입니다. 갈비뼈는 좌우로 활처럼 휘어 있고 안쪽 공간에 있는 몸속 기관을 보호합니다.

2 비닐봉지에 공기를 불어 넣으면 비닐봉지가 부풀어 오르면서 비닐봉지의 길이가 짧아집니다.

3 근육은 뼈에 연결되어 있는데, 근육의 길이가 줄어들거나 늘어나면서 뼈를 움직이게 합니다.

채점 tip 근육의 길이가 줄어들거나 늘어나면서 뼈를 움직인다고 쓰면 정답으로 합니다.

4 우리가 살아가려면 영양소가 필요하며, 이 영양소는 음식물에서 얻기 때문에 음식물을 먹어야 합니다.

5 음식물은 입, 식도, 위, 작은창자, 큰창자, 항문을 순서대로 지나가면서 잘게 쪼개지고 분해되어 영양소와 수분이 몸속으로 흡수됩니다. 흡수되지 않은 음식물 찌꺼기는 항문을 통해 몸 밖으로 배출됩니다.

6 ㉠은 코, ㉡은 기관, ㉢은 기관지, ㉣은 폐입니다. 숨을 들이마실 때 코(㉠)로 들어온 공기는 기관(㉡)과 기관지(㉢)를 거쳐 폐(㉣)로 들어갑니다.

7 폐에서 공기 속의 산소는 혈액으로 들어가 몸을 움직이거나 활동에 필요한 에너지를 만드는 데 사용됩니다. 그 결과 혈액 속에 만들어진 이산화 탄소는 폐로 나옵니다.

채점 기준	상	'폐'를 쓰고, 폐에서 산소는 혈액으로 들어가고, 혈액 속 이산화 탄소는 폐로 나온다고 쓴 경우
	중	'폐'를 쓰고, 산소와 이산화 탄소 중 한 가지만 옳게 쓴 경우
	하	'폐'만 옳게 쓴 경우

8 ㈎는 심장, ㈏는 혈관입니다. 심장의 펌프 작용으로 심장에서 나온 혈액은 혈관을 따라 온몸을 돌고, 다시 심장으로 돌아오는 과정을 반복합니다.

9 혈액은 온몸을 순환하면서 산소와 영양소를 전달하고, 몸속에서 생긴 이산화 탄소와 노폐물이 몸 밖으로 배출되도록 운반합니다.

10 우리 몸에서 영양소가 쓰이면서 몸에 필요 없는 노폐물이 만들어지는데, 노폐물은 우리 몸에 해로워 몸에 쌓이면 질병에 걸리기 때문에 몸 밖으로 내보내야 합니다. 이 과정을 배설이라고 합니다.

11 방광은 배설 기관 중 오줌을 저장했다가 몸 밖으로 내보내는 기관입니다. 오줌관에 연결되어 있으며, 작은 공 모양입니다. ②, ⑤는 콩팥에 대한 설명입니다.

12 감각 기관에서 받아들인 자극을 전달하고, 해석·판단하며 명령을 운동 기관 등으로 전달하는 기관들을 신경계라고 합니다.

13 감각 기관이 자극을 받아들이면 신경계를 통해 자극이 전달됩니다. 신경계는 전달받은 자극을 해석해 행동을 결정하고, 이를 운동 기관에 전달해 반응이 나타나게 합니다.

14 친구가 나를 부르는 소리를 듣고, 축구공이 날아오는 것을 본 것은 자극입니다. 뒤를 돌아보고, 옆으로 피한 것은 반응입니다.

15 운동을 하면 체온이 높아져 땀이 납니다. 호흡이 빨라지고, 심장이 빠르게 뛰어 맥박 수가 증가하고 혈액 순환도 빨라집니다.

103쪽~105쪽 단원 평가 ❷회

1 ①, ⑤ **2** ㉢ **3** ㉠ 안쪽, ㉡ 바깥쪽 **4** ㉣ **5** (1) 작은창자 (2) ㉲ 소화를 돕는 액체를 분비해 음식물을 매우 잘게 쪼개고, 음식물 속의 영양소와 수분을 흡수합니다. **6** ③ **7** (1) ㉡ (2) ㉢ (3) ㉣ (4) ㉠ **8** ㈏ **9** 혈액 **10** ㉲ 혈액 속의 노폐물을 오줌으로 만들어 몸 밖으로 내보내는 것을 배설이라고 합니다. **11** (1) ㉢ (2) ㉡ (3) ㉣ (4) ㉠ **12** ④ **13** (2) ◯ **14** ㉲ 운동을 하면 체온이 올라가고, 맥박이 빨라집니다. **15** 준기

1 근육이 줄어들거나 늘어나면서 뼈를 움직여 몸이 움직입니다. 근육은 걷거나 뛰는 것 외에도 눈을 깜빡이거나 음식을 씹고 얼굴 표정을 짓는 것과 같이 몸의 움직임에 모두 관련이 있습니다.

2 우리 몸에는 생김새와 크기가 다양한 뼈가 여러 개 있습니다. 척추뼈는 짧은뼈 여러 개가 세로로 이어져 기둥을 이루고, 몸을 지지하는 역할을 합니다.

3 위팔 안쪽 근육과 바깥쪽 근육이 서로 반대로 작용하면서 팔을 움직입니다.

4 음식물이 소화되는 과정에서 간, 쓸개, 이자는 음식물이 이동하는 통로는 아니지만 소화를 돕는 액체를 만들거나 분비하는 역할을 합니다.

5 우리가 먹은 음식물은 입, 식도, 위, 작은창자, 큰창자를 거치며 소화되고, 음식물 찌꺼기는 항문을 통해 몸 밖으로 배출됩니다.

채점 기준	상	'작은창자'를 옳게 쓰고, 음식물을 잘게 쪼개고 영양소와 수분을 흡수한다고 쓴 경우
	중	'작은창자'를 옳게 쓰고, 영양소와 수분을 흡수한다고 쓴 경우
	하	'작은창자'를 옳게 쓰고, 음식물을 잘게 쪼갠다고만 쓴 경우

6 숨을 들이마시고 내쉬는 활동을 호흡이라고 하며, 호흡에 관여하는 기관을 호흡 기관이라고 합니다. 호흡 기관에는 코, 기관, 기관지, 폐가 있습니다. 식도는 소화에 관여하는 소화 기관입니다.

7 ㉠은 코, ㉡은 기관, ㉢은 기관지, ㉣은 폐입니다.

8 주입기의 펌프 ㉮는 심장, 주입기의 관 ㉯는 혈관, 붉은 색소 물 ㉰는 혈액의 역할을 합니다.

9 심장은 쉬지 않고 펌프 작용을 반복하면서 혈관을 통해 혈액을 온몸으로 순환시킵니다.

10 우리 몸속 기관들이 일을 하고 만들어진 노폐물은 혈액이 운반하므로 혈액 속에는 노폐물이 들어 있습니다. 이와 같은 혈액 속 노폐물을 오줌으로 만들어 몸 밖으로 내보내는 과정을 배설이라고 합니다.

채점 기준	상	혈액 속의 노폐물을 오줌으로 만들어 몸 밖으로 내보내는 것이라고 쓴 경우
	중	노폐물을 오줌으로 만들어 몸 밖으로 내보내는 것이라고 쓴 경우
	하	오줌을 몸 밖으로 내보내는 것이라고 쓴 경우

11 콩팥이 혈액 속의 노폐물을 걸러 내어 오줌을 만들면 이 오줌은 오줌관을 지나 방광에 모였다가 요도를 거쳐 몸 밖으로 나가게 됩니다.

12 주변의 다양한 자극을 받아들이는 기관을 감각 기관이라고 하고, 감각 기관의 종류에는 눈, 귀, 코, 혀, 피부 등이 있습니다. 심장은 혈액 순환에 관여하는 순환 기관입니다.

13 감각 기관이 받아들인 자극은 신경계를 통해 전달됩니다. 신경계는 전달받은 자극을 해석하여 행동을 결정해 운동 기관으로 전달하고, 운동 기관은 전달받은 대로 행동합니다.

14 운동을 하면 근육에서 에너지를 많이 내면서 열이 나므로 체온이 올라가고 땀이 납니다. 운동을 하면 산소와 영양소를 많이 이용하기 때문에 산소와 영양소를 빨리 공급하도록 심장이 빨리 뛰어 맥박이 빨라지고 호흡도 빨라집니다.

> 채점 **tip** 체온이 올라가고, 맥박이 빨라진다고 모두 옳게 쓰면 정답으로 합니다. 맥박 수가 증가한다고 써도 정답으로 합니다.

15 운동할 때 필요한 산소와 영양소를 더 많이 빠르게 공급하기 위해서 호흡과 맥박이 빨라집니다.

106쪽 수행 평가 ①회

1 예 비닐봉지가 부풀면서 비닐봉지의 길이가 줄어들어 뼈 모형이 구부러져 손 그림이 위로 올라갑니다.
2 예 위팔 안쪽 근육의 길이가 줄어들면서 아래팔뼈가 올라와 팔이 구부러집니다.
3 예 근육은 뼈에 연결되어 있는데, 근육의 길이가 줄어들거나 늘어나면서 뼈를 움직여 몸이 움직입니다.

1 비닐봉지에 공기를 불어 넣기 전보다 공기를 불어 넣은 후에 비닐봉지의 길이가 줄어듭니다.

채점 기준	상	비닐봉지의 모양과 길이 변화를 포함하여 뼈 모형과 손 그림의 움직임을 모두 옳게 쓴 경우
	중	비닐봉지의 길이 변화와 뼈 모형과 손 그림의 움직임만 옳게 쓴 경우
	하	뼈 모형과 손 그림의 움직임만 옳게 쓴 경우

2 위팔 안쪽 근육의 길이가 줄어들고 바깥쪽 근육의 길이가 늘어나면 아래팔뼈가 올라와 팔이 구부러집니다. 반대로 위팔 안쪽 근육의 길이가 늘어나고 바깥쪽 근육의 길이가 줄어들면 아래팔뼈가 내려가 팔이 펴집니다.

> 채점 **tip** 팔 안쪽 근육의 길이가 줄어들어 팔뼈가 올라와 팔이 구부러진다고 쓰면 정답으로 합니다.

3 뼈와 근육 모형실험을 통해 근육의 길이가 변하면 근육에 연결된 뼈가 움직여서 우리 몸이 움직이는 것을 알 수 있습니다.

채점 tip 근육과 뼈의 관계를 포함하여 몸이 움직이는 원리를 쓰면 정답으로 합니다.

107쪽 수행 평가 **2**회

1 (1) **예** 소화를 돕는 액체를 분비해 음식물을 매우 잘게 쪼개고, 음식물 속의 영양소와 수분을 흡수합니다. (2) **예** 음식물 찌꺼기에서 수분을 흡수합니다.
2 **예** 폐에서 공기 속의 산소는 혈액으로 들어가고, 혈액 속의 이산화 탄소는 폐로 나옵니다.

1 입으로 들어온 음식물은 입, 식도, 위, 작은창자, 큰창자를 거쳐 이동하면서 분해되어 흡수되고, 남은 찌꺼기는 항문으로 배출됩니다.

채점 tip 작은창자에서 일어나는 분해와 흡수 과정을 모두 쓰고, 큰창자에서 수분을 흡수한다는 내용을 쓰면 정답으로 합니다.

2 몸에 들어온 산소는 활동에 필요한 에너지를 만드는 데 사용되고, 그 결과 이산화 탄소가 생깁니다.

채점 tip 산소는 혈액으로 들어가고, 혈액 속의 이산화 탄소는 폐로 나온다고 두 기체의 이동 모두 옳게 쓰면 정답으로 합니다.

108쪽 쉬어가기

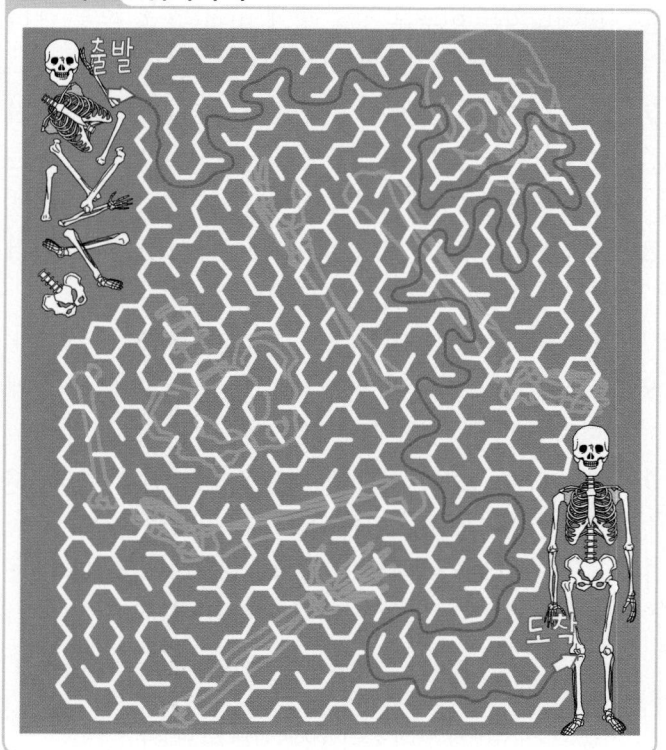

5. 에너지와 생활

1 에너지의 필요성, 여러 가지 에너지의 형태

112쪽~113쪽 문제 학습

1 에너지 **2** 광합성 **3** 열에너지 **4** 운동 에너지
5 위치 에너지 **6** (1) 동물 (2) 식물 **7** ② **8** ②
9 **예** 여름에 선풍기나 에어컨을 사용할 수 없습니다. 세탁기를 사용할 수 없어 손으로 빨래를 해야 합니다. 전기밥솥을 사용할 수 없어 쌀로 밥을 지을 수 없습니다. **10** ㉠, ㉢ **11** (1) ㉡ (2) ㉠ **12** ①
13 예리 **14** ㉠

6 식물은 햇빛을 받아 광합성을 하여 만든 양분에서 에너지를 얻습니다. 동물은 다른 생물을 먹어 얻은 양분으로 에너지를 얻습니다.

7 자동차가 달리거나 전등이 빛을 내는 등 기계가 작동하는 데 에너지가 필요합니다. 기계는 석유, 석탄이나 전기 등에서 에너지를 얻습니다.

8 동물은 다른 생물을 먹어 에너지를 얻습니다. 식물은 햇빛을 받아 광합성을 하여 만든 양분에서 에너지를 얻습니다. 자동차는 연료나 전기 등을 공급받아 에너지를 얻습니다.

9 전기나 연료가 공급되지 않으면 전기 기구나 가스레인지 같은 기계가 작동할 수 없기 때문에 여러 가지 어려움이 발생하게 됩니다.

채점 tip 전기나 연료를 공급받아 작동하는 기계를 사용할 수 없어 발생하는 어려움을 두 가지 쓰면 정답으로 합니다.

10 전등을 작동하게 하는 에너지는 전기 에너지이고, 전등의 불빛처럼 어두운 곳을 밝게 비춰 주는 에너지는 빛에너지입니다.

11 휴대 전화는 전기 에너지로 충전을 하고, 높은 곳에 있는 낙하산은 위치 에너지를 가지고 있습니다.

12 열에너지는 열이 가진 에너지로, 주변을 따뜻하게 하거나 음식을 익힐 때 필요합니다.

13 전기 다리미는 전기 에너지로 작동하고, 다리미가 작동하면 뜨거워져 열에너지를 갖게 됩니다.

14 위치 에너지는 높은 곳에 있는 물체가 가진 에너지로, 댐이나 폭포의 높은 곳에 있는 물은 낮은 곳에 있는 물보다 위치 에너지가 더 큽니다.

BOOK **1** 개념북

5 단원

❷ 다른 형태로 바뀌는 에너지, 효율적인 에너지 활용 방법

1 에너지 전환   **2** 위치, 운동   **3** 태양
4 빛, 열   **5** 겨울잠   **6** 1구간   **7** ⓒ   **8** ②
9 ③, ④   **10** ①   **11** 화학   **12** 자원   **13** 성현
14 예 식물의 겨울눈은 바깥쪽이 껍질과 털로 되어 있어서 손실되는 열에너지를 줄입니다. 다람쥐는 춥고 먹이가 부족한 겨울이 오면 겨울잠을 자면서 에너지 소비를 줄입니다.

6 1구간에서는 열차가 전기 에너지를 이용해 천천히 움직여 위로 높이 올라가게 되는데, 이때 전기 에너지는 위치 에너지와 운동 에너지로 바뀝니다.

7 2구간에서는 높이 올라가 있던 열차가 내려오게 되는데, 이때 위치 에너지가 운동 에너지로 바뀝니다.

8 선풍기를 작동시키면 날개가 돌아가는데, 이것은 전기 에너지가 운동 에너지의 형태로 바뀐 것입니다.

9 모닥불은 나무에 불을 붙인 것으로, 화학 에너지가 빛에너지와 열에너지로 전환됩니다.

10 믹서기, 세탁기, 선풍기는 전기 에너지가 주로 운동 에너지로 전환됩니다.

11 식물은 햇빛을 받아 광합성을 하여 양분을 만들 때 태양의 빛에너지가 식물의 화학 에너지로 바뀝니다. 사람은 식물을 먹어 얻은 에너지를 운동 에너지로 바꾸어 사용합니다.

12 에너지를 얻는 데 필요한 석유, 석탄 등의 자원은 양이 정해져 있기 때문에 에너지를 효율적으로 이용하여 자원을 아껴야 합니다.

13 발광 다이오드등처럼 에너지 효율이 높은 제품을 사용하면 에너지를 효율적으로 이용할 수 있습니다.

14 낙엽을 떨어뜨리는 나무나 바람을 이용해 먼 거리를 날아가는 철새도 해당됩니다.

> 채점 tip 식물이나 동물이 에너지를 효율적으로 이용하는 예를 한 가지 쓰면 정답으로 합니다.

❶ 광합성   ❷ 운동   ❸ 위치   ❹ 에너지 전환
❺ 겨울눈   ❻ 겨울잠

1 에너지   **2** ③   **3** 예 햇빛을 받아 광합성을 하여 만든 양분에서 에너지를 얻습니다.   **4** (1) ⓒ (2) ㉠ (3) ⓛ   **5** ④   **6** ㉠ 빛, ⓛ 운동   **7** ⑤   **8** 예 어떤 형태의 에너지가 다른 형태의 에너지로 바뀌는 것을 에너지 전환이라고 합니다.   **9** ②   **10** ⑤   **11** 예 2구간에서 높이 올라가 있던 열차가 내려오게 되는데, 이때 위치 에너지가 운동 에너지로 바뀝니다.   **12** ⑤   **13** ㉠   **14** ⓒ   **15** ㉠, ⓒ

1 식물이나 동물이 살아가는 데 에너지가 필요합니다. 기계를 작동할 때도 에너지가 필요합니다.

2 개, 소, 사람은 다른 생물을 먹어 에너지를 얻습니다. 장미, 국화, 옥수수, 민들레, 해바라기는 광합성을 하여 만든 양분에서 에너지를 얻습니다. 냉장고, 자동차는 전기, 석유 등에서 에너지를 얻습니다.

3 식물은 햇빛을 이용해 스스로 양분을 만들어 살아가는 데 필요한 에너지를 얻습니다.

> 채점 tip 햇빛을 이용해 양분을 만들어 에너지를 얻는다거나 광합성으로 만든 양분에서 에너지를 얻는다고 쓰면 정답으로 합니다.

4 에너지는 우리 생활 곳곳에 다양한 형태로 존재합니다.

5 전등, 가로등, 촛불은 모두 빛에너지를 가지고 있습니다. 굴러가는 공은 운동 에너지를 가지고 있습니다.

6 빛에너지는 어두운 곳을 밝게 비춰 주고, 운동 에너지는 물체를 움직이게 하는 에너지입니다.

7 높은 곳에 있는 물체가 가진 에너지를 위치 에너지라고 하며, 높은 곳에 있는 물체는 낮은 곳에 있는 물체보다 위치 에너지가 큽니다.

8 우리는 에너지를 전환하여 생활에서 필요한 여러 가지 형태의 에너지를 얻습니다.

> 채점 tip 에너지의 형태가 바뀌는 것이라고 쓰면 정답으로 합니다.

9 손전등을 작동하면 전지의 화학 에너지가 전기 에너지로 바뀌고, 전구에서 빛에너지로 바뀝니다.

10 선풍기는 전기에서 에너지를 얻어 운동 에너지로 전환하여 선풍기 날개를 돌려 바람을 일으킵니다.

11 3구간에서는 열차가 아래에서 위로 올라갈 때 운동 에너지가 다시 위치 에너지로 바뀝니다.

채점 기준	상	높이 올라가 있던 열차가 내려오면서 위치 에너지가 운동 에너지로 바뀐다고 쓴 경우
	하	위치 에너지가 운동 에너지로 바뀐다고 쓴 경우

12 태양에서 온 에너지가 전환되어 생기는 자연 현상을 이용해 에너지를 얻고, 그 에너지를 일상생활에 필요한 형태로 전환해 이용합니다.

13 에너지를 얻을 때 필요한 자원의 양은 한정되어 있으므로 에너지를 효율적으로 이용해야 합니다.

14 같은 밝기의 빛을 내는 데에 가장 적은 에너지를 이용한 ⓒ 전구의 에너지 효율이 가장 높습니다.

15 다람쥐, 곰, 뱀 등이 겨울잠을 자는 것은 춥고 먹이가 부족한 환경에 적응해 에너지를 효율적으로 이용하는 예입니다. 식물의 겨울눈은 바깥쪽이 껍질과 털로 되어 있어서 손실되는 열에너지를 줄입니다.

123쪽~125쪽 **단원 평가 ②회**

1 감자 2 ⓒ 3 광합성 4 (1) ㈐ (2) ㈑ (3) ㈏ (4) ㈎ 5 예 높이 올라간 그네, 높은 곳에서 움직이는 낙하산, 높은 곳에 매달려 있는 장난감 등이 있습니다. 6 재중 7 ④ 8 예 가스레인지에 불을 붙여 열에너지로 음식을 익힙니다. 추운 날 온풍기를 틀어 열에너지로 따뜻하게 지냅니다. 9 (1) ⓒ (2) ㉠ 10 (1) ㉠ (2) ⓒ (3) ⓒ (4) ㉣ 11 ㉠ 화학 에너지, ⓒ 운동 에너지 12 ③ 13 (3) × 14 예 에너지를 얻기 위해 필요한 자원의 양이 한정되어 있기 때문입니다. 15 ⓒ, ⓒ

---

1 ㈎는 동물, ㈏는 식물로 분류한 것입니다. 감자는 식물이므로 ㈏ 무리로 분류해야 합니다.

2 식물은 햇빛을 받아 이산화 탄소와 물로 만든 양분에서 에너지를 얻어 성장, 번식, 생명 유지 등에 에너지를 이용합니다.

3 식물이 빛을 이용하여 스스로 양분을 만드는 작용을 광합성이라고 합니다.

4 끓고 있는 물은 열에너지, 석탄, 석유, 나무 등의 연료는 화학 에너지, 높은 댐에 저장된 물은 위치 에너지, 바람으로 돌아가는 바람개비는 운동 에너지를 가지고 있습니다.

5 높은 곳에 있는 물체가 가진 에너지를 위치 에너지라고 합니다.

채점 tip 우리 주변에서 높은 곳에 있는 물체를 두 가지 쓰면 정답으로 합니다.

6 높은 곳에 있는 물체는 낮은 곳에 있는 물체보다 위치 에너지가 큽니다.

7 운동 에너지는 움직이고 있는 물체가 가진 에너지로, 굴러가는 축구공과 하늘 위를 날고 있는 독수리는 운동 에너지를 가지고 있습니다.

8 머리 말리개의 뜨거운 바람으로 젖은 머리카락을 말리는 것, 뜨거운 다리미로 옷의 주름을 펴는 것 등도 열에너지를 이용하는 경우입니다.

채점 tip 집에서 열에너지를 이용하는 경우 두 가지를 쓰면 정답으로 합니다.

9 전기 주전자는 전기 에너지를 주로 열에너지로 전환하여 물을 끓이는 데 이용하고, 손전등은 전기 에너지를 주로 빛에너지로 전환하여 어두운 곳을 밝히는 데 이용합니다.

10 전등을 켜면 전기 에너지가 빛에너지로 바뀌고, 미끄럼틀을 타고 내려올 때는 위치 에너지가 운동 에너지로 바뀝니다. 나무에 불을 붙인 모닥불은 나무의 화학 에너지가 열에너지와 빛에너지로 바뀌고, 전기다리미는 전기 에너지가 열에너지로 바뀌어 옷의 주름을 폅니다.

11 사람은 식물이나 동물을 먹어 화학 에너지를 얻고, 운동할 때 화학 에너지가 운동 에너지로 전환됩니다. 식물은 광합성을 통해 화학 에너지를 얻고, 이 화학 에너지는 태양의 빛에너지가 전환된 것입니다.

12 발광 다이오드(LED)등은 형광등에 비해 전기 에너지가 빛에너지로 전환되는 비율이 높아 에너지를 효율적으로 이용할 수 있습니다. 건물을 지을 때 단열이 잘되는 이중창과 단열재를 이용하면 에너지를 효율적으로 이용할 수 있습니다.

13 식물의 겨울눈은 바깥쪽이 껍질과 털로 되어 있어서 손실되는 열에너지를 줄입니다.

14 에너지를 얻으려면 석유, 석탄 같은 에너지 자원이 필요합니다. 이 자원의 양은 한정되어 있기 때문에 에너지를 효율적으로 이용해야 합니다.

채점 tip 에너지를 얻기 위해 필요한 자원의 양이 한정되어 있기 때문이라고 쓰면 정답으로 합니다.

15 전기 에너지의 대부분을 빛에너지로 전환해 열에너지와 같이 필요하지 않은 형태로 손실되는 에너지의 양이 적고, 같은 밝기의 빛을 낼 때 전기 에너지를 적게 이용하는 전등이 효율이 높은 전등입니다.

BOOK ① 개념북

5 단원

126쪽   수행 평가 **1**회

1 예 식물은 햇빛을 받아 광합성을 하여 만든 양분에서 에너지를 얻습니다.

2 예 동물은 다른 생물을 먹어 에너지를 얻습니다.

3 예 기계는 석유, 석탄, 전기 등에서 에너지를 얻습니다.

1 식물은 빛을 이용하여 이산화 탄소와 물로 양분을 만드는데, 이것을 광합성이라고 합니다. 식물은 광합성을 하여 얻은 에너지를 성장, 번식, 생명 유지 등에 이용합니다.

채점 tip 광합성을 하여 만든 양분에서 에너지를 얻는다고 쓰면 정답으로 합니다.

2 동물은 다른 식물이나 동물을 먹어 에너지를 얻습니다. 이렇게 얻은 에너지를 움직이고 숨을 쉬는 등 생명 활동에 이용합니다.

채점 tip 다른 생물을 먹어 에너지를 얻는다고 쓰면 정답으로 합니다.

3 자동차에 기름을 넣어야 움직일 수 있는 것처럼 기계는 석유, 석탄, 전기 등 자원에서 에너지를 얻어 작동합니다.

채점 tip 석유, 석탄, 전기 등의 자원에서 에너지를 얻는다고 쓰면 정답으로 합니다.

127쪽   수행 평가 **2**회

1 (1) (다) (2) 예 전기 에너지가 불필요한 열에너지로 전환되는 비율이 적고, 빛에너지로 전환되는 비율이 높은 발광 다이오드(LED)등이 에너지 효율이 가장 높습니다.

2 예 식물의 겨울눈은 바깥쪽이 껍질과 털로 되어 있어서 손실되는 에너지를 줄입니다. 대부분의 나무는 추운 겨울을 준비하기 위해 가을에 낙엽을 떨어뜨립니다.

3 예 다람쥐는 춥고 먹이가 부족한 겨울이 오면 겨울잠을 자면서 에너지 소비를 줄입니다. 철새들은 먼 거리를 날아갈 때 바람을 이용하여 에너지 효율을 높입니다.

1 백열등이나 형광등보다 전기 에너지가 빛에너지로 전환되는 비율이 높은 발광 다이오드(LED)등이 에너지를 효율적으로 이용할 수 있습니다.

채점 tip (다)를 옳게 쓰고, 전기 에너지가 열에너지로 손실되는 비율이 적고, 빛에너지로 전환되는 비율이 가장 높기 때문이라고 쓰면 정답으로 합니다.

2 식물 중에는 겨울눈을 만들어 겨울눈의 털과 비늘로 열에너지가 바깥으로 빠져나가지 않도록 하여 어린싹이 얼지 않게 하는 것도 있습니다. 나무 중에는 잎을 유지하는 데 필요한 화학 에너지를 효율적으로 이용하기 위해 기온이 낮은 겨울이 되기 전에 낙엽을 떨어뜨리는 것도 있습니다.

채점 tip 겨울눈, 낙엽 등 식물이 에너지를 효율적으로 이용하는 예를 쓰면 정답으로 합니다.

3 일부 동물은 먹이가 부족하고 기온이 낮은 겨울이 되면 생명 및 체온 유지에 필요한 화학 에너지를 효율적으로 이용하기 위해 겨울잠을 잡니다. 철새들은 먼 거리를 날아갈 때 'V'자 대형으로 날아가며 에너지 효율을 높입니다.

채점 tip 겨울잠, 철새의 비행 대형 등 동물이 에너지를 효율적으로 이용하는 예를 쓰면 정답으로 합니다.

128쪽   쉬어가기

1. 전기의 이용

1 유리 **2** 전지 **3** (+)극 **4** 전지 두 개를 연결했을 때 **5** 전구의 직렬연결 **6** 전구의 병렬연결 **7** 예 꺼집니다. **8** 퓨즈 **9** 전자석 **10** 전자석

1 필라멘트 **2** 스위치 **3** 전구 끼우개 **4** 전기 회로 **5** 전구의 병렬연결 **6** 전구의 병렬연결 **7** 머리 부분 **8** 감전 **9** 전자석 **10** 예 커집니다.

1 ㉡ **2** 예 전지의 (−)극에 연결된 전선 중 한 개를 전지의 (+)극에 연결합니다. 전구의 꼭지나 꼭지쇠 중 하나를 전지의 (+)극에 연결합니다. **3** 전지 끼우개 **4** ④ **5** ② **6** 예 ㉠의 전구가 ㉡의 전구보다 더 밝습니다. **7** 직렬연결 **8** ㉡ **9** (1) ㉡, ㉢ (2) ㉠, ㉣ **10** 태양 **11** ④ **12** (1) 예 손에 물기가 없도록 수건으로 닦은 뒤 전기 제품을 만집니다. (2) 예 플러그를 뽑을 때에는 전선을 잡아당기지 않고, 플러그의 머리 부분을 잡고 뽑습니다. **13** (1) ㉡ (2) ㉠ (3) ㉢ **14** ㉠ **15** ② **16** ㉣ **17** 예 전지의 개수를 다르게 하여 전자석의 세기를 조절할 수 있음. **18** ⑤ **19** 철 **20** ㉡

1 ㉡은 전구의 꼭지와 꼭지쇠가 모두 전지의 한쪽 극에 연결되어 있어 전구에 불이 켜지지 않습니다.

2 전기 회로에서 전구에 불이 켜지려면 전구를 전지의 (+)극과 (−)극에 각각 연결하여야 합니다.

채점 tip 전선 한 개를 전지의 (+)극에 연결한다고 쓰면 정답으로 합니다.

3 전지 끼우개의 (+)극과 (−)극 표시에 맞게 전지를 끼워서 사용합니다.

4 전구가 전지의 (+)극과 (−)극에 각각 연결되어 있어야 전기 회로에 전기가 흘러 전구에 불이 켜집니다.

5 종이, 유리, 고무, 나무 등은 전기가 잘 흐르지 않는 물질이고, 철은 전기가 잘 흐르는 물질입니다.

6 전기 회로에서 전지 두 개를 연결하면 전지 한 개를 연결할 때보다 전구의 밝기가 더 밝습니다.

채점 tip ㉠이 ㉡보다 더 밝다고 쓰면 정답으로 합니다.

7 전기 회로에서 전구 두 개 이상을 한 줄로 연결하는 방법을 전구의 직렬연결이라고 합니다.

8 전구 두 개가 한 줄로 연결되어 있어 한 개의 전구를 빼내면 나머지 전구에 불이 켜지지 않습니다.

9 전구를 병렬로 연결하면 직렬로 연결했을 때보다 전구의 밝기가 더 밝습니다. ㉠, ㉣은 전구의 직렬연결, ㉡, ㉢은 전구의 병렬연결입니다.

10 장식용 나무의 전구를 직렬로만 연결하면 전구 하나가 고장이 났을 때 전체 전구가 모두 꺼지고, 전구를 병렬로만 연결하면 전기와 전선이 많이 소비되기 때문에 직렬연결과 병렬연결을 혼합하여 사용합니다.

11 외출할 때는 전등을 끄고, 냉장고의 문을 자주 여닫거나 오랫동안 열어두지 않습니다. 냉방기를 작동할 때에는 창문을 닫아야 하며, 밥은 필요한 만큼만 하고, 전기밥솥을 보온 상태로 오랫동안 켜두지 않습니다.

12 물 묻은 손으로 전기 제품을 만지면 감전 사고가 발생할 수 있습니다. 플러그를 뽑을 때에는 플러그의 머리 부분을 잡고 뽑습니다.

채점 기준	상	(1) 손에 물기가 없도록 수건으로 닦은 뒤 전기 제품을 만진다고 쓰고, (2) 플러그의 머리 부분을 잡고 뽑는다고 쓴 경우
	중	(1) 물기 있는 손으로 전기 제품을 만지지 않는다고 쓰고, (2) 플러그의 전선을 잡아당기지 않는다고 쓴 경우
	하	(1)과 (2) 중 한 가지만 옳게 쓴 경우

13 퓨즈, 콘센트 안전 덮개, 과전류 차단 장치는 전기를 안전하게 사용하기 위한 장치입니다.

14 나침반 바늘의 N극이 가리키는 ㉠이 S극이고, 나침반 바늘의 S극이 가리키는 ㉡이 N극입니다.

15 전자석에 연결한 전지의 방향을 바꾸면 전자석의 양쪽 극이 반대로 바뀝니다.

16 전자석은 전기 회로에 연결한 전지의 개수를 다르게 하여 전자석의 세기를 조절할 수 있습니다.

17 전자석은 일렬로 연결한 전지의 개수가 많을수록 전자석의 세기가 커집니다.

채점 tip 전지의 방향을 전지의 개수로 고쳐 쓰면 정답으로 합니다.

18 전자석이 사용되는 예에는 전자석 기중기, 자기 부상 열차, 스피커, 선풍기, 전기 자동차 등이 있습니다.

19 전자석은 전기가 흐를 때 자석의 성질이 나타나며, 철로 된 물체를 끌어당기는 성질이 있습니다.

20 전자석의 세기가 클수록 빵 끈이 많이 붙습니다.

1 (1) 전구 (2) 전구 끼우개　**2** ⑤　**3** 예 스위치를 닫습니다. 스위치를 누릅니다.　**4** 희철　**5** ㉢
6 ④　**7** ㉠　**8** ㉠ 직렬, ㉡ 병렬　**9** ㈏
10 예 ㈎에서는 나머지 전구의 불이 켜지지 않고, ㈏에서는 나머지 전구의 불이 켜집니다.　**11** ①
12 진우, 혜리　**13** (1) ○　**14** 예 전기를 만드는 데 비용이 많이 들기 때문입니다. 전기를 만드는 데 필요한 석탄, 석유, 천연가스와 같은 자원의 양이 한정되어 있기 때문입니다. 전기를 만들 때 환경을 오염시키는 물질이 나오기 때문입니다.
15 전자석　**16** (1) ㉠ (2) ㉡　**17** 예 전기가 흐를 때만 자석의 성질이 나타납니다. 극의 방향을 바꿀 수 있습니다. 전자석의 세기를 조절할 수 있습니다.
18 ②　**19** 철 클립, 철 못　**20** 자기 부상 열차

1 전구는 빛을 내는 전기 부품으로, 꼭지와 꼭지쇠, 필라멘트로 이루어져 있습니다. 전구 끼우개는 전구를 전선에 쉽게 연결할 수 있도록 전구를 끼워서 사용하는 전기 부품입니다.

2 집게 달린 전선의 내부는 전기가 흐르는 구리선으로 되어 있고, 외부는 전기가 흐르지 않는 고무로 덮여 있습니다.

3 스위치는 전기가 흐르는 길을 끊거나 연결하는 전기 부품으로, 스위치를 열면 전기 회로에 전기가 흐르지 않고 스위치를 닫으면 전기가 흐릅니다.

　채점 tip 스위치를 닫는다고 쓰거나 스위치를 누른다고 쓰면 정답으로 합니다.

4 전구에 연결된 전선이 모두 전지의 (−)극에만 연결되어 있어 전구에 불이 켜지지 않습니다.

5 전기 회로에서 전구에 불이 켜지려면 전기 부품에서 전기가 잘 통하는 부분끼리 연결해야 합니다.

6 전지 두 개를 연결할 때는 한 전지의 (+)극을 다른 전지의 (−)극에 연결해야 합니다.

7 전기 회로에 연결한 전지의 수에 따른 전구의 밝기를 비교할 때 다르게 해야 할 조건은 전지의 수이고, 전구의 수, 전지의 종류, 전구의 종류, 전선의 길이와 종류 등 나머지 조건은 모두 같게 합니다.

8 전기 회로에서 전구 두 개 이상을 한 줄로 연결하는 방법을 전구의 직렬연결이라고 하고, 전구 두 개 이상을 여러 개의 줄에 나누어 한 개씩 연결하는 방법을 전구의 병렬연결이라고 합니다.

9 전구를 병렬로 연결했을 때가 직렬로 연결했을 때보다 전구의 밝기가 밝습니다.

10 전구의 직렬연결은 전구 한 개의 불이 꺼지면 나머지 전구의 불도 꺼집니다. 전구의 병렬연결은 전구 한 개의 불이 꺼지더라도 나머지 전구의 불이 꺼지지 않습니다.

　채점 tip ㈎에서는 나머지 전구의 불이 꺼진다고 쓰거나 켜지지 않는다고 쓰고, ㈏에서는 나머지 전구의 불이 켜진다고 쓰거나 꺼지지 않는다고 쓰면 정답으로 합니다.

11 전기를 사용하는 기구에는 머리 말리개, 전등, 에어컨, 냉장고, 세탁기, 전기밥솥, 선풍기 등이 있습니다.

12 냉방기를 작동할 때에는 창문을 닫습니다. 전기 기구를 사용하지 않을 때에는 전기 기구의 전원을 끄고 플러그를 뽑아 둡니다.

13 콘센트 안전 덮개는 콘센트를 덮는 장치로, 콘센트에 물이 들어가거나 먼지가 쌓이는 것을 방지합니다.

14 전기를 절약하지 않으면 자원이 낭비되고, 환경 문제가 발생할 수 있습니다.

　채점 tip 전기를 만들 때 많은 비용이 든다는 것, 자원의 양이 한정되어 있다는 것, 환경 오염이 발생한다는 것 중 한 가지를 옳게 쓰면 정답으로 합니다.

15 전자석은 전기가 흐를 때만 자석이 되고, 전기가 흐르지 않으면 자석의 성질을 잃는 자석입니다.

16 전자석을 연결한 전기 회로에서 스위치를 닫으면, 자석의 성질이 나타나 철로 된 물체가 달라붙습니다.

17 전자석은 전기가 흐르는 전선 주위에 자석의 성질이 나타나는 것을 이용해 만들었기 때문에 전기가 흐를 때만 자석의 성질이 나타납니다. 전지의 개수를 다르게 해 전자석의 세기를 조절할 수 있고, 전지의 극을 바꿔 연결해 전자석의 극을 바꿀 수 있습니다.

　채점 tip 전자석의 특징 세 가지 중 한 가지를 옳게 쓰면 정답으로 합니다.

18 전지의 극을 바꿔 연결하면 전자석의 극이 바뀝니다.

19 전기 회로에 전기가 흐르면 전자석은 자석의 성질이 나타나 철로 된 물체를 끌어당깁니다.

20 전자석은 자기 부상 열차 외에도 전자석 기중기, 스피커, 선풍기, 세탁기 등 다양한 제품에 사용됩니다.

12쪽   수행 평가 ❶회

1 (나)

2 ⑩ 전구가 전지의 (+)극에만 연결되어 있어 전구에 불이 켜지지 않습니다. 전지, 전선, 전구의 연결이 끊겨 있어 전구에 불이 켜지지 않습니다.

3 ⑩ 전선을 이용해 전구를 전지의 (+)극과 (−)극에 각각 연결하면 전구에 불이 켜집니다.

1 전지, 전선, 전구가 끊기지 않게 연결되고, 전구가 전지의 (+)극과 (−)극에 각각 연결되어야 합니다.

2 (나) 전구에 불이 켜지지 않는 까닭은 전구와 연결된 전선이 전구의 (+)극에만 연결되어 있기 때문입니다.

> **채점 tip** 전구가 전지의 (+)극에만 연결되어 있어서라고 쓰거나, 전지, 전선, 전구의 연결이 끊겨 있어서라고 쓰면 정답으로 합니다.

3 전구에 불이 켜지게 하려면 전구와 연결된 전선을 전지의 (+)극과 (−)극에 각각 연결해야 합니다.

채점 기준	상	전선을 이용해 전구를 전지의 (+)극과 (−)극에 각각 연결한다고 쓴 경우
	하	전구를 전지의 남은 극에도 연결한다고 쓴 경우

13쪽   수행 평가 ❷회

1

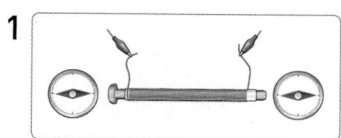

2 ⑩ 전자석에 연결한 전지의 방향을 바꾸면 전자석의 극이 반대로 바뀝니다.

3 ⑩ 영구 자석은 자석의 극이 정해져 있지만, 전자석은 전지의 극을 바꾸어 연결하면 전자석의 극을 바꿀 수 있습니다.

1 전자석에 연결된 전지의 극을 반대로 바꾸어 연결하면 나침반 바늘이 가리키는 방향이 반대가 됩니다.

2 나침반 바늘이 가리키는 방향이 반대가 된 것을 통해 전자석의 극이 반대로 바뀐 것을 알 수 있습니다.

> **채점 tip** 전지의 방향을 바꾸면 전자석의 극이 반대로 바뀐다고 쓰면 정답으로 합니다.

3 막대자석과 같은 영구 자석은 자석의 극이 일정하지만, 전자석은 극을 바꿀 수 있습니다.

> **채점 tip** 영구 자석은 자석의 극이 변하지 않고, 전자석은 전자석의 극을 바꿀 수 있다고 쓰면 정답으로 합니다.

2. 계절의 변화

14쪽   묻고 답하기 ❶회

1 태양 고도   **2** 짧아집니다.   **3** 약 두 시간
4 겨울   **5** 길어집니다.   **6** 겨울   **7** 여름
8 지구의 공전   **9** 기울어져 있습니다.   **10** 변하지 않습니다.

15쪽   묻고 답하기 ❷회

1 태양의 남중 고도   **2** 기온 그래프   **3** 여름
4 여름   **5** 겨울   **6** 많아집니다.   **7** 높아집니다.
8 공전 궤도면   **9** 겨울   **10** 변하지 않습니다.

16쪽~19쪽   단원 평가 기출

1 ①   **2** (1) ㉡ (2) ㉠   **3** ②   **4** ⑩ 태양 고도가 높아질 때 그림자 길이는 짧아지고, 태양 고도가 낮아질 때 그림자 길이는 길어집니다.   **5** (2) ○
6 ②, ⑤   **7** (1) 12시 30분 (2) 14시 30분   **8** ㉡
9 (2) ○   **10** ③   **11** ㉢   **12** (개) ㉠ (내) ㉡   **13** (개)
14 ⑩ ㉠은 여름, ㉡은 봄, 가을, ㉢은 겨울입니다. 태양의 남중 고도는 여름에 가장 높고, 겨울에 가장 낮습니다. 봄, 가을에 태양의 남중 고도는 여름과 겨울의 중간 정도입니다.   **15** 8월   **16** 52°   **17** (1) (개)
(2) ⑩ 자전축이 수직인 채 공전하면 지구의 위치가 달라져도 태양의 남중 고도가 변하지 않기 때문입니다.
18 ⑤   **19** (3) ○   **20** ㉠ 겨울, ㉡ 여름

1 태양 고도를 측정할 때 태양 고도 측정기를 평평한 곳에 놓고, 실을 막대기의 그림자 끝에 맞춘 뒤 그림자와 실이 이루는 각을 측정합니다.

2 태양이 동쪽 지평선에서 떠올라 낮 12시 30분경이 될 때까지 태양 고도는 계속 높아지기 때문에 오전 8시보다 오전 11시에 태양 고도가 더 높습니다.

> **개념 다시 보기**
>
> **태양 고도**
> • 태양의 높이는 태양이 지표면과 이루는 각으로 나타낼 수 있는데, 이것을 태양 고도라고 합니다.
> • 하루 동안 태양 고도는 오전에는 점점 높아지다가 낮 12시 30분경에 가장 높고, 오후에 다시 낮아집니다.

3 그림자 길이는 오전에 점점 짧아져서 낮 12시 30분 경에 가장 짧고, 이후 점점 길어집니다.

4 태양 고도가 높아지는 오전에는 그림자 길이가 점점 짧아지다가 낮 12시 30분 무렵 태양이 남중했을 때 가장 짧습니다. 그 이후에는 태양 고도가 낮아지면서 그림자 길이가 점점 길어집니다.

> **채점 tip** 태양 고도가 높아지면 그림자 길이가 짧아지고, 태양 고도가 낮아지면 그림자 길이가 길어진다고 쓰면 정답으로 합니다.

5 낮 12시 30분 무렵에 태양 고도가 가장 높아 그림자 길이가 가장 짧고, 그 이후에는 태양 고도가 낮아지면서 그림자 길이가 점점 길어집니다.

6 태양 고도가 높아질수록 기온은 대체로 높아집니다. 태양 고도는 오전에는 점점 높아지다가 낮 12시 30분경에 가장 높고, 오후에 다시 낮아집니다. 기온은 오전에 점점 높아지다가 14시 30분경에 가장 높고, 이후 서서히 낮아집니다.

7 하루 동안 태양 고도는 12시 30분경에 가장 높고, 지표면이 데워져 공기의 온도가 높아지는 데 시간이 걸리므로 기온은 14시 30분경에 가장 높습니다.

8 지표면이 받는 태양 에너지의 양은 태양 고도가 높을수록 많아지지만, 지표면이 태양 에너지를 받아 데워진 다음에 공기의 온도를 높이는 데에는 시간이 걸립니다. 그래서 하루 동안 태양 고도가 가장 높은 시각과 기온이 가장 높은 시각은 약 두 시간 정도 차이가 납니다.

9 태양의 남중 고도는 여름에 가장 높고, 겨울에 가장 낮습니다. 봄, 가을에 태양의 남중 고도는 여름과 겨울의 중간 정도입니다.

10 여름에는 태양의 남중 고도가 높고, 낮의 길이가 깁니다. 겨울에는 태양의 남중 고도가 낮고, 낮의 길이가 짧습니다.

11 태양의 남중 고도에 따른 태양 에너지의 양 변화를 알아보는 실험으로, 전등은 태양, 전등과 태양 전지판이 이루는 각은 태양의 남중 고도를 나타냅니다.

12 태양 전지판에 도달하는 에너지의 양이 많을수록 소리 발생기에서 크고 분명한 소리가 납니다. 전등과 태양 전지판이 이루는 각이 큰 ㈎에서 태양 전지판에 도달하는 에너지의 양이 많습니다.

13 전등과 태양 전지판이 이루는 각이 큰 것은 여름에 태양의 남중 고도가 높은 것을 의미합니다.

14 여름에서 겨울로 갈수록 태양의 남중 고도는 낮아지고, 겨울에서 여름으로 갈수록 태양의 남중 고도는 높아집니다.

채점 기준	상	㉠, ㉡, ㉢의 계절을 옳게 쓰고, 사계절에 태양의 남중 고도를 각각 모두 옳게 쓴 경우
	중	㉠, ㉡, ㉢의 계절을 옳게 쓰고, 여름과 겨울에 태양의 남중 고도만 옳게 쓴 경우
	하	㉠, ㉡, ㉢의 계절만 옳게 쓴 경우

15 월평균 기온이 가장 높은 달은 8월이고, 가장 낮은 달은 1월입니다.

16 지구본의 자전축이 공전 궤도면에 대해 수직인 채 공전하면 태양의 남중 고도는 변하지 않습니다.

17 ㈎는 태양의 남중 고도의 변화가 없고, ㈏는 태양의 남중 고도가 지구본의 위치에 따라 변합니다.

> **채점 tip** ㈎를 옳게 쓰고, 태양의 남중 고도가 변하지 않기 때문이라고 쓰면 정답으로 합니다.

18 지구의 자전축이 기울어진 채 공전하면 지구의 위치에 따라 태양의 남중 고도가 달라지고, 일정한 면적의 지표면에 도달하는 태양 에너지의 양이 달라져 계절이 변합니다.

19 지구의 자전축이 공전 궤도면에 대해 기울어진 채 공전하기 때문에 지구의 위치에 따라 태양의 남중 고도가 달라지고, 일정한 면적의 지표면에 도달하는 태양 에너지의 양이 달라져 계절이 변합니다.

20 지구가 ㉠의 위치일 때 북반구에서의 계절은 여름이고, ㉡의 위치일 때는 겨울입니다. 북반구와 남반구는 계절이 서로 반대이기 때문에 남반구에서의 계절은 ㉠은 겨울, ㉡은 여름입니다.

20쪽~23쪽 단원 평가 실전

1 태양 고도 **2** 39° **3** ④ **4 ㈎** 태양이 정남쪽에 위치했을 때의 태양 고도를 말합니다. 하루 중 태양 고도가 가장 높을 때의 태양 고도를 말합니다.
5 ③ **6** ② **7 ㈎** 지표면이 데워져 공기의 온도가 높아지는 데 시간이 걸리기 때문입니다.
8 (2) ○ **9** ㉢ **10** 여름 **11** ㉢ **12** ㉠
13 ㈎ 전등과 태양 전지판이 이루는 각 ㉠을 작게 합니다. **14** (1) ㉠, ㉢ (2) ㉡, ㉣ **15** 52
16 겨울 **17 ㈎** 태양의 남중 고도가 가장 낮기 때문입니다. **18** 지욱 **19** ⑤ **20** ㉡

1 태양 고도는 막대기를 세우고 막대기의 그림자를 이용하여 측정할 수 있습니다.

2 태양 빛은 평행하게 들어오므로, 같은 장소에서 같은 시각에 측정하면 물체의 길이가 다르더라도 태양 고도는 같습니다.

3 하루 동안 태양 고도가 가장 높은 때는 태양이 정남쪽에 있을 때이며, 이때의 태양 고도를 태양의 남중 고도라고 합니다.

4 하루 동안 태양의 높이는 계속 달라지는데, 하루 중 태양 고도가 가장 높을 때 태양이 남중했다고 하며, 이때의 태양 고도를 태양의 남중 고도라고 합니다.

채점 tip 태양이 정남쪽에 위치했을 때 또는 하루 중 태양 고도가 가장 높을 때의 태양 고도라고 쓰면 정답으로 합니다.

5 ㉠은 하루 동안 태양 고도의 변화를 나타낸 그래프이고, ㉡은 하루 동안 그림자 길이의 변화를 나타낸 그래프입니다. 태양 고도가 높아질수록 그림자 길이는 짧아지고, 태양 고도가 낮아질수록 그림자 길이는 길어집니다.

6 기온은 오전에 점점 높아지다가 14시 30분경에 가장 높고, 이후 서서히 낮아집니다.

7 태양의 남중 고도가 높아질수록 월평균 기온은 대체로 높아집니다. 하지만 태양 빛을 받아 지표면이 데워져 공기의 온도가 높아지는 데에는 시간이 걸리므로 두 달 정도 차이가 납니다.

채점 tip 지표면이 데워져 공기의 온도가 높아지는 데 시간이 걸리기 때문이라고 쓰면 정답으로 합니다.

8 6월에 낮의 길이가 가장 길고, 12월에 낮의 길이가 가장 짧습니다. 10월의 낮의 길이는 약 11시간입니다.

9 태양의 남중 고도가 높을수록 낮의 길이가 길고, 태양의 남중 고도가 낮을수록 낮의 길이가 짧기 때문에 그래프의 모양이 비슷합니다.

10 태양의 남중 고도가 가장 높고, 월평균 기온이 가장 높은 계절은 여름입니다. 여름에 낮의 길이가 가장 길고, 겨울에 낮의 길이가 가장 짧습니다.

11 태양의 남중 고도가 가장 낮은 ㉢은 겨울에 태양의 위치 변화이며, 겨울에 낮의 길이가 가장 짧습니다.

12 태양의 남중 고도가 가장 높은 ㉠은 여름에 태양의 위치 변화이며, 여름에 월평균 기온이 가장 높습니다.

13 전등과 태양 전지판이 이루는 각이 작을 때 전등으로부터 태양 전지판에 도달하는 에너지의 양이 적기 때문에 소리 발생기에서 작고 희미한 소리가 납니다.

채점 tip ㉠의 크기를 작게 한다고 쓰면 정답으로 합니다.

14 여름에는 태양의 남중 고도가 높아 일정한 면적의 지표면에 도달하는 태양 에너지의 양이 많습니다. 겨울에는 태양의 남중 고도가 낮아 일정한 면적의 지표면에 도달하는 태양 에너지의 양이 적습니다.

15 자전축이 공전 궤도면에 대해 수직일 때에는 지구본의 위치가 달라져도 태양의 남중 고도는 변하지 않습니다.

16 지구의 자전축이 공전 궤도면에 대해 기울어져 있기 때문에 지구의 위치에 따라 태양의 남중 고도가 달라져 계절이 변합니다.

17 지구의 위치가 ㉠일 때 북반구에서는 태양의 남중 고도가 낮아 일정한 면적의 지표면에 도달하는 태양 에너지의 양이 적기 때문에 겨울이 됩니다.

채점 tip 태양의 남중 고도가 가장 낮기 때문이라고 쓰면 정답으로 합니다.

18 북반구에 있는 우리나라의 태양 고도가 높을 때, 남반구에 있는 나라는 태양 고도가 낮습니다. 따라서 우리나라가 여름일 때 남반구에 있는 나라는 겨울입니다.

19 지구의 자전축이 공전 궤도면에 대해 기울어진 채 태양 주위를 공전하기 때문에 계절이 변합니다. 지구의 자전축이 수직이거나 지구가 공전하지 않는다면 지구에 계절의 변화는 생기지 않습니다.

20 지구가 ㉡ 위치에 있을 때 북반구에서는 태양의 남중 고도가 높아 일정한 면적의 지표면에 도달하는 태양 에너지의 양이 많아져 기온이 높습니다.

24쪽 **수행 평가 ❶회**

1 (1) 6 (2) 12

2 **예** 태양의 남중 고도가 높아질수록 낮의 길이는 길어지고, 태양의 남중 고도가 낮아질수록 낮의 길이는 짧아집니다.

3 일치하지 않습니다. **예** 지표면이 데워져 공기의 온도가 높아지는 데 시간이 걸리기 때문입니다.

1 6월에 태양의 남중 고도가 가장 높고, 낮의 길이가 가장 깁니다. 12월에 태양의 남중 고도가 가장 낮고, 낮의 길이가 가장 짧습니다.

2 태양의 남중 고도가 높은 여름에는 낮이 길고 기온이 높으며, 태양의 남중 고도가 낮은 겨울에는 낮이 짧고 기온이 낮습니다.

> **채점 tip** 태양의 남중 고도가 높아질수록 낮의 길이는 길어지고, 태양의 남중 고도가 낮아질수록 낮의 길이는 짧아진다고 쓰면 정답으로 합니다.

3 태양의 남중 고도가 가장 높은 달은 6월이고, 월평균 기온이 가장 높은 달은 8월입니다.

채점 기준	상	일치하지 않는다고 쓰고, 지표면이 데워져 공기의 온도가 높아지는 데 시간이 걸리기 때문이라고 쓴 경우
	중	일치하지 않는다고 쓰고, 온도가 높아지는 데 시간이 걸리기 때문이라고 쓴 경우
	하	일치하지 않는다고 쓰고, 까닭은 쓰지 못한 경우

25쪽 **수행 평가 ②회**

1 (1) 여름 (2) ⑳ 태양의 남중 고도가 높아집니다.
2 ⑳ 태양의 남중 고도와 낮의 길이가 변하지 않기 때문에 계절의 변화도 나타나지 않을 것입니다.
3 ⑳ 지구의 자전축이 기울어진 채 태양 주위를 공전하기 때문입니다.

1 우리나라에서 태양의 남중 고도는 지구의 위치가 ㉡일 때 가장 높으므로 이때가 여름입니다. ㉠은 봄, ㉢은 가을, ㉣은 겨울입니다.

> **채점 tip** 여름을 옳게 쓰고, 태양의 남중 고도가 높아진다고 쓰면 정답으로 합니다.

2 지구의 자전축이 공전 궤도면에 대해 수직인 채 태양 주위를 공전한다면 지구의 위치가 달라져도 태양의 남중 고도는 달라지지 않아 낮의 길이에도 변화가 없습니다. 따라서 계절도 바뀌지 않게 됩니다.

> **채점 tip** 태양의 남중 고도, 낮의 길이, 계절이 변하지 않는다고 쓰면 정답으로 합니다.

3 지구의 자전축이 기울어지지 않았거나, 지구가 태양 주위를 공전하지 않는다면 지구에 계절의 변화는 나타나지 않습니다.

> **채점 tip** 지구의 자전축이 기울어졌다는 것과 공전한다는 것을 모두 쓰면 정답으로 합니다.

---

3. 연소와 소화

26쪽 **묻고 답하기 ①회**

1 빛 **2** 연소 **3** ⑳ 초, 알코올, 기름, 가스, 나무
4 ⑳ 줄어듭니다. **5** 발화점 **6** 발화점 이상의 온도 **7** 물 **8** 소화 **9** 산소 **10** 안전핀

27쪽 **묻고 답하기 ②회**

1 열 **2** ⑳ 따뜻해집니다. **3** ⑳ 줄어듭니다.
4 산소 **5** (성냥의) 머리 부분 **6** 발화점이 낮은 물질 **7** 이산화 탄소 **8** 탈 물질 **9** 계단
10 투척용 소화기

28쪽~31쪽 **단원 평가** 기출

1 ㉡ **2** ② **3** 공기(산소)의 양 **4** ④
5 ⑳ 크기가 큰 아크릴 통 속에 공기(산소)가 더 많이 들어 있기 때문에 크기가 큰 아크릴 통 속의 초가 더 오래 탑니다. **6** 정혁 **7** 붙는다 **8** ㉠
9 물, 이산화 탄소 **10** ⑳ 석회수가 뿌옇게 흐려지는 것을 통해 초가 연소하면 이산화 탄소가 발생한다는 것을 알 수 있습니다. **11** ㉢ **12** 붉은
13 물 **14** ⑳ 촛불을 촛불 덮개로 덮습니다. 촛불을 드라이아이스가 있는 통에 넣습니다. **15** ①
16 ③ **17** ㉡ **18** (1) ○ **19** ㉢ **20** (1) 은찬
(2) ⑳ 승강기 대신 계단을 이용해 대피해야 해.

1 물질이 연소할 때 물질의 양이 달라집니다.

2 리모컨이나 전등을 작동시키거나 손바닥을 비비는 것은 물질이 타는 현상이 아닙니다.

3 크기가 큰 아크릴 통 속에는 크기가 작은 아크릴 통 속보다 공기(산소)가 많이 들어 있습니다.

4 아크릴 통 안의 촛불이 꺼지는 까닭은 초의 심지 주변에 산소가 공급되지 않기 때문입니다.

5 아크릴 통의 크기가 클수록 통 속에 산소가 많아 초가 더 오래 탑니다.

채점 기준	상	공기(산소)가 더 많이 들어 있어 크기가 큰 아크릴 통 속의 초가 더 오래 탄다고 쓴 경우
	하	더 오래 타는 초만 옳게 쓴 경우

6 발화점은 물질마다 다르며, 발화점이 낮은 물질일수록 쉽게 탑니다.

7 성냥의 머리 부분에 직접 불을 붙이지 않아도 발화점까지 온도를 높이면 불이 붙습니다.

8 탈 물질, 산소, 발화점 이상의 온도 중 한 가지라도 없으면 연소가 일어나지 않습니다.

9 물질이 연소하면 물과 이산화 탄소와 같이 새로운 물질이 생성됩니다.

10 무색투명한 석회수는 이산화 탄소와 만나면 뿌옇게 흐려지는 성질이 있습니다.

채점 기준	상	석회수가 뿌옇게 흐려지는 것과 초가 연소하면 이산화 탄소가 발생한다는 것 두 가지를 모두 옳게 쓴 경우
	하	두 가지 중 한 가지만 옳게 쓴 경우

11 초가 연소한 후에 생성되는 물질이 무엇인지 알아보는 실험입니다.

12 아크릴 통으로 초를 덮고 얼마 뒤 촛불이 꺼지고, 푸른색 염화 코발트 종이의 색이 붉게 변합니다.

13 푸른색 염화 코발트 종이의 색이 붉게 변한 것으로 보아 초가 연소한 후 물이 생긴 것을 알 수 있습니다.

14 촛불 덮개로 촛불을 덮으면 산소가 차단되고, 촛불을 드라이아이스가 있는 통에 넣으면 드라이아이스가 이산화 탄소로 변해 산소를 차단합니다.

채점 tip 산소를 차단하여 촛불을 끄는 방법 중 두 가지를 옳게 쓰면 정답으로 합니다.

15 ②, ③, ④는 탈 물질을 없애 불을 끄고, ①은 발화점 미만으로 온도를 낮춰 불을 끕니다.

16 촛불을 아크릴 통으로 덮으면 초가 연소하는 데 필요한 산소를 차단하여 촛불이 꺼집니다.

17 촛불을 아크릴 통으로 덮으면 산소가 차단되어 촛불이 꺼집니다.

18 알코올램프의 뚜껑을 닫으면 산소가 차단되어 불이 꺼집니다. 소화전을 이용해 물을 뿌리면 발화점 아래로 온도가 낮아져 불이 꺼집니다. 연료 조절 밸브를 잠그면 탈 물질이 공급되지 않아 불이 꺼집니다.

19 소화기를 사용할 때에는 안전핀을 뽑은 다음 바람을 등지고 소화기의 고무관이 불 쪽을 향하도록 잡고 손잡이를 움켜쥐며 불을 끕니다.

20 화재가 발생했을 때 승강기를 이용하면 승강기에 갇히거나 연기가 안으로 들어와 위험합니다.

채점 기준	상	이름을 옳게 쓰고, 계단으로 대피한다고 쓴 경우
	하	이름만 옳게 쓴 경우

32쪽~35쪽 단원 평가 실전

1 ② **2** ㉡, 탈 물질 **3** 아영 **4** ③ **5** ㈎ **6** ②
7 발화점 **8** (1) ○ **9** 예 석회수가 뿌옇게 흐려집니다. **10** 물, 이산화 탄소 **11** ㉡ **12** ①, ②, ④ **13** 예 탈 물질, 산소, 발화점 이상의 온도 중에서 한 가지 이상의 조건을 없애 불을 끄는 것입니다.
14 ㈐ **15** (1) ○ **16** ㉠, ㉡, ㉢, ㉣ **17** 119
18 ㉢ **19** ③ **20** 예 기름에 의한 화재에 물을 사용하면 불이 더 크게 번질 수 있기 때문입니다.

1 물질이 연소하기 위해서는 초나 알코올 등과 같은 탈 물질과 산소가 필요합니다. 물질이 탈 때 빛과 열이 발생합니다.

2 크기가 작은 초의 촛불이 먼저 꺼지는 것으로 보아 초가 탈 때 탈 물질이 필요하다는 것을 알 수 있습니다.

3 전자레인지로 음식을 데우는 것은 물질이 타면서 발생하는 빛과 열을 이용한 예가 아닙니다.

4 아크릴 통 속 공기(산소)의 양에 따라 촛불이 꺼지는 데 걸리는 시간을 비교하는 실험입니다.

5 큰 아크릴 통 속에 공기(산소)가 더 많이 들어 있으므로 촛불이 나중에 꺼집니다.

6 성냥의 머리 부분에 먼저 불이 붙는 것으로 보아 머리 부분의 발화점이 더 낮은 것을 알 수 있습니다.

7 부싯돌에 철을 마찰하거나 성냥갑에 성냥 머리를 마찰하면 온도가 발화점 이상이 되어 불이 붙습니다.

8 푸른색 염화 코발트 종이는 물을 만나면 붉은색으로 변하는 성질이 있습니다.

9 초가 연소하면 이산화 탄소가 생기기 때문에 석회수가 뿌옇게 흐려집니다.

채점 기준	상	석회수가 뿌옇게 흐려진다고 쓴 경우
	하	석회수의 색깔이 변한다고 쓴 경우

10 실험 ㈎에서 푸른색 염화 코발트 종이가 붉은색으로 변하는 것을 통해 물이 생긴 것을 확인할 수 있고, 실험 ㈏에서 석회수가 뿌옇게 흐려지는 것을 통해 이산화 탄소가 생긴 것을 확인할 수 있습니다.

11 초가 연소한 후에 크기가 줄어든 까닭은 초가 연소하면서 물과 이산화 탄소로 변해 공기 중으로 날아갔기 때문입니다.

12 물질의 연소가 일어나려면 탈 물질이 있어야 하고, 산소가 충분히 공급되어야 합니다. 또 탈 물질의 온도가 발화점 이상이 되어야 합니다.

13 한 가지 이상의 연소 조건을 없애 불을 끄는 것을 소화라고 합니다. 탈 물질, 산소, 발화점 이상의 온도 중 한 가지라도 없으면 연소가 일어나지 않습니다.

채점 기준	상	탈 물질, 산소, 발화점 이상의 온도 중에서 한 가지 이상의 조건을 없애 불을 끄는 것이라고 쓴 경우
	하	연소의 조건 중 한 가지 이상의 조건을 없애 불을 끄는 것이라고 쓴 경우

14 촛불에 물뿌리개로 물을 뿌리면 발화점 미만으로 온도가 낮아지기 때문에 촛불이 꺼집니다.

15 초의 심지를 핀셋으로 집으면 심지로 탈 물질이 이동하지 못하게 막기 때문에 촛불이 꺼집니다. 스프링클러로 물을 뿌려 불을 끄는 것은 발화점 미만으로 온도를 낮추는 원리입니다.

16 ⓜ은 발화점 미만으로 온도를 낮춰 불을 끄는 방법이고, ⓗ은 탈 물질을 없애 불을 끄는 방법입니다.

17 화재가 발생하면 안전한 곳으로 대피한 뒤 119에 신고하도록 합니다.

18 소화기, 비상벨, 옥내 소화전은 화재가 발생했을 때 빠르게 사용할 수 있는 곳에 설치합니다. 스프링클러는 건물의 천장에 설치하여 실내 온도가 일정 온도 이상이 되면 자동으로 물을 뿜는 소화 장치입니다.

19 화재의 피해를 줄이려면 불에 잘 타지 않는 커튼이나 블라인드, 벽지 등을 사용해야 합니다.

20 화재가 발생하면 연소 물질에 따라 알맞은 방법으로 불을 꺼야 합니다. 기름이나 가스에 의한 화재는 물을 뿌리면 불이 더 크게 번질 수 있기 때문에 소화기를 사용하거나 모래로 덮어 불을 끕니다.

> **채점 tip** 불이 더 크게 번질 수 있기 때문이라고 쓰면 정답으로 합니다.

36쪽 수행 평가 ❶회

1 예 성냥의 머리 부분에 먼저 불이 붙습니다.

2 예 성냥의 머리 부분의 발화점이 나무 부분의 발화점보다 낮기 때문입니다.

3 예 볼록 렌즈로 햇빛을 모아 종이를 태웁니다. 부싯돌에 철을 마찰하여 나뭇잎을 태웁니다. 성냥갑에 성냥 머리를 마찰하여 불을 붙입니다.

---

1 불을 붙이고 시간이 지나면 성냥의 머리 부분에 불꽃이 갑자기 일어납니다.

> **채점 tip** 성냥의 머리 부분에 먼저 불이 붙는다고 쓰면 정답으로 합니다.

2 불을 직접 붙이지 않아도 물질이 타기 시작하는 온도를 발화점이라고 합니다. 발화점은 물질마다 다르며, 발화점이 낮은 물질일수록 쉽게 탑니다.

채점 기준	상	성냥의 머리 부분의 발화점이 나무 부분의 발화점보다 낮기 때문이라고 쓴 경우
	하	성냥의 머리 부분의 발화점과 나무 부분의 발화점이 다르기 때문이라고 쓴 경우

3 볼록 렌즈로 햇빛을 모으면 햇빛이 모이는 지점의 온도가 발화점 이상으로 높아져 종이가 탑니다. 부싯돌에 철을 마찰하거나 성냥갑에 성냥 머리를 마찰하면 온도가 발화점 이상으로 높아져 불이 붙습니다.

> **채점 tip** 불을 직접 붙이지 않고 발화점 이상으로 온도를 높여 물질을 태우는 방법을 옳게 쓰면 정답으로 합니다.

37쪽 수행 평가 ❷회

1 (가) 예 산소가 차단되어 불이 꺼집니다.
(나) 예 온도가 발화점 미만으로 낮아져 불이 꺼집니다.
(다) 예 탈 물질을 없앴기 때문에 불이 꺼집니다.
2 예 촛불을 입으로 붑니다. 초의 심지를 핀셋으로 집습니다. 초의 심지를 가위로 자릅니다.
3 예 탈 물질, 산소, 발화점 이상의 온도 중 한 가지 이상의 조건을 없애 불을 끄는 것을 소화라고 합니다.

---

1 뚜껑을 덮으면 산소가 공급되지 않습니다. 물을 뿌리면 온도가 발화점 미만으로 낮아지고, 연료 조절 밸브를 잠그면 탈 물질인 가스 공급이 차단됩니다.

> **채점 tip** (가), (나), (다)의 불이 꺼지는 까닭을 모두 옳게 쓰면 정답으로 합니다.

2 (다)와 같이 탈 물질을 없애 촛불을 끄는 방법에는 심지를 핀셋으로 집기, 가위로 심지 자르기, 촛불을 입으로 불기 등이 있습니다.

> **채점 tip** 탈 물질을 없애 촛불을 끄는 방법 중 두 가지를 옳게 쓰면 정답으로 합니다.

3 연소의 조건 중 한 가지라도 없으면 연소가 일어나지 않습니다.

> **채점 tip** 탈 물질, 산소, 발화점 이상의 온도를 쓰고, 이 중 한 가지 이상의 조건을 없애 불을 끄는 것이라고 쓰면 정답으로 합니다.

4. 우리 몸의 구조와 기능

38쪽 묻고 답하기 ❶회

1 운동 기관　**2** 근육　**3** 소화　**4** 간, 쓸개, 이자
5 호흡　**6** 심장　**7** 콩팥　**8** 감각 기관　**9** 혀
10 올라갑니다.

39쪽 묻고 답하기 ❷회

1 관절　**2** 갈비뼈　**3** 큰창자　**4** 폐　**5** 올라
갑니다.　**6** 혈관　**7** 배설　**8** 방광　**9** 신경계
10 빨라집니다.

40쪽~43쪽 단원 평가 〔기출〕

1 ㉣　**2** ①, ③　**3** 머리뼈　**4** ⑤　**5 〔예〕** 뼈에 붙
어 있는 근육의 길이가 줄어들거나 늘어나면서 뼈
를 움직여 몸이 움직입니다.　**6** ③　**7** ㉢, 큰창
자　**8 〔예〕** 숨을 내쉴 때 몸속의 공기는 폐 → 기관지
→ 기관 → 코를 거쳐 몸 밖으로 나갑니다.　**9** ㉠
10 ㈐, 기관지　**11** 심장　**12** (1) ㉡ (2) ㉠ (3) ㉢
13 혈액 순환　**14 〔예〕** 콩팥을 통과하기 전 혈액보
다 콩팥을 통과한 후 혈액에 포함된 노폐물의 양이
적습니다.　**15** (1) × (2) ○ (3) ○　**16** (1) **〔예〕** 물
체를 봅니다. (2) **〔예〕** 차가움, 뜨거움, 아픔, 촉감 등
을 느낍니다.　**17** ㉡　**18** ⑤　**19** (2) ○　**20** ㉢

1 뼈와 근육 모형에서 빨대는 뼈, 비닐봉지는 근육의
역할을 합니다.

2 우리 몸속 기관 중에서 뼈와 근육처럼 움직임에 관
여하는 기관을 운동 기관이라고 합니다.

3 머리뼈는 위쪽은 둥글고, 아래쪽은 각이 져 있으며,
뇌를 보호합니다.

4 뼈는 단단하여 우리 몸의 형태를 만들고 몸을 지탱
합니다. 또 심장, 폐, 뇌 등 몸속 기관을 보호합니
다. 근육은 뼈에 연결되어 있는데 근육이 수축하거
나 이완하면서 뼈를 움직입니다.

5 뼈를 둘러싸고 있는 근육이 줄어들거나 늘어나면서
뼈를 움직이게 하기 때문에 몸이 움직일 수 있습니다.

채점 tip 뼈에 붙어 있는 근육의 길이가 줄어들거나 늘어나면서
뼈를 움직여 몸이 움직인다고 쓰면 정답으로 합니다.

6 우리 몸속에 들어간 음식물은 입 → 식도 → 위 →
작은창자 → 큰창자 → 항문을 거쳐 소화되어 배출
됩니다.

7 ㉠은 식도, ㉡은 위, ㉢은 큰창자, ㉣은 작은창자,
㉤은 항문입니다.

8 숨을 들이마실 때 공기는 코로 들어가 기관과 기관
지를 거쳐 폐로 들어갑니다. 숨을 내쉴 때 폐 속의
공기는 기관지, 기관, 코를 거쳐 몸 밖으로 나갑니다.

채점 tip 폐 → 기관지 → 기관 → 코를 순서대로 쓰면 정답으로
합니다.

9 숨을 들이마시고 내쉬는 활동을 호흡이라고 하며,
호흡에 관여하는 코, 기관, 기관지, 폐를 호흡 기관
이라고 합니다.

10 ㈎는 코, ㈏는 기관, ㈐는 기관지, ㈑는 폐입니다.

11 심장은 쉬지 않고 펌프 작용을 반복하면서 혈관을
통해 혈액을 온몸으로 순환시킵니다.

12 주입기의 펌프는 심장, 주입기의 관은 혈관, 붉은
색소 물은 혈액에 해당합니다.

13 심장의 펌프 작용으로 심장에서 나온 혈액은 혈관
을 따라 온몸을 돌고, 다시 심장으로 돌아오는 과정
을 반복하는데 이것을 혈액 순환이라고 합니다.

14 콩팥은 혈액 속에 포함된 노폐물을 걸러 내어 오줌
으로 만들기 때문에 콩팥을 통과한 후에는 노폐물
의 양이 적어집니다.

채점 tip 콩팥을 통과하기 전 혈액보다 콩팥을 통과한 후 혈액에
포함된 노폐물의 양이 적다고 쓰거나 콩팥을 통과한 후 혈액보다
콩팥을 통과하기 전 혈액에 포함된 노폐물의 양이 많다고 쓰면 정
답으로 합니다.

15 콩팥은 허리의 등쪽 좌우에 한 개씩 있습니다.

16 주변의 다양한 자극을 받아들이는 기관을 감각 기
관이라고 하며, 눈, 귀, 코, 혀, 피부 등이 있습니다.

채점 tip 눈과 피부가 하는 일을 모두 옳게 쓰면 정답으로 합니다.

17 선생님께서 나를 부르시는 소리를 들은 것은 자극
이고, 큰 소리로 대답을 한 것은 반응입니다.

18 주어진 자극이 같더라도 다르게 반응할 수 있습니다.

19 운동을 하면 산소와 영양소를 많이 이용하기 때문
에 산소와 영양소를 빨리 공급하도록 심장이 빨리
뛰어 맥박이 빨라지고 호흡도 빨라집니다.

20 운동을 하면 체온이 올라가고 맥박이 빨라집니다. 휴
식을 취하면 체온과 맥박이 평상시와 비슷해집니다.

BOOK ❷ 평가북

4 단원

44쪽~47쪽 단원 평가 실전

1 ⑤ 2 ㉠ 3 ⑩ 비닐봉지가 부풀면서 길이가 줄어들어 손 그림이 올라갑니다. 4 ㉣ 5 ④
6 ㉡, ㉣, ㉤ 7 준서 8 ㉠ 기관지, ㉡ 폐
9 기관 10 ①, ③, ④ 11 ㉮ 심장, ㉯ 혈관
12 ③ 13 ⑩ 혈액은 산소와 영양소를 온몸으로 운반하고, 몸에서 생긴 이산화 탄소와 노폐물 등을 운반합니다. 14 ⑤ 15 ㉠ 콩팥, ㉡ 방광
16 콩팥 17 (1) ㉠ (2) ㉢ (3) ㉣ (4) ㉡ 18 (3) ○
19 ㉢ 20 ⑩ 체온이 올라갑니다. 맥박이 빨라집니다. 땀이 납니다. 호흡이 빨라집니다.

1 ① 뼈는 근육의 길이가 줄어들거나 늘어나면서 움직입니다. ② 다리뼈는 팔뼈보다 길고 굵습니다. ③ 우리 몸에는 생김새와 크기가 다양한 뼈가 여러 개 있습니다. ④ 뼈와 뼈를 연결하는 부분은 관절입니다.

2 빨대는 뼈의 역할을 합니다.

3 실제 근육은 우리 몸이 음식물을 섭취하여 얻는 에너지에 의해 움직입니다.

채점 기준	상	비닐봉지가 부풀면서 길이가 줄어들어 손 그림이 올라간다고 쓴 경우
	중	비닐봉지의 길이가 줄어들어 손 그림이 올라간다고 쓴 경우
	하	손 그림이 올라간다고 쓴 경우

4 근육은 뼈에 연결되어 있는데, 근육의 길이가 줄어들거나 늘어나면서 뼈를 움직이게 합니다.

5 ㉠은 식도, ㉡은 위, ㉢은 큰창자, ㉣은 작은창자, ㉤은 항문입니다.

6 간, 쓸개, 이자는 음식물이 이동하는 통로는 아니지만, 소화를 돕는 액체를 만들거나 분비합니다.

7 숨을 내쉴 때 몸속의 공기는 폐, 기관지, 기관, 코를 거쳐 몸 밖으로 나갑니다.

8 숨을 들이마실 때 공기는 코, 기관, 기관지, 폐 순서로 이동하면서 우리 몸에 산소를 공급합니다.

9 기관은 목에서 가슴 부분에 걸쳐 있고, 굵은 관 모양이며 코와 연결되어 있습니다. 공기가 폐로 이동하는 통로로, 공기 속 불순물을 한 번 더 걸러 냅니다.

10 숨을 들이마시면 갈비뼈가 올라가 가슴둘레가 커지고, 폐가 부풀어 올라 공기가 폐 속으로 들어갑니다.

11 혈액 순환에 관여하는 심장과 혈관을 순환 기관이라고 합니다.

12 심장은 쉬지 않고 펌프 작용을 반복하면서 혈관을 통해 혈액을 온몸으로 순환시킵니다.

13 혈액은 온몸을 순환하면서 산소와 영양소를 전달하고, 몸속에서 생긴 이산화 탄소와 노폐물이 몸 밖으로 배출되도록 운반합니다.

채점 tip 산소와 영양소를 온몸으로 전달하고, 이산화 탄소와 노폐물을 운반한다고 쓰면 정답으로 합니다.

14 우리 몸에서 영양소가 쓰이면서 만들어진 노폐물은 우리 몸에 쌓이면 질병에 걸리기 때문에 몸 밖으로 내보내야 합니다. 이 과정을 배설이라고 합니다.

15 콩팥은 혈액에서 노폐물을 걸러 내어 오줌을 만들고, 방광은 오줌을 저장했다가 양이 차면 요도를 통해 몸 밖으로 내보냅니다.

16 콩팥은 강낭콩 모양으로, 허리의 등쪽 좌우에 한 개씩 있습니다.

17 우리 몸은 상황에 따라 여러 감각 기관을 사용하여 자극을 받아들입니다.

18 감각 기관이 받아들인 자극은 신경을 통해 뇌로 전달되고 뇌에서 자극을 해석하고 판단하여 명령을 내립니다.

19 우리가 몸을 움직이고, 건강한 생활을 하기 위해서는 각 기관이 서로 영향을 주고받아 제 기능을 해야 합니다.

20 운동을 하면 체온이 올라가고 땀이 나기도 합니다. 또 산소와 영양소를 많이 이용하므로 심장이 빠르게 뛰어 맥박이 빨라지고, 호흡도 빨라집니다.

채점 tip 운동을 할 때 우리 몸에 나타나는 변화를 두 가지 옳게 쓰면 정답으로 합니다.

48쪽 수행 평가 ❶회

1 ⑩ 주입기의 펌프를 빠르게 누르면 붉은 색소 물이 이동하는 빠르기가 빨라지고 물의 이동량이 많아집니다. 주입기의 펌프를 느리게 누르면 붉은 색소 물이 이동하는 빠르기가 느려지고 물의 이동량이 적어집니다.
2 심장, ⑩ 심장은 펌프 작용을 반복하면서 혈관을 통해 혈액을 온몸으로 순환시킵니다.
3 혈액, ⑩ 혈액은 온몸을 순환하면서 산소와 영양소를 전달하고, 몸속에서 생긴 이산화 탄소와 노폐물이 몸 밖으로 배출되도록 운반합니다.

1 펌프를 빠르게 누를 때는 심장이 빠르게 뛰는 것을 의미하고, 펌프를 느리게 누를 때는 심장이 느리게 뛰는 것을 의미합니다.

채점 tip 펌프를 빠르게 누를 때와 느리게 누를 때 붉은 색소 물이 이동하는 빠르기와 이동량을 비교하여 쓰면 정답으로 합니다.

2 주입기의 펌프는 심장, 주입기의 관은 혈관을 의미합니다. 심장은 쉬지 않고 펌프 작용을 반복하면서 혈액을 온몸으로 순환시키는 역할을 합니다.

채점 기준	상	심장을 옳게 쓰고, 펌프 작용으로 혈액을 온몸으로 순환시킨다고 쓴 경우
	중	심장을 옳게 쓰고, 혈액을 내보낸다와 같이 단순하게 쓴 경우
	하	심장만 옳게 쓴 경우

3 붉은 색소 물은 우리 몸의 혈액을 의미합니다. 심장의 펌프 작용으로 심장에서 나온 혈액은 혈관을 따라 온몸을 돌고, 심장으로 돌아오는 과정을 반복합니다.

채점 기준	상	혈액을 옳게 쓰고, 온몸에 산소와 영양소를 전달하고 이산화 탄소와 노폐물을 운반한다고 쓴 경우
	중	혈액을 옳게 쓰고, 온몸에 산소와 영양소를 전달한다고 쓴 경우
	하	혈액만 옳게 쓴 경우

수행 평가 ② 회

1 (1) 예 날아오는 공을 본 것
(2) 예 공을 잡아 연지에게 던진 것
2 예 신경을 통해 전달받은 자극을 해석하고 판단하여 명령을 내립니다.
3 ㉡ → ㉣ → ㉢ → ㉤ → ㉠

1 자극은 우리 몸에서 반응이 일어나게 하는 원인이 되는 것이고, 반응은 자극에 대응하여 어떤 행동을 하는 것입니다.

채점 tip 자극과 반응을 모두 옳게 쓰면 정답으로 합니다.

2 감각 기관이 받아들인 자극은 신경을 통해 뇌로 전달되고, 뇌에서 자극을 해석하고 판단하여 내린 명령은 신경을 통해 운동 기관으로 전달되어 반응합니다.

채점 tip 자극을 해석하고 판단하여 명령을 내린다고 쓰면 정답으로 합니다.

3 신경계는 감각 기관에서 받아들인 자극을 전달하고, 전달된 자극을 해석하여 행동을 결정하며, 결정된 명령을 운동 기관에 전달하는 역할을 합니다. 운동 기관은 전달된 명령을 수행하는 역할을 합니다.

5. 에너지와 생활

묻고 답하기 ① 회

1 식물 **2** 동물 **3** 사과나무 **4** 빛에너지 **5** 운동 에너지 **6** 열에너지 **7** 위치 에너지 **8** 에너지 전환 **9** 운동 에너지 **10** 발광 다이오드등

묻고 답하기 ② 회

1 광합성 **2** 열에너지 **3** 화학 에너지 **4** 위치 에너지 **5** 전기 에너지 **6** 운동 에너지 **7** 운동 에너지 **8** 운동 에너지 **9** 태양 **10** 예 겨울잠을 잡니다.

단원 평가 기출

1 ⑤ **2** ㉮, ㉱ **3** ㉯, ㉰ **4** ③ **5** (1) ㉡ (2) ㉠ (3) ㉢ **6** ㉠ **7** 예 높은 곳에 있던 공의 위치 에너지가 공이 떨어지면서 운동에너지로 전환됩니다.
8 운동 **9** ㉠ 화학, ㉡ 빛 **10** ①

1 생물이 살아가고, 우리가 생활에서 유용하게 사용하는 기계를 작동할 때 에너지가 필요합니다.

2 벼, 선인장과 같은 식물은 햇빛을 받아 광합성을 하여 양분을 만들어 에너지를 얻습니다.

3 동물은 다른 생물을 먹어 에너지를 얻습니다.

4 전기 기구를 작동시키려면 전기 에너지가 필요합니다.

5 열에너지는 주변을 따뜻하게 하거나 음식을 익힐 때 필요합니다. 화학 에너지는 연료나 음식물, 생물체에 저장된 에너지입니다. 달리는 자동차나 굴러가는 공 등은 운동 에너지를 가지고 있습니다.

6 전등은 전기 에너지를 빛에너지로 전환하는 예입니다.

7 공이 높은 곳에 있을 때 갖고 있던 위치 에너지가 공이 아래로 떨어지면서 운동 에너지로 전환됩니다.

채점 tip 위치 에너지가 운동 에너지로 전환된다고 쓰면 정답으로 합니다.

8 우리가 먹은 음식에서 얻은 화학 에너지는 운동 에너지로 전환되어 걷거나 뛸 수 있게 합니다.

9 반딧불이가 섭취한 양분의 화학 에너지가 빛에너지로 전환되어 반딧불이의 배 부분에서 빛이 납니다.

10 발광 다이오드등은 전기 에너지가 빛에너지로 전환되는 비율이 높아 에너지를 효율적으로 이용할 수 있습니다.

9 김치의 재료인 배추는 화학 에너지를 가지고 있으며, 김치를 먹어서 얻은 화학 에너지는 우리 몸의 운동 에너지로 전환됩니다.

10 철새들은 바람을 이용해 먼 거리를 날아가 에너지 효율을 높입니다.

54쪽~55쪽　단원 평가 실전

1 (1) 독수리, 뱀, 토끼, 개구리　(2) 사과나무, 연꽃
2 예 햇빛을 받아 광합성을 하여 양분을 만들어 에너지를 얻습니다.　**3** 영태　**4** ④　**5** ㉠ 열, ㉡ 위치
6 위치, 운동　**7** ①　**8** 겨울눈, **예** 겨울눈은 바깥쪽이 껍질과 털로 되어 있어서 추운 겨울에 손실되는 열에너지를 줄입니다.　**9** 서진　**10** ㉡

---

1 다른 생물을 먹어서 에너지를 얻는 생물은 동물입니다. 독수리, 뱀, 토끼, 개구리는 동물이고, 사과나무, 연꽃은 식물입니다.

2 사과나무, 연꽃과 같은 식물은 빛을 이용하여 이산화 탄소와 물로 양분을 만드는데, 이것을 광합성이라고 합니다.

　채점 tip 햇빛을 받아 광합성을 하여 만든 양분에서 에너지를 얻는다고 쓰면 정답으로 합니다.

3 자동차도 움직이려면 기름이나 전기에서 에너지를 얻어야 합니다.

4 화학 에너지는 물질 안에 저장된 에너지로, 생물이 생명 활동을 하는 데 필요합니다. 석유, 석탄, 음식, 식물, 동물 등은 화학 에너지를 가지고 있습니다.

5 열에너지는 열이 가진 에너지로, 주변을 따뜻하게 하거나 음식을 익힐 때 필요합니다. 위치 에너지는 높은 곳에 있는 물체가 가진 에너지로, 높은 곳에 있을수록 위치 에너지가 큽니다.

6 댐이나 폭포의 높은 곳에 있는 물은 위치 에너지를 갖고 있습니다. 물이 아래로 떨어지면서 위치 에너지가 운동 에너지로 전환됩니다.

7 선풍기, 전기자동차는 전기 에너지가 주로 운동 에너지로 전환되고, 전기난로는 전기 에너지가 주로 열에너지로 전환됩니다.

8 식물의 겨울눈은 추운 겨울에 어린싹이 열에너지를 빼앗겨 어는 것을 막아 줍니다.

　채점 tip 겨울눈을 쓰고, 바깥쪽의 껍질과 털이 열에너지 손실을 줄여준다고 쓰면 정답으로 합니다.

56쪽　수행 평가

1 (1) **예** 전기 에너지가 운동 에너지와 위치 에너지로 전환됩니다.　(2) **예** 위치 에너지가 운동 에너지로 전환됩니다.　(3) **예** 운동 에너지가 위치 에너지로 전환됩니다.
2 예 눈썰매를 타고 내려올 때 위치 에너지가 운동 에너지로 전환됩니다. 미끄럼틀을 타고 내려올 때 위치 에너지가 운동 에너지로 전환됩니다. 폭포의 물이 높은 곳에서 떨어질 때 위치 에너지가 운동 에너지로 전환됩니다 .
3 예 낙하 놀이 기구는 위로 올라가면서 전기 에너지가 위치 에너지로 전환되고, 아래로 내려오면서 위치 에너지가 운동 에너지로 전환됩니다.

---

1 처음 열차를 위로 끌어 올리는 1구간에서는 전기 에너지가 운동 에너지와 위치 에너지로 전환됩니다. 높이 올라가 있던 열차가 아래로 내려오는 2구간에서는 위치 에너지가 운동 에너지로 전환됩니다. 열차가 아래에서 위로 올라가는 3구간에서는 운동 에너지가 위치 에너지로 전환됩니다.

　채점 tip 각 구간에서의 에너지 전환 과정을 모두 옳게 쓰면 정답으로 합니다.

2 롤러코스터의 2구간에서는 위치 에너지가 운동 에너지로 전환됩니다. 일상생활에서 높은 곳에 있던 물체가 내려오는 경우를 생각해 봅니다.

　채점 tip 높은 곳에 있던 물체가 내려오는 경우를 쓰면 정답으로 합니다.

3 처음 낙하 놀이 기구를 위로 끌어 올릴 때 전기 에너지가 위치 에너지로 전환되고, 높은 곳에서 아래로 떨어질 때 위치 에너지가 운동 에너지로 전환됩니다.

　채점 tip 위로 올라갈 때 전기 에너지가 위치 에너지로 전환되고, 내려올 때 위치 에너지가 운동 에너지로 전환된다고 옳게 쓰면 정답으로 합니다.

동아출판 중학 수학 시리즈

동아출판

개념·연산서 | 수매씽 개념연산

쉬운 개념과 반복 연산으로 실력 향상!

- 비주얼 연산으로 개념을 쉽게
- 10분 연산 테스트로 빠르고 정확한 계산
- 실전문제로 수학 점수 UP

개념 기본서 | 수매씽 개념

탄탄한 개념에 코칭을 더한!

- 개념 학습을 위한 첫 번째 선행 학습용으로 추천
- 10종 교과서에서 선별한 창의 융합 문제 수록
- 전문 강사의 비법이 담긴 개념별 코칭 동영상(QR) 제공

유형 기본서 | 수매씽

내신을 위한 강력한 한 권!

- 유형북과 워크북의 듀얼북 구성
- 유형별·문항별 1:1 쌍둥이 문제로 유형 완전 정복
- 전국 1,000개 학교 기출문제 완전 분석

고난도 문제서 | 절대등급

최상위의 절대 기준!

- 전국 우수 학군 중학교 선생님 집필
- 신경향 기출 문제와 교과서 심화 문항 엄선
- 3단계 집중 학습으로 내신 만점 도전

기출 문제서 | 특급기출

학교 시험 완벽 대비!

- 수학 10종 교과서 완벽 분석
- 출제율 높은 최신 기출 문제로 전체 문항 구성
- 전국 1,000개 중학교 기출 문제 완벽 분석

친절한 해설북

초등학교   학년   반   번   이름

믿고 보는 동아출판 초등 교재

기초학습서부터 교과서 개념 다지기, 과목별 전문서까지!
초등학교 입학 전부터, 예비 중등까지!
초등학생에게 꼭 필요한 영역을 빠짐없이! **동아출판 초등 교재 라인업**

BEST

초능력 맞춤법 + 받아쓰기

초등 국어 1·2

- 쉽고 빠른 맞춤법 학습
- 받아쓰기 단계별 연습
- 국어 교과서 어휘 학습

초등 영역별 기초학습서
초능력 국어 / 수학 / 과학 / 한국사 / 한자

초고필 비문학 독해 1
5-6학년 예비 중등

예비 중등
초고필 국어 / 수학 / 한국사
적중 반편성 배치고사 + 진단평가

과목별 전문서
빠작 | 큐브 | 하이탑 | 뜯어먹는 초등 필수 영단어 | 그래머 클리어 스타터

교과서 개념 완벽 학습
백점 | 자습서&평가문제집

연세 초등 사전
국어사전 | 영어사전 | 한자사전

동아출판 **무료 스마트러닝**으로
초등 자기주도 학습 완성!

백점 과학 6·2

백점 과학에서 제공되는 강의는
· 핵심 개념 강의
· 수행 평가 문제 풀이 강의
· 과학 실험 동영상

동아출판 초등 모든 교재 제공 **100%**

친절한 동영상 강의를 QR코드 스캔하면 바로! **1초**

교재별 최적화된 **강의 커리큘럼**으로 학습 효과 UP! **2배**

무료 스마트 러닝

9 788900 475418
63400
ISBN 978-89-00-47541-8
정가 15,000원

⚠ 주의
책 모서리에 다칠 수 있으니 주의하시기 바랍니다.

KC마크는 이 제품이 공통안전기준에 적합하였음을 의미합니다.

초등학교   학년   반   번

이름

☏ **Telephone** 1644-0600
⌂ **Homepage** www.bookdonga.com
✉ **Address** 서울시 영등포구 은행로 30 (우 07242)

· 정답 및 풀이는 동아출판 홈페이지 내 학습자료실에서 내려받을 수 있습니다.
· 교재에서 발견된 오류는 동아출판 홈페이지 내 정오표에서 확인 가능하며, 잘못 만들어진 책은 구입처에서 교환해 드립니다.
· 학습 상담, 제안 사항, 오류 신고 등 어떠한 이야기라도 들려주세요.